理系数学
サマリー

高校・大学数学復習帳

安藤哲哉：著

数学書房

はじめに

　本書は，高校1年〜大学2年あたりで学習する数学の中で実用上有用な内容を要約して説明したものである．特に，最近また数学を必要としているが，高校・大学で勉強した数学はかなり忘れてしまったという方を想定して書いた．そういうわけで，公式や定理は証明を割愛した．

　昔，高校・大学で，数式や微積分の計算，方程式を解く練習をたくさんした方も多いかもしれない．しかし，こういう部分は計算機にまかせたほうがよい．計算の技術や技巧を思い出して，間違いなく正確に計算をすることは相当困難なことであり，それをもう一度頑張って勉強するよりは，少しお金を払って Mathematica などの数式処理ソフトを購入し，その使い方をマスターするほうが，ずっと少ない努力で正確な計算ができる．こういう数式処理ソフトは，単純な数値計算だけでなく，文字式の計算，因数分解，(連立) 高次方程式を解くこと，与えられた関数の微積分 (数値解だけでなく関数の形でも答が得られる) などは大得意である．しかし，こういうソフトを使って計算するにしても，数学の諸概念や，基本的な公式は知らないと，何も始まらない．

　人間がすべき部分は，現実に与えられた問題を，数学的に定式化して，問題を解決するための計算式や方程式を作ったりする部分である．そして，数学を勉強した多くの人が経験したように，ここが数学を使う上でもっとも難しいところでもある．ただし，ここの部分は数学の専門知識よりも，理工学・経済学などのそれぞれの専門知識が必要なので，本書では扱えない．そのかわり，実践面でよく登場すると思われる公式に関しては，少し詳しく紹介した．どういうわけか，実用上有用な公式でも，大学生が多く使う一般的教科書には紹介されていないものも多数ある．そういう盲点にある部分は，重点的に紹介したつもりなので，幾分かでもお役に立てば幸いである．

2008年5月　　　　　　　　　　　　　　　　　　　　　　　　著者

＊ 正誤表は安藤哲哉のホームページに掲載されています．

目次

第 0 章　基礎用語と基本概念 1
 0.1　計算に関する記号 2
  0.1.1　自然数・整数・有理数・無理数・実数 2
  0.1.2　複素数 3
  0.1.3　数列と極限 4
  0.1.4　総和 $\sum$ と総乗 $\prod$ (有限項の場合) 5
  0.1.5　総和 $\sum$ と総乗 $\prod$ (無限項の場合) 8
  0.1.6　実数の切り上げ・切り捨て 8
  0.1.7　階乗と二項係数 9
  0.1.8　順列・組合せ 11
  0.1.9　割り算 12
 0.2　関数 14
  0.2.1　集合の用語 14
  0.2.2　写像 16
  0.2.3　集合の濃度 17
  0.2.4　1 変数関数 19
  0.2.5　1 変数関数に関する基本用語 19
  0.2.6　図形やグラフの平行移動・回転移動 21
  0.2.7　図形の変換 22

第 1 章　初等関数 23
 1.1　三角関数 24
  1.1.1　弧度法 24
  1.1.2　三角関数の定義 25
  1.1.3　三角関数の基礎的な関係式 26
  1.1.4　三角関数の図形的意味 26
  1.1.5　三角関数のグラフ 27

- 1.1.6 三角関数の巾級数表示 ……………………… 29
- 1.1.7 加法定理の基本公式 ……………………… 29
- 1.1.8 倍角の公式 ……………………………… 30
- 1.1.9 半角の公式 ……………………………… 30
- 1.1.10 積和公式 ………………………………… 30
- 1.1.11 和積公式 ………………………………… 31
- 1.1.12 3倍角の公式 …………………………… 31
- 1.1.13 三角関数の合成 ………………………… 32
- 1.1.14 三角関数の有理式表示 ………………… 32
- 1.1.15 n 倍角の公式 ………………………… 32
- 1.2 指数関数・対数関数 ………………………… 34
  - 1.2.1 対数関数 ………………………………… 34
  - 1.2.2 指数関数 ………………………………… 36
  - 1.2.3 指数関数・対数関数の微積分 ………… 36
  - 1.2.4 オイラーの公式 ………………………… 37
  - 1.2.5 複素数の対数関数・指数関数 ………… 38
  - 1.2.6 複素関数としての初等関数 …………… 38
- 1.3 逆三角関数 …………………………………… 40
  - 1.3.1 逆正弦関数 ……………………………… 40
  - 1.3.2 逆余弦関数 ……………………………… 41
  - 1.3.3 逆正接関数 ……………………………… 42
  - 1.3.4 円周率 …………………………………… 42
  - 1.3.5 その他の逆三角関数 …………………… 43
  - 1.3.6 双曲線関数 ……………………………… 43
- 1.4 初等関数の微積分 …………………………… 45
  - 1.4.1 三角関数の微積分の基本公式 ………… 45
  - 1.4.2 定数係数2階線形常微分方程式 ……… 47
  - 1.4.3 1階線形常微分方程式 ………………… 48
  - 1.4.4 ロジスティック関数 …………………… 48

- 1.4.5 ゴンペルツ曲線 49
- 1.4.6 初等関数で表せない有名な積分 50

第2章 図形と三角法 51

- 2.1 三角形の計量 52
  - 2.1.1 基本計量公式 54
  - 2.1.2 その他の有名な公式 54
  - 2.1.3 座標平面上の三角形の面積 56
- 2.2 四角形の計量 57
  - 2.2.1 四角形の面積 57
  - 2.2.2 円に内接する四角形 58
- 2.3 四面体の体積 59
  - 2.3.1 錐体の体積 59
  - 2.3.2 6辺の長さから四面体の体積を計算する方法 ... 59
  - 2.3.3 座標空間内の四面体の体積 60
- 2.4 いろいろな立体図形の計量 61
  - 2.4.1 正多面体の体積 61
  - 2.4.2 台形六面体の体積 62
  - 2.4.4 球の体積と表面積 63
  - 2.4.5 プリズム体の体積 63
- 2.5 球面三角法 65
  - 2.5.1 球面座標 65
  - 2.5.2 基本用語 66
  - 2.5.3 基本公式 67
  - 2.5.4 球面上の2点間の距離 68
  - 2.5.5 球面三角形の合同 68
  - 2.5.6 球面三角形の面積 68
  - 2.5.7 立体角 69
  - 2.5.8 その他の諸公式 69

第3章 図形と方程式 71

- 3.1 平面上の直線の方程式 72
  - 3.1.1 2点を通る直線の方程式 72
  - 3.1.2 ヘッセの標準型 73
  - 3.1.3 点と直線の距離 74
  - 3.1.4 線対称移動 74
  - 3.1.5 直線の線対称移動 76
- 3.2 座標平面上の円 77
  - 3.2.1 円の方程式 77
  - 3.2.2 3点を通る円の方程式 77
  - 3.2.3 方巾 78
  - 3.2.4 根軸の方程式 78
  - 3.2.5 根心 79
- 3.3 二次曲線 80
  - 3.3.1 楕円 80
  - 3.3.2 双曲線 82
  - 3.3.3 放物線 83
  - 3.3.4 一般の2次曲線 84
  - 3.3.5 2次曲線の分類 84
  - 3.3.6 円錐曲線 86
- 3.4 接線 88
  - 3.4.1 接線の方程式 88
  - 3.4.2 2次曲線の接線 88
  - 3.4.3 2次曲線の極と極線 89
- 3.5 空間内の図形と方程式 91
  - 3.5.1 空間内の直線の方程式 91
  - 3.5.2 平面の方程式 91
  - 3.5.3 球面の方程式 92

第4章 行列とベクトル 93
- 4.1 行列 94

	4.1.1	配列と行列	94
	4.1.2	行列の演算	95
	4.1.3	転置行列	96
4.2	行列式		97
	4.2.1	展開公式による行列式の定義	97
	4.2.2	行列式の基本性質	98
	4.2.3	行列式の展開公式	99
	4.2.4	上半三角行列の行列式	100
	4.2.5	積の行列式	100
	4.2.6	逆行列と余因子行列	101
	4.2.7	連立方程式	101
	4.2.8	トレース	102
4.3	内積		103
	4.3.1	実ベクトルの内積	103
	4.3.2	回転	104
	4.3.3	複素ベクトルの内積	105
	4.3.4	エルミート行列とユニタリー行列	106
	4.3.5	ローレンツ変換	107
	4.3.6	ベクトル積	109
4.4	ベクトル空間		111
	4.4.1	部分ベクトル空間	111
	4.4.2	次元と基底	112
	4.4.3	行列のランク	112
	4.4.4	正規直交系	113
4.5	固有値		114
	4.5.1	基本概念	114
	4.5.2	行列の対角化	115
	4.5.3	ケーリー・ハミルトンの公式	116
4.6	テンソル		118

    - 4.6.1 基本概念 118
    - 4.6.2 縮約 119
    - 4.6.3 添え字の上げ下げ 120
- 第 5 章 微分積分 121
  - 5.1 微分 122
    - 5.1.1 関数の極限 122
    - 5.1.2 区間 123
    - 5.1.3 連続関数 123
    - 5.1.4 微分 124
    - 5.1.5 微分の基本公式 125
    - 5.1.6 基本関数の導関数 125
    - 5.1.7 テーラー展開 126
    - 5.1.8 極値問題 128
  - 5.2 積分 130
    - 5.2.1 定積分 130
    - 5.2.2 不定積分 131
    - 5.2.3 積分の基本公式 132
    - 5.2.4 基本関数の原始関数 133
  - 5.3 偏微分 135
    - 5.3.1 多変数関数 135
    - 5.3.2 開集合・閉集合 135
    - 5.3.3 偏導関数 137
    - 5.3.4 高階偏導関数 137
    - 5.3.5 合成関数の偏微分法 138
    - 5.3.6 多変数関数の極値問題 139
    - 5.3.7 ラグランジュの乗数法 139
    - 5.3.8 曲率とねじれ率 140
  - 5.4 重積分 142
    - 5.4.1 リーマン測度 142

5.4.2	リーマン測度の性質	143
5.4.3	一般化された測度	144
5.4.4	領域の分割とその細分	145
5.4.5	重積分の定義	146
5.4.6	重積分の線形性	147
5.4.7	重積分の計算方法	148
5.4.8	重積分の変数変換公式	151
5.4.9	線積分	154
5.4.10	複素積分	155
5.4.11	面積分	156
5.4.12	ベクトル場・スカラー場	157
5.4.13	平面上のガウスの定理	158
5.4.14	空間のガウス定理	158
5.4.15	空間曲面のストークスの定理	159
5.4.16	多様体上の積分	160
5.5	複素関数	163
5.5.1	正則関数	163
5.5.2	コーシーの積分定理	164
5.5.3	孤立特異点	165
5.5.4	ローラン展開	166
5.5.5	収束半径と特異点	168
5.5.6	留数	168
5.5.7	留数定理	169
5.5.8	一致の原理	169
5.5.9	解析接続	170
5.6	いろいろな複素関数	171
5.6.1	ガンマ関数	171
5.6.2	楕円関数	172
5.6.3	テータ関数	174

  5.6.4 ヤコビの楕円関数 175
第6章 数列と級数 177
 6.1 数列 178
  6.1.1 漸化式 178
  6.1.2 $a_{n+1} = ra_n + f(n)$ という形の漸化式 178
  6.1.3 その他の漸化式 180
  6.1.4 総和公式 182
  6.1.5 ベルヌーイ多項式 183
 6.2 フーリエ級数 186
  6.2.1 有界変動関数 186
  6.2.2 フーリエ級数 187
  6.2.3 フーリエの基本定理 188
  6.2.4 主な関数のフーリエ展開 189
  6.2.5 複素型フーリエ級数 190
  6.2.6 病的関数 206
 6.3 直交関数系 192
  6.3.1 ベッセル関数 192
  6.3.2 ベッセル関数の零点 194
  6.3.3 円柱関数 195
  6.3.4 球ベッセル関数 196
  6.3.5 ルジャンドル多項式 196
  6.3.6 ルジャンドル陪関数 197
  6.3.7 ラゲール多項式 198
  6.3.8 ラゲール陪多項式 199
  6.3.9 エルミート多項式 200
 6.4 級数による偏微分方程式の解法 201
  6.4.1 1次元波動方程式 201
  6.4.2 1次元熱伝導方程式 202
  6.4.3 ラプラシアン 203

	6.4.4	ラプラシアンの極座標表示	204
	6.4.5	2次元波動方程式	205
	6.4.6	3次元波動方程式	206
	6.4.7	ヘルムホルツ方程式	207
	6.4.8	シュレジンガー方程式	208
	6.4.9	超幾何級数	211

第7章 代数 213

7.1	一変数多項式		214
	7.1.1	用語	214
	7.1.2	2次方程式	215
	7.1.3	3次方程式	216
	7.1.4	4次方程式	218
	7.1.5	5次以上の方程式	219
	7.1.6	終結式	220
	7.1.7	判別式	221
	7.1.8	根と係数の関係	222
7.2	多変数多項式		224
	7.2.1	多変数多項式の整理	224
	7.2.2	斉次多項式	226
	7.2.3	2変数連立高次方程式の解法	227
	7.2.4	媒介変数の消去	229
	7.2.5	代数曲線の次数と媒介変数表示の次数の関係	231
	7.2.6	因数分解	231
	7.2.7	整数係数多項式の因数分解	232
	7.2.8	実数・複素数係数多項式の因数分解	233
7.3	不等式		236
	7.3.1	有名な不等式	236
	7.3.2	イェンセンの不等式	239
	7.4.3	主な3変数不等式	240

第 8 章 離散数学 243

8.1 整数と合同式 244
- 8.1.1 約数・倍数 244
- 8.1.2 素因数分解 244
- 8.1.3 公約数・公倍数 246
- 8.1.4 ユークリッドの互除法 247
- 8.1.5 合同式 247
- 8.1.6 フェルマーの小定理 248
- 8.1.7 合同式における割り算 249
- 8.1.8 剰余系 $\mathbb{Z}/n\mathbb{Z}$ 249
- 8.1.9 素体 $\mathbb{F}_p$ 250
- 8.1.10 リーマン・ゼータ関数 250

8.2 数の表記 252
- 8.2.1 2 進法・p 進法 252
- 8.2.2 2 の補数と p 進整数 253

8.3 論理と集合 255
- 8.3.1 命題と論理 255
- 8.3.2 「かつ」と「または」 256
- 8.3.3 $\forall$ と $\exists$ 256
- 8.3.4 集合の演算 257
- 8.3.5 直積集合 259
- 8.3.6 合成写像 260
- 8.3.7 恒等写像 260

8.4 グラフ 261
- 8.4.1 グラフ 261
- 8.4.2 有向グラフ 263
- 8.4.3 グラフに関する諸問題 263

第 9 章 確率・統計 265

9.1 確率 266

9.1.1	確率論を適用する場合の注意	266
9.1.2	有限標本空間	268
9.1.3	反復試行	269
9.1.4	条件付き確率	270
9.1.5	マルコフ過程	270
9.2	統計	272
9.2.1	平均と分散	272
9.2.2	相関係数	273
9.2.3	相関行列	273
9.2.4	回帰直線	274
9.3	確率分布	276
9.3.1	二項分布	276
9.3.2	正規分布	276
9.3.3	ラプラスの定理	277
9.4	推定と検定	278
9.4.1	正規分布による推定と検定	278
9.4.2	二項分布による推定と検定	279
9.4.3	カイ2乗分布	280
9.4.4	適合度の検定	280
9.4.5	独立性の検定	281
9.4.6	分散の推定・検定	281
9.5	線形計画法	282
9.5.1	標準的LP問題	282
9.5.2	無限方向	283

第 0 章
基礎用語と基本概念

　本章では，数学の基本的な用語や概念を簡単に説明する。実際には，理工学等での応用場面において，これらの概念や用語は，かなり適当かつ曖昧に使用されることも多い．数学の基礎概念を正しく理解することは，数学を使いこなすことより難しいところもあって，本章は易しくないかもしれない．本章を飛ばして，第 1 章から読み始めていただいても差し支えないが，途中で不明な用語に出会ったら本章を参照してほしい．

0.1 計算に関する記号

　数学では，適切な記号，適切な用語の使用が思考を節約する．明治維新のころ，和算が洋算に敗れた最大の理由は，和算には $+, -, \times, \div, =$ のような便利な記号がなく，紙に書いたとき分かりづらかったからである．最近でも，数学記号はどんどん便利な方向へ進化し続けているので，本書に使われている記号や用語は，読者の方々が勉強された時代のものとは，少し異なるかもしれない．

0.1.1　自然数・整数・有理数・無理数・実数

　$1, 2, 3, 4, \ldots$ を**自然数**とか**正の整数**という．0 や負の整数は自然数ではない．また 0 は正の数ではない．「自然数」と「正の整数」は同義語であることに注意しよう．ただし，フランスなどでは，0 を自然数に含める．

　自然数と 0 と負の整数 $-1, -2, -3, -4, \ldots$ を総称して**整数**という．0 は負の数でもない．0 以上の整数を表すのに**非負整数**という表現もよく用いられる．

　有理数というのは，分母と分子が整数であるような分数 $\dfrac{m}{n}$ (m, n は整数で $n \neq 0$) で表すことのできる数のことをいう．有限小数や循環小数で表すことができる数も，分数で表すことができるので，有理数である．分数 $\dfrac{m}{n}$ において，$n = 1$ の場合を考えれば，整数も有理数である．また，$m \leqq 0$ も許されるので，負の分数も有理数である．有理数を分数 $\dfrac{m}{n}$ で表すときは，これ以上約分できない形に表すことが多いが，このような分数を**既約分数**という．

　他方，小数で表したとき無限小数になり，しかも循環小数にならないような数がある．このような数を**無理数**という．有理数と無理数をあわせて**実数**という．

　コンピュータでは，整数は 2 進整数で表されるのに対し，実数は浮動小数点で表され，本質的に異なったデータ構造を持つ．整数型のデータでは，

有効範囲を超えないかぎり計算誤差は生じないが，実数型の演算では，計算手順をよく工夫しないと誤差が極端に大きくなる場合があるので，注意が必要である．また，2進小数の特性から，0.1×10 が 1 に一致しないので，比較演算を行う場合にも注意が実用である．

0.1.2 複素数

$x^2 = -1$ を満たす実数 x は存在しないが，数の概念を拡張して，$x^2 = -1$ を満たす数 x が存在すると考え，その一方を固定して，i とか $\sqrt{-1}$ と書く．そして，$x + iy$ (x, y は実数) という形の数を**複素数**という．実数でない複素数を**虚数**といい，iy (y は実数で $y \neq 0$) という形の虚数を**純虚数**という．複素数については

$$(x_1 + iy_1) + (x_2 + iy_2) = (x_1 + x_2) + i(y_1 + y_2)$$
$$(x_1 + iy_1) - (x_2 + iy_2) = (x_1 - x_2) + i(y_1 - y_2)$$
$$(x_1 + iy_1)(x_2 + iy_2) = (x_1 x_2 - y_1 y_2) + i(x_1 y_2 + x_2 y_1)$$
$$\frac{x_1 + iy_1}{x_2 + iy_2} = \frac{(x_1 x_2 + y_1 y_2) + i(-x_1 y_2 + x_2 y_1)}{x_2^2 + y_2^2}$$

によって四則を定義する．ただし，0による割り算は定義しない．また，

$$|x + iy| = \sqrt{x^2 + y^2} \quad \text{(複素数の絶対値)}$$
$$\overline{x + iy} = x - iy \quad \text{(共役複素数)}$$
$$\mathrm{Re}(x + iy) = x \quad \text{(複素数の実部)}$$
$$\mathrm{Im}(x + iy) = y \quad \text{(複素数の虚部)}$$

などの記号を用いる．共役複素数については，

$$\overline{z_1 + z_2} = \overline{z_1} + \overline{z_2}, \quad \overline{z_1 z_2} = \overline{z_1} \cdot \overline{z_2}$$

が成り立つ．

0でない複素数 $z = x + iy$ (x, y は実数) に対し，

$$\cos\theta = \frac{x}{\sqrt{x^2 + y^2}}, \quad \sin\theta = \frac{y}{\sqrt{x^2 + y^2}}$$

を満たす θ を $\theta = \arg z$ と書き，z の**偏角**という．

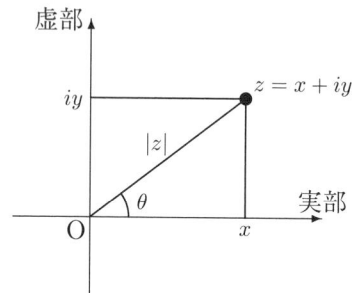

ただし，θ が z の 1 つの偏角のとき，$\theta + 2n\pi$ (n は整数) も z の偏角で，$\arg z$ は 2π の整数倍の不定性をもつ多価関数である．実用上，$0 \leqq \arg z < 2\pi$，または $-\pi < \arg z \leqq \pi$ の範囲に限って計算するが，それを偏角の主値という．$r = |z|, \theta = \arg z$ とおくと，

―― 複素数の極座標表示 ――
$$z = r(\cos\theta + i\sin\theta)$$

が成り立つ．これを複素数の**極座標表示**という．

―― 複素数の絶対値と偏角の性質 ――
$$\arg(z_1 z_2) = \arg z_1 + \arg z_2$$
$$\arg\frac{1}{z} = \arg\overline{z} = -\arg z$$
$$|z_1 z_2| = |z_1| \cdot |z_2|, \quad |\overline{z}| = |z|$$

が成り立つ．

0.1.3 数列と極限

数を並べたもの $a_1, a_2, a_3, a_4, \ldots$ を**数列**という (特に，規則に従って並んでいなくてもよい)．ここで，a_n は n 番目に並んだ数を表すが，これを数列の**第 n 項**という．数列は単に $\{a_n\}$ と表すことが多い．並んだ項の個数が有限の場合**有限数列**，限りなくどこまでも項が並んでいる数列を**無限数列**という．n 項からなる有限数列は $\{a_k\}_{k=1}^n$，無限数列は $\{a_n\}_{n=1}^\infty$ と表すこともある．また，数列を (a_n) で表す国もある．

すべての項が自然数であるような数列を**自然数列**といい，すべての項が整数であるような数列を**整数列**という．有理数列や**実数列**, 複素数列も同様である．数のかわりに関数を並べたものを**関数列**, 集合を並べたものを**集合列**という．**点列**, **直線列**なども同様である．

数列を $a_1, a_2, a_3, \ldots$ と a_1 から始めるかわりに，$a_0, a_1, a_2, \ldots$ と a_0 から始めると便利なことも多い．この場合は，$\{a_n\}_{n=0}^{\infty}$ などと表す．もちろん，a_{-1}, a_{-2} のように，負の添え字を持つ項を考えてもよい．

無限数列 $\{a_n\}$ において，n がどんどん大きくなるとき a_n の値がある数 a に近づくならば，

$$\lim_{n \to \infty} a_n = a$$

と書き，数列 $\{a_n\}$ は a に**収束**するとか，数列 $\{a_n\}$ の**極限** (値) は a であるという．

数学的に正確にいえば，任意の正の実数 ε をどんなに 0 に近く選んでも，ε に依存した自然数 $n = n(\varepsilon)$ を十分大きくとれば，$m \geqq n$ を満たす任意の整数 m に対し $|a_m - a| < \varepsilon$ が成立するとき，$\lim_{n \to \infty} a_n = a$ と書くのである．

また，無限数列 $\{a_n\}$ において，どんなに大きい数 M を選んでも，M に依存した自然数 $n = n(M)$ を十分大きくとれば，$m \geqq n$ を満たす任意の整数 m に対し $a_m > M$ が成立するとき，$\lim_{n \to \infty} a_n = +\infty$ と書き，数列 $\{a_n\}$ は $+\infty$ に**発散**するという．

$\lim_{n \to \infty} a_n = -\infty$ の定義も同様である．また，$\lim_{n \to \infty} |a_n| = +\infty$ のとき，$\lim_{n \to \infty} a_n = \infty$ と書き，数列 $\{a_n\}$ は ∞ に発散するという．この場合，$+\infty$ と $-\infty$ を等しいと考え，それを ∞ と書いている．

数列が，収束も発散もしないとき**振動**するという．

0.1.4　総和 $\sum$ と総乗 $\prod$ (有限項の場合)

$m \leqq n$ のとき，

―――――――――――――――― 総和 $\sum$・相乗 $\prod$ の定義 ――――――――――――――――

$$\sum_{k=m}^{n} a_k = a_m + a_{m+1} + a_{m+2} + \cdots + a_n$$

$$\prod_{k=m}^{n} a_k = a_m \times a_{m+1} \times a_{m+2} \times \cdots \times a_n$$

と書く．特に，以下の計算技術は大切である．

(I) 次の計算では，$j = i - m + 1$ とおくと，$i = j + m - 1$ で，$m \leqq i \leqq n$ のとき $1 \leqq j \leqq n - m + 1$ であるので，i を j で書き換えると，

$$\sum_{i=m}^{n} a_i = \sum_{j=1}^{n-m+1} a_{j+m-1}$$

となる．この置き換えの過程を省略して，単に

―――――――――――――――― 添え字の平行移動 ――――――――――――――――

$$\sum_{i=m}^{n} a_i = \sum_{i=1}^{n-m+1} a_{i+m-1}$$

と計算を進めることも多い．

(II) $\displaystyle\sum_{k=1}^{2n}\{1+(-1)^n\}a_k = 2\sum_{k=1}^{n} a_{2k}$ というような変形を行うには，素朴に，一度 $\sum$ をはずしてから，再び $\sum$ を付ける．つまり，

$$\sum_{k=1}^{2n}\{1+(-1)^n\}a_k = 2a_2 + 2a_4 + 2a_6 + \cdots + 2a_{2n} = 2\sum_{k=1}^{n} a_{2k}$$

この計算は，$\displaystyle\sum_{k=1}^{2n} a^k + \sum_{k=1}^{2n}(-a)^k = 2\sum_{k=1}^{n} a^{2k}$ 等で現れる．

(III) 2重のシグマ記号は，計算の途中でよく現れる．

$$\sum_{i=1}^{m}\sum_{j=1}^{n} a_{ij} = \sum_{j=1}^{n}\sum_{i=1}^{m} a_{ij}$$

が成り立つことは，$\sum$ をはずして考えれば，すぐわかる．

(IV)　次のようなシグマ記号の交換は少し難しい．

─── 三角形領域における添え字の交換 ───
$$\sum_{i=1}^{n}\sum_{j=1}^{i} a_{ij} = \sum_{j=1}^{n}\sum_{i=j}^{n} a_{ij}$$

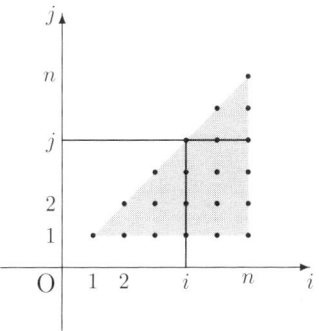

$\displaystyle\sum_{i=1}^{n}\sum_{j=1}^{i} a_{ij}$ は上図のような三角形上のすべての格子点 (i,j) について a_{ij} の和を取ることを意味していて，i の値を固定したとき，j の値は直線 $x=i$ と三角形が交わった部分の $1 \leqq j \leqq i$ を動く．しかし，シグマの順序を交換して，先に j の値を固定したときは，i の値は直線 $y=j$ と三角形の交わった部分の $j \leqq i \leqq n$ を動く．したがって，総和の値は $\displaystyle\sum_{j=1}^{n}\sum_{i=j}^{n} a_{ij}$ に等しい．

2 重のシグマは，ある平面上の領域内の格子点 (x 座標と y 座標が整数である点) についての和として考える，という原理さえ理解できていれば難しくはない．例えば，

$$\sum_{i=1}^{n-1}\sum_{j=1}^{n-i} a_{ij} = \sum_{k=2}^{n}\sum_{i+j=k} a_{ij} = \sum_{k=2}^{n}\sum_{i=1}^{k-1} a_{i,k-i}$$

というような変形も，すぐわかるだろう．

$\sum, \prod$ 記号は，$\displaystyle\sum_{i+j=k} a_{ij}, \sum_{i\in A} a_i$ のように，

$$\sum_{\text{条件}} a_i, \quad \prod_{\text{条件}} a_i$$

という書き方でも使われ，条件を満たすすべての a_i の和，積を表す．

また，a_i において，和をとる i の範囲に誤解の恐れがない場合，$\sum_{i=1}^{n} a_i$ などと書くかわりに，$\sum_{i} a_i$ と略記する場合も多い．

0.1.5 総和 $\sum$ と総乗 $\prod$ (無限項の場合)

$$\sum_{n=1}^{\infty} a_n = \lim_{m \to \infty} \sum_{n=1}^{m} a_n, \quad \prod_{n=1}^{\infty} a_n = \lim_{m \to \infty} \prod_{n=1}^{m} a_n$$

というように，無限数列の和や積は，有限数列の和や積の極限として定義される．以下で説明するように，これは，すべての a_n の和や積を意味するのではない．

数列 $\{a_n\}$ の中に正の項と負の項が無限個存在し，正の項すべての和が $+\infty$，負の項すべての和が $-\infty$ に発散する場合には，$\sum_{n=1}^{\infty} a_n$ の値は，数列 $\{a_n\}$ の項を並べる順序に依存する．ただし，$\sum_{n=1}^{\infty} |a_n|$ が有限の値に収束するような数列 $\{a_n\}$ においては，項の順序をどのように並べかえても，数列の和の値は一定である．このために，次の公式は，ある一定の条件下にしか成立せず，つねに成り立つ公式ではないことに注意する必要がある．

$$\sum_{m=1}^{\infty} \sum_{n=1}^{\infty} a_{mn} = \sum_{n=1}^{\infty} \sum_{m=1}^{\infty} a_{mn} = \sum_{k=2}^{\infty} \sum_{m+n=k} a_{mn}$$

$$\prod_{m=1}^{\infty} \prod_{n=1}^{\infty} a_{mn} = \prod_{n=1}^{\infty} \prod_{m=1}^{\infty} a_{mn} = \prod_{k=2}^{\infty} \prod_{m+n=k} a_{mn}$$

0.1.6 実数の切り上げ・切り捨て

実数 x に対し，x 以下の最大の整数を $\lfloor x \rfloor$ とか $[x]$ と表す．$[x]$ は**ガウスの括弧**とよばれ，伝統のある記号であるが，大括弧と区別しにくいので，

欧米の学校の教科書では $\lfloor x \rfloor$ という記号を使うほうが多くなってきた．x が正の実数のときは，$\lfloor x \rfloor$ は x の小数部分の**切り捨て**と同じである．コンピュータでは INT 関数 (言語により名称が異なる) などとして用意されている．

また，実数 x に対し，x 以上の最小の整数を $\lceil x \rceil$ と書く．例えば，

$\lfloor 5.68 \rfloor = 5$　　$\lfloor \pi \rfloor = 3$　　$\lfloor 2 \rfloor = 2$　　$\lfloor 0 \rfloor = 0$　　$\lfloor -2.3 \rfloor = -3$

$\lceil 5.68 \rceil = 6$　　$\lceil \pi \rceil = 4$　　$\lceil 2 \rceil = 2$　　$\lceil 0 \rceil = 0$　　$\lceil -2.3 \rceil = -2$

である．日本の教科書では登場しないが，小学校で使っている国もあり，国際的に通用する記号である．あまり流布していないが，小数部分を記号 $\{x\} = x - \lfloor x \rfloor$ で表すこともある．

お金を扱うプログラムなどでは，こういう端数処理も大切である．

実数の切り上げ・切り捨て

$\lfloor x \rfloor$　　x 以下の最大の整数

$\lceil x \rceil$　　x 以上の最小の整数

0.1.7　階乗と二項係数

正の整数 n に対し 1 から n までのすべての整数の積を

---
n の階乗

$$n! = 1 \times 2 \times 3 \times \cdots \times (n-1) \times n$$

と書き，n の**階乗**という．ただし $0! = 1$ と約束する．また，自然数 n に対し，$n!!$ を，n が偶数の場合と奇数の場合に分け，以下のように定義する．

$n!!$ の定義

$$(2n)!! = 2 \times 4 \times 6 \times \cdots \times (2n-2) \times (2n)$$
$$(2n-1)!! = 1 \times 3 \times 5 \times \cdots \times (2n-3) \times (2n-1)$$

つまり，n が偶数のときは，2 以上 n 以下の偶数の積が $n!!$ であり，n が奇数のときは，1 以上 n 以下の奇数の積が $n!!$ である．ただし，$0!! = 1$ と

約束する．なお，
$$(2n)!! = 2^n n!, \quad (2n+1)!! = \frac{(2n+1)!}{(2n)!!} = \frac{(2n+1)!}{2^n n!}$$
である．

z が複素数，r が自然数のとき，

二項係数
$$\binom{z}{r} = \frac{z(z-1)(z-2)\cdots(z-r+1)}{r!}$$

を**二項係数**という．また，$r = 0$ のときは，$\binom{z}{0} = 1$ と約束する．特に，n が非負整数で $n \geqq r$ のときは，
$$\binom{n}{r} = \frac{n!}{(n-r)!r!} \qquad ①$$
であり，これは，n 個の中から r 個のものを選ぶ組合せの場合の数に等しい．

二項定理と多項定理
$$(x+y)^n = \sum_{r=0}^{n} \binom{n}{r} x^r y^{n-r} \qquad \text{(二項定理)}$$
$$(x_1 + x_2 + \cdots + x_m)^n = \sum_{r_1 + r_2 + \cdots + r_m = n} \frac{n!}{r_1! r_2! \cdots r_m!} x_1^{r_1} x_2^{r_2} \cdots x_m^{r_m}$$
$$\text{(多項定理)}$$

は基本的な公式である．なお，t が自然数とは限らない実数のときも，テーラー展開の公式 (5.1.7 参照) より．

一般化された二項定理
$$(x+1)^t = \sum_{r=0}^{\infty} \binom{t}{r} x^r \qquad (|x| < 1)$$

(ニュートン，1665) が成立し，これも二項定理とよばれる．特に，この公式で $t = \dfrac{1}{2}$ とおくと，

$$\sqrt{1+x} = \sum_{n=0}^{\infty} (-1)^{n+1} \frac{(2n-1)!!}{(2n)!!} \cdot \frac{x^n}{2n-1}$$
$$= \sum_{n=0}^{\infty} \frac{(-1)^{n+1}(2n)!}{2^{2n}(n!)^2} \cdot \frac{x^n}{2n-1}$$
$$= 1 + \frac{x}{2} - \frac{1 \cdot 3}{2 \cdot 4} \cdot \frac{x^2}{3} + \frac{1 \cdot 3 \cdot 5}{2 \cdot 4 \cdot 6} \cdot \frac{x^3}{5} - \cdots \quad (|x| < 1)$$

が得られる．また，$t = -\dfrac{1}{2}$ とおくと，

$$\frac{1}{\sqrt{1+x}} = \sum_{n=0}^{\infty} (-1)^n \frac{(2n-1)!!}{(2n)!!} x^n = \sum_{n=0}^{\infty} \frac{(-1)^n (2n)!}{2^{2n}(n!)^2} x^n \quad (|x| < 1)$$

が得られる．

n, r が自然数で $r \leqq n$ のとき，

$$\binom{n}{r} = \binom{n-1}{r-1} + \binom{n-1}{r} \quad \text{②}$$

が成り立つ．コンピュータ・プログラムで二項係数を計算するときは，①を使うとオーバーフローしやすいので，②を利用して計算するとよい．

0.1.8 順列・組合せ

区別できる n 個のものから r 個を選んで 1 列に並べる方法の個数 (順列の場合の数) は，

順列
$$_nP_r = n \times (n-1) \times (n-2) \times \cdots \times (n-r+1) = \frac{n!}{(n-r)!}$$

である．ただし，$_nP_r$ という記号は，日本などごく一部の国だけで使われている記号で，海外ではあまり使われていない．

また，区別できる n 個のものから r 個を選び出す方法の個数 (**組合せ**の場合の数) は，

---- 組合せ ----
$$_nC_r = \frac{n(n-1)(n-2)\cdots(n-r+1)}{r(r-1)(r-2)\cdots 1} = \frac{n!}{r!(n-r)!} = \binom{n}{r}$$

である．ロシアなどでは $_nC_r$ を C_r^n と書く．国際的には，$\binom{n}{r}$ と書くのが主流で，$_nC_r$ も C_r^n も使用国は少ない．

また，n 種類のものから r 個を選び出す組合せの場合の数は，それぞれの種類のものがいずれも r 個以上あるならば，

---- 重複組合せ ----
$$_nH_r = \binom{n+r-1}{r} = \frac{n(n+1)(n+2)\cdots(n+r-1)}{r!}$$

である．なお，

---- 重複組合せの母関数 ----
$$\frac{1}{(1-x)^n} = \sum_{r=0}^{\infty} \binom{n+r-1}{r} x^r \qquad (|x| < 1)$$

が成り立つ．

0.1.9 割り算

小学校では，$7 \div 2$ という割り算について，「商 3，余り 1」という計算と，$7 \div 2 = 3.5 = \dfrac{7}{2}$ という本質的に異なった 2 種類の割り算を習う．前者の割り算は**整除**ともよばれ，これについては第 8 章で詳しく考察する．

1 変数多項式の割り算 $(x^3 + 3x + 1) \div (x^2 + x + 1)$ についても同様で，商 $x - 1$，余り $3x + 2$ という整除型の割り算と，分数式 (有理式) $\dfrac{x^3 + 3x + 1}{x^2 + x + 1}$ を解とする有理式としての割り算がある．

$$
\begin{array}{r}
x-1 \\
x^2+x+1\overline{)x^3+3x+1} \\
x^3+x^2+x \\
\hline
-x^2+2x+1 \\
-x^2-x-1 \\
\hline
3x+2
\end{array}
$$

さらに，多項式を昇巾 (しょうべき) の順に整理して巾級数 (べききゅうすう) とみなした場合には，下のような割り算によって，

$$\frac{1+3x+x^3}{1+x+x^2} = 1+2x-3x^2+2x^3+x^4+\cdots$$

という巾級数展開が得られる．

――――――――――――――――――――― 巾級数の割り算 ―

$$
\begin{array}{r}
1+2x-3x^2+2x^3+x^4+\cdots \\
1+x+x^2\overline{)1+3x+x^3} \\
1+x+x^2 \\
\hline
2x-x^2+x^3 \\
2x+2x^2+2x^3 \\
\hline
-3x^2-x^3 \\
-3x^2-3x^3-3x^4 \\
\hline
2x^3+3x^4 \\
2x^3+2x^4+2x^5 \\
\hline
x^4-2x^5
\end{array}
$$

0.2 関数

関数という語は，微積分での必要性から，ライプニッツ (1646-1716) のころから使われているが，当時は知られている関数も少なく，「関数」という語の明確な定義はなかった．数学の発展とともに，病的な性質を持つ関数がいろいろ発見されたため，コーシー (1789-1857) は，関数という語を，現在の連続関数の意味に限って用いた．デデキンド (1831-1916) やカントール (1845-1918) による集合論の創始は，数学全体に対する考え方を根本的に改め，現在のような関数の定義も，この集合論に基づく．

0.2.1 集合の用語

集合の詳しい説明は第 8 章で述べるが，ここでは，第 7 章までに登場する集合に関する最小限の用語と記号だけ簡単に説明する．

集合の厳密な定義は難しいので，数学的には不正確であるが，ここでは，「ある明確な範囲を持った数学的思考対象の集まりを集合とよぶ」ということにしておく．A が集合で x が A を構成する数学的思考対象の 1 つであるとき，$x \in A$ とか $A \ni x$ と書き，x は A の元 (element) であるとか要素であるとか，A は x を含む，x は A に属するなどという．x が A を部分集合として含むある集合の元であって，x が A の元でないとき，$x \notin A$ などと書く．

以下の 5 つの集合は，特によく登場する集合である．

───────────── 数の集合 ─────────────
$$\mathbb{N} = \{1, 2, 3, 4, \dots\} \quad \text{(自然数全体の集合)}$$
$$\mathbb{Z} = \{0, \pm 1, \pm 2, \pm 3, \pm 4, \dots\} \quad \text{(整数全体の集合)}$$
$$\mathbb{Q} = \left\{ \frac{n}{m} \mid n \in \mathbb{Z}, m \in \mathbb{N} \right\} \quad \text{(有理数全体の集合)}$$
$$\mathbb{R} = \{x \mid x \text{ は実数}\} \quad \text{(実数全体の集合)}$$
$$\mathbb{C} = \{x + \sqrt{-1}y \mid x, y \in \mathbb{R}\} \quad \text{(複素数全体の集合)}$$

これらの記号，$\mathbb{N}, \mathbb{Z}, \mathbb{Q}, \mathbb{R}, \mathbb{C}$ は世界的に定着した記号であるが，例外として $\mathbb{N}$ には 0 を含めることもある (フランスなど)．

座標平面上の点全体の集合を，
$$\mathbb{R}^2 = \{(x, y) \mid x, y \text{ は実数}\}$$
と書き，座標空間内の点全体の集合を，
$$\mathbb{R}^3 = \{(x, y, z) \mid x, y, z \text{ は実数}\}$$
と書く．($\mathbb{R}^n$ については，4.3.1 項参照)

x に関するある性質 $P(x)$ を満たす x 全体の集合を
$$\{x \mid x \text{ は } P(x) \text{ を満たす}\}$$
と書く．しかし，この書き方は，$P(x)$ に代入し得る x の範囲が明確でなく，このように書かれたものは集合にならないこともある．そのため，あらかじめ，議論をする集合 Ω を決めておき，Ω の元 x について，ある性質 $P(x)$ が成り立つかどうかを考えることにし，性質 $P(x)$ を満たす Ω の元 x 全体の集合を

---- 集合の表し方 ----
$$\{x \in \Omega \mid x \text{ は } P(x) \text{ を満たす}\}$$

と書く．このとき，Ω を**全体集合**という．例えば，1 以上 3 未満の実数全体の集合は，
$$\{x \in \mathbb{R} \mid 1 \leqq x < 3\}$$
と表すことができる．このように書かれたものは，必ず集合になることが保証されているので，数学の専門書ではこの書き方を多く用いる．

A, B が集合で，A の任意の元が B に属するとき，$A \subset B$ とか $B \supset A$ と書き，A は B の**部分集合**であるとか，A は B に**含まれる**とか，B は A を**含む**という．

$A \subset B$ を $A \subseteq B$ とか $A \subseteqq B$ と書くこともある．$A \subset B$ かつ $A \neq B$ のとき，$A \subsetneqq B$ と書き，A は B の**真部分集合**であるという．

集合 A, B がある共通の全体集合 Ω の部分集合であるとき，A にも B にも属する Ω の元全体の集合を $A \cap B$ と書き，A と B の**共通部分**という．また，A か B の少なくとも一方に属する Ω の元全体の集合を $A \cup B$ と書き，A と B の**合併集合**とか**和集合**という．さらに，A に属していて B に属さない元全体の集合を $A - B$ と書き，A から B を除いた**差集合**という．

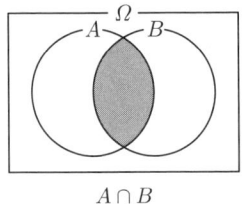
$A \cap B$

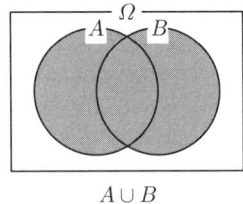
$A \cup B$

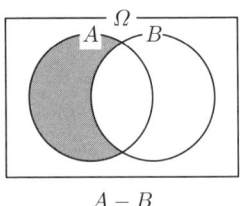
$A - B$

===== 集合の基本記号 =====

$x \in A$ (x は集合 A の元である)

$x \notin A$ (x は集合 A の元でない)

$B \subset A, \quad A \supset B$ (B は A の部分集合)

$B \subsetneq A, \quad A \supsetneq B$ (B は A の真部分集合)

$A \cap B$ (A と B の共通部分)

$A \cup B$ (A と B の合併集合)

$A - B$ (A から B を除いた差集合)

0.2.2 写像

写像の考え方は，離散数学的なコンピュータ・プログラムでも頻用されるようになってきたので，昔のように純粋数学専用の概念ではなくなった．

A, B を集合とする．A の各要素 x に対し，B の要素をただひとつ対応させる規則 f を**写像**といい，$f: A \to B$ とか $A \xrightarrow{f} B$ と書く．A を写像 f の**定義域**，B を**終域**という．写像 f によって，A の要素 x に対し B の要素 y が対応するとき，$y = f(x)$ と書き，y を f による x の**像** (Image) という．

写像 $f\colon A \to B$ は，A のすべての要素 x に対して像 $f(x)$ が定められていないといけないが，終域 B のすべての要素がある $x \in A$ の像になるとは限らない．A のある要素 x の像になるような B の要素全体の集合

$$\{f(x) \mid x \in A\}$$

を f の**像**といい，$f(A)$ とか $\mathrm{Im}\, f$ と書く．**値域**という用語は，「像」を意味する場合が多いが，「終域」を意味する場合もある．

写像 $f\colon A \to B$ の像が B と一致するとき，つまり，$f(A) = B$ が成り立つとき，f は**上への写像**であるとか，**全射**であるという．

また，x_1, x_2 が A の相異なる要素であれば必ず $f(x_1)$ と $f(x_2)$ も相異なるとき，f は **1 対 1** であるとか，**単射**であるという．

写像 $f\colon A \to B$ が全射かつ単射であるとき，f は**全単射**であるという．

写像 $f\colon A \to B$ が全単射のとき，B の各要素 y に対し $y = f(x)$ を満たすような A の要素 x がちょうど 1 個だけ定まる．この y に対し x を対応させる写像を $f^{-1}\colon B \to A$ と書き，f の**逆写像**という．

0.2.3 集合の濃度

$\mathbb{N}, \mathbb{Z}, \mathbb{Q}, \mathbb{R}$ はいずれも無限個の元を含む集合であるが，このような集合を**無限集合**という．それに対し，有限個の元から構成される集合を**有限集合**という．n 個の元 $x_1, x_2, \ldots, x_n$ からなる有限集合は，

$$\{x_1, x_2, \ldots, x_n\}$$

と，その要素を列挙して表すことも多い．

有限集合 A の元の個数を

集合の元の個数

$$\#A \quad \text{とか} \quad |A| \quad \text{とか} \quad n(A)$$

で表す．A が無限集合のときには，$\#A = \infty$ と書くこともある．

ひとつも元を持たない集合を**空集合**といい，記号 ϕ で表す．形式的に，空集合も有限集合と考え，$\#\phi = 0$ と約束する．また，任意の集合 A に対して $\phi \subset A$ であると約束する．

有限集合 A, B について，もし全単射 $f\colon A \to B$ が存在すれば，$\#A = \#B$ であることに注意する．

集合の元の個数 $\#A$ の概念を，無限集合の場合まで精密に拡張したのが集合の濃度である．

一般に，A, B が集合で，全単射 $f\colon A \to B$ が存在するとき，

$$\#A = \#B$$

と書き，集合 A, B の**濃度**は等しいという．A, B が有限集合ならば，$\#A = \#B$ は集合 A, B の元の個数が等しいことと同値である．反対に，全単射 $f\colon A \to B$ が存在しないとき $\#A \neq \#B$ と書く．また，単射 $f\colon A \to B$ が存在するとき $\#A \leqq \#B$ と書くが，これは全射 $g\colon B \to A$ が存在することと同値である．$\#A \leqq \#B$ であって $\#A \neq \#B$ であるとき $\#A < \#B$ と書く．例えば，A が有限集合で B が無限集合ならば $\#A < \#B$ である．また，カントール (1845-1918) によって，

数の集合の濃度

$$\#\mathbb{N} = \#\mathbb{Z} = \#\mathbb{Q} < \#\mathbb{R} = \#\mathbb{C} = \#(\mathbb{R}^n)$$

であることが証明された．

$\#A = \#\mathbb{N}$ であるとき A は**可算無限集合**であるといい，$\#A = \#\mathbb{R}$ であるとき A は**連続体濃度**の集合であるという．また，$\#\mathbb{N} \neq \#A$ であるような無限集合 A を，**非可算無限集合**という．なお，$\#\mathbb{N} < \#A < \#\mathbb{R}$ を満たす集合 A が存在するか否かは，集合の定義 (集合論の公理) に関することで，そのような集合が存在すると仮定しても，存在しないと仮定しても，集合論の公理 (BG-ZF 公理) とは矛盾しないことが知られている (連続体仮説)．

例えば，2 つの巾級数について，非可算無限個の相異なる数 x に対し

$$\sum_{n=0}^{\infty} a_n x^n = \sum_{n=0}^{\infty} b_n x^n$$

が成り立てば，$a_n = b_n$ ($n = 0, 1, \ldots$) であるが，可算無限個の相異なる数 x に対し上の等式が成立しても，$a_n \neq b_n$ となる場合もありえる．

0.2.4　1変数関数

数学的には,「関数」という用語は,終域が数の集合である写像のことであるが,ここでは,扱う範囲を限って,実数や複素数を変数とする関数だけを考える.また,多変数関数についての詳細は第 5.2 節で説明することにして,まずは,1 変数関数について最小限の用語などを説明する.

実数全体の集合 $\mathbb{R}$ のある空でない部分集合 A 上で定義された写像 $f\colon A \to \mathbb{R}$ を**実関数**といい,A を f の**定義域**という.理工学では,「関数」という用語は「実関数」のことを指す場合が多い.

また,複素数全体の集合 $\mathbb{C}$ のある空でない部分集合 A 上で定義された写像 $f\colon A \to \mathbb{C}$ を**複素関数**という.関数の定義域 A を考察する全体集合 $\mathbb{R}$ とか $\mathbb{C}$ のことを,f の**始域**という.

ただし,重要な関数の中には,$\sin^{-1} x$ のように,x に対し $f(x)$ の値が必ずしも 1 つに定まらず複数存在するが,その複数個の値の間にはある一定の規則が存在するような関数もある.これは,厳密な意味での関数ではないが,便宜上,このようなものを**多価関数**とよぶ.多価関数に対して,通常の関数を **1 価関数**ともいう.

変数 x と y の間に $F(x, y) = 0$ という関係があり,x の値を 1 つ固定したとき $F(x, y) = 0$ を満たす y の値が有限個しかないか,あるいは,無限個あってもそれがある規則で決定できるとき,y は x の多価関数とみなせるが,このような多価関数を $F(x, y) = 0$ で定まる**陰関数**という.

関数 f を写像 $f\colon A \to f(A)$ とみなしたとき全単射になるならば,逆写像 $f^{-1}\colon f(A) \to A$ が定義できるが,これを f の**逆関数**という.

しかし,関数 $f\colon A \to f(A)$ が必ずしも単射でなくても,その逆対応が多価関数として理解できる場合には,それも逆関数とよばれる.本質的には,$\sin^{-1} x, \cos^{-1} x, \tan^{-1} x$ はすべて多価関数であり,複素関数としては $\log_e z, \sqrt{z}, \sqrt[n]{z}, \arg z$ は多価関数である.ただし,これらを計算機で扱う場合には,適当な方法で 1 価関数になるように工夫しなければならない.

0.2.5　1 変数関数に関する基本用語

実関数 $y = f(x)$ の定義域を $A \subset \mathbb{R}$ とする.もし,「$x_1 < x_2\ (x_1, x_2 \in A)$

ならば $f(x_1) \leqq f(x_2)$」が成り立つとき，f は A で**単調増加**とか**広義単調増加**であるという．また，「$x_1 < x_2$ $(x_1, x_2 \in A)$ ならば $f(x_1) < f(x_2)$」が成り立つとき，f は A で**狭義単調増加**であるという．同様に**単調減少**，**広義単調減少**，**狭義単調減少**も定義される．広義単調増加関数と広義単調減少関数を総称して**単調関数**という．

「狭義単調増加ならば広義単調増加」であるが，逆は正しくない．

なお，A が $\mathbb{R}$ の開区間 (5.1.2 参照) で，$f(x)$ が A で微分可能 (5.1.4 参照) なとき，

$$\text{すべての } x \in A \text{ に対して } f'(x) \geqq 0$$
$$\iff f(x) \text{ は } A \text{ で広義単調増加}$$

が成り立つ．また，

$$\text{すべての } x \in A \text{ に対して } f'(x) > 0$$
$$\implies f(x) \text{ は } A \text{ で狭義単調増加}$$

が成り立つが，$\impliedby$ は成り立たない．

関数 $f(x)$ が $f(-x) = f(x)$ を満たすとき**偶関数**という．また，関数 $f(x)$ が $f(-x) = -f(x)$ を満たすとき**奇関数**という．n が偶数のとき $f(x) = x^n$ は偶関数であり，n が奇数のとき $f(x) = x^n$ は奇関数である．

関数 $f(x)$ に対し，定数 $p \neq 0$ が存在して，$f(x)$ の定義域に属するすべての数 x に対し，

$$f(x + p) = f(x)$$

が成り立つとき，$f(x)$ は周期 p の**周期関数**であるという．$f(x)$ が周期 p の周期関数ならば，$2p, 3p, -p$ なども $f(x)$ の周期である．そこで，周期関数 $f(x)$ において，その正の周期のうちもっとも小さい値を**基本周期**という．ただ，実際上，「周期」という用語は「基本周期」の意味で用いられることも多い．

$\sin x$ は基本周期 2π の周期関数，$\tan x$ は基本周期 π の周期関数である．

数学的には，「x が有理数のとき $f(x) = 1$，x が無理数のとき $f(x) = 0$」という関数 (これは，任意の有理数を周期とする周期関数) のように，基本周期を持たない周期関数も存在する．

0.2.6 図形やグラフの平行移動・回転移動

(x, y)-平面上の関数 $y = f(x)$ のグラフを，x 軸方向に a, y 軸方向に b だけ平行移動して得られるグラフの方程式は，

--- グラフの平行移動 ---
$$y = f(x - a) + b$$

である．また，陰関数 $F(x, y) = 0$ で与えられたグラフを，x 軸方向に a, y 軸方向に b だけ平行移動して得られるグラフの方程式は，

--- 陰関数のグラフの平行移動 ---
$$F(x - a, y - b) = 0$$

である．空間内のグラフでも考え方は同じである．

次に，$y = f(x)$ のグラフや $F(x, y) = 0$ のグラフを，点 (a, b) を中心とした角 θ の回転移動

$$\begin{cases} x' = (x - a)\cos\theta - (y - b)\sin\theta + a \\ y' = (x - a)\sin\theta + (y - b)\cos\theta + b \end{cases}$$

で変換して得られるグラフの方程式を求める．このような変換では，(x, y)-平面上のグラフを上のような変換により (x', y')-平面上のグラフに変換すると考えるのが基本である．(x, y) と (x', y') の関係が上式で与えられているとき，これを連立方程式として (x, y) について解くと，

$$\begin{cases} x = (x' - a)\cos\theta + (y' - b)\sin\theta + a \\ y = -(x' - a)\sin\theta + (y' - b)\cos\theta + b \end{cases}$$

となる．例えば，(x, y) が $F(x, y) = 0$ を満たしているとき，(x', y') が満たす方程式は，上式を $F(x, y) = 0$ に代入することによって得られ，

$$F\big((x' - a)\cos\theta + (y' - b)\sin\theta + a,\ -(x' - a)\sin\theta + (y' - b)\cos\theta + b\big) = 0$$

となる．この式で，(x', y') を改めて (x, y) と書き直したものが，求めるグラフの方程式である．

$y = f(x)$ の場合は，$F(x, y) = f(x) - y = 0$ と考えることにより，

$$f\big((x' - a)\cos\theta + (y' - b)\sin\theta + a\big) + (x' - a)\sin\theta - (y' - b)\cos\theta - b = 0$$

が求める方程式となる．

0.2.7　図形の変換

(x, y)-平面上のグラフ $F(x, y) = 0$ を，変換
$$x' = \varphi_1(x, y), \quad y' = \varphi_2(x, y) \qquad ①$$
によって (x', y')-平面上に変換する方法を説明する．

もし，①が全単射で
$$x = \psi_1(x', y'), \quad y = \psi_2(x', y') \qquad ②$$
と (x, y) について解ける場合は，②を $F(x, y)$ に代入した
$$F\bigl(\psi_1(x', y'), \psi_2(x', y')\bigr) = 0$$
が求める変換後の方程式である．

①が全単射でなく，①を (x, y) について解けない場合には，
$$F(x, y) = 0, \quad x' = \varphi_1(x, y), \quad y' = \varphi_2(x, y)$$
の3つの式から x, y を消去して $G(x', y') = 0$ の形の方程式を導く．しかし，得られた $G(x', y') = 0$ のグラフ全体が求めるグラフになるとは限らないので，値域の考察を慎重に行う必要がある．この考察はケースバイケースであるが，一般にけっこう難しい．

なお，$F(x, y), \varphi_1(x, y), \varphi_2(x, y)$ が x, y の多項式や有理式の場合には，第 7.2.3 項で説明する方法によって，必ず (x, y) を消去することができる．一般の関数の場合には，それに応じて工夫するしかない．

3 変数以上でも，考え方は同様である．

第1章
初等関数

　三角関数，対数関数，指数関数などを総称して初等関数とよぶが，これらは，理工学などで，実用上もっとも大切で有用な関数である．特に，三角関数は天体観測などの必要から，古代ギリシャ時代以前から考案されており，古代インドや古代中国でも独自に発展していた．古代においては，三角関数表を作成することが大切な仕事であったが，そのためには，加法定理や半角の公式などが当然必要であった．現代でも，関数電卓が登場するまでは，関数表が書籍として販売されていて，それを使って仕事をしていた．

1.1 三角関数

AD150 年頃，アレクサンドリアのギリシャ人天文学者クラウディオス・プトレマイオス (トレミー) が書いた『アルマゲスト』(天文学体系) には，三角法や球面三角法の解説や，詳細な三角関数表が書かれている．ただし，$\sin\theta$ という関数はなく，単位円の中心角 θ に対応する弦の長さ $2\sin\dfrac{\theta}{2}$ を基本的な関数として使っているので，現在の形の公式よりはごちゃごちゃしているが，本質的には，加法定理や半角の公式なども解説されている．これらは，ヒッパルコス (BC161-126 頃活躍) 以前から知られていたことのようである．ヘラクレイデス (BC388-310) やアリスタルコス (BC280 頃) のように地動説を主張する学者もいたが，プトレマイオスは天動説を主張し，惑星の運動を 2 重円軌道として計算していた．

1.1.1 弧度法

座標平面上に原点を中心とした半径 1 の円 $C: x^2+y^2=1$ を描き，円周上に点 P をとる．x-軸上の点 $(1, 0)$ から点 P まで反時計回りに円周上を進むとき，その道のり (円弧の長さ) を θ とする．ただし，時計回りに進む場合はその道のりに負符号を付ける．この θ を点 P の**偏角**という．また，このような角度の単位を**ラジアン**といい，角度の単位としてラジアンを用いることを**弧度法**という．弧度法で角度を表せば，

$$\frac{d}{dx}\sin x = \cos x, \quad \frac{d}{dx}\cos x = -\sin x$$

という微分に関する公式が成立するため，数学的にはラジアンを用いた弧度法がもっとも自然な角度の表し方である．本書では断らない限り，角度は弧度法で表す．

日常的には，直角 $\pi/2$ ラジアンを $90°$ とする **90 分度法** (度数法) のほうがよく使われる．ラジアンとの関係は，

弧度法

$$\theta \text{ ラジアン} = \frac{180}{\pi}\theta \text{ 度}, \quad \alpha \text{ 度} = \frac{\pi}{180}\alpha \text{ ラジアン}$$

である．円周を 360 等分して 1 度とすることは，1 年の日数や 60 進法などに起因し，人間的な要素が強い単位である．ギリシャ時代，実数の整数部分は十進法で，小数部分は 60 進法で表していたが，その名残として，90 分度法では，$1°$ の 1/60 を $1'$(分, minute), $1'$ の 1/60 を $1''$(秒, second), $1''$ の 1/60 を $1'''$(third), $1'''$ の 1/60 を $1^{(\text{IV})}$(fourth) (以下同様) という．

1.1.2 三角関数の定義

前項のように，円周 $C: x^2 + y^2 = 1$ 上に点 P をとり，その偏角を θ とする．このとき，点 P の座標を

$$P = (\cos\theta, \sin\theta)$$

と表し，この式で $0 \leqq \theta < 2\pi$ に対して三角関数 $\cos\theta$ (コサイン，余弦), $\sin\theta$ (サイン，正弦) の値を定義する．

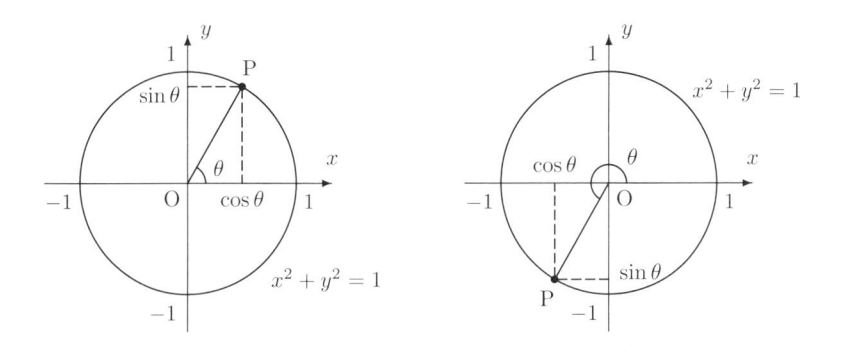

また，勝手な整数 n に対し，

$$\cos(\theta + 2n\pi) = \cos\theta, \quad \sin(\theta + 2n\pi) = \sin\theta$$

と約束することによって，関数 $\cos\theta, \sin\theta$ の定義域を実数全体に延長する．

他の 4 つの三角関数 $\tan x$ (タンジェント，正接), $\cot x$ (コタンジェント，余接), $\sec x$ (セカント，正割), $\text{cosec}\, x$ (コセカント，余割) は，次の式によって定義される．

=== tan, cot, sec, cosec の定義 ===

$$\tan\theta = \frac{\sin\theta}{\cos\theta}, \quad \cot\theta = \frac{\cos\theta}{\sin\theta}, \quad \sec\theta = \frac{1}{\cos\theta}, \quad \operatorname{cosec}\theta = \frac{1}{\sin\theta}$$

$\tan\theta$ を $\operatorname{tg}\theta$, $\operatorname{cosec}\theta$ を $\csc\theta$ と書くこともある．

現在ではほとんど用いられないが，プトレマイオスの著書『アルマゲスト (天文学体系)』では，$2\sin\dfrac{\theta}{2}$ が正弦関数の代わりに使われており，インドのアルヤブハッタ (AD500 頃) の著書では，$1-\cos\theta$ が**正矢関数**とよばれて扱われている．

1.1.3　三角関数の基礎的な関係式

前項の $\cos\theta, \sin\theta$ の定義と円の幾何学的考察から，次の関係式が得られる．

=== 三角関数の基本関係式 (1) ===

$$\cos^2\theta + \sin^2\theta = 1$$
$$\cos\left(\theta+\frac{\pi}{2}\right) = -\sin\theta, \quad \sin\left(\theta+\frac{\pi}{2}\right) = \cos\theta$$
$$\cos\left(\frac{\pi}{2}-\theta\right) = \sin\theta, \quad \sin\left(\frac{\pi}{2}-\theta\right) = \cos\theta$$

この関係式から，次の関係式が導かれる．

=== 三角関数の基本関係式 (2) ===

$$1+\tan^2\theta = \frac{1}{\cos^2\theta} = \sec^2\theta, \quad 1+\cot^2\theta = \frac{1}{\sin^2\theta} = \operatorname{cosec}^2\theta$$
$$\tan\left(\theta+\frac{\pi}{2}\right) = -\cot\theta, \qquad \cot\left(\theta+\frac{\pi}{2}\right) = -\tan\theta$$
$$\tan\left(\frac{\pi}{2}-\theta\right) = \cot\theta, \qquad \cot\left(\frac{\pi}{2}-\theta\right) = \tan\theta$$
$$\sec\left(\theta+\frac{\pi}{2}\right) = -\operatorname{cosec}\theta, \qquad \operatorname{cosec}\left(\theta+\frac{\pi}{2}\right) = \sec\theta$$
$$\sec\left(\frac{\pi}{2}-\theta\right) = \operatorname{cosec}\theta, \qquad \operatorname{cosec}\left(\frac{\pi}{2}-\theta\right) = \sec\theta$$

1.1.4　三角関数の図形的意味

下図のような直角三角形 OAB を考える．

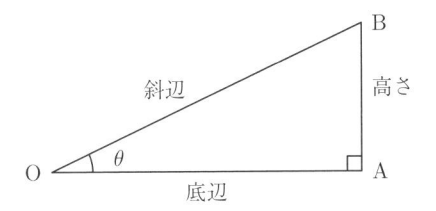

上のような直角三角形においては,

---直角三角形における三角関数---
$$\cos\theta = \frac{|OA|}{|OB|} = \frac{底辺}{斜辺}, \quad \sin\theta = \frac{|AB|}{|OB|} = \frac{高さ}{斜辺}, \quad \tan\theta = \frac{|AB|}{|OA|} = \frac{高さ}{底辺}$$

である.ここで,例えば $|OA|$ は線分 OA の長さを表す.

図形的考察と加法定理から,以下の三角関数の特殊値が得られる.

θ	$15°$	$18°$	$30°$	$36°$	$45°$
$\sin\theta$	$\dfrac{\sqrt{6}-\sqrt{2}}{4}$	$\dfrac{\sqrt{5}-1}{4}$	$\dfrac{1}{2}$	$\dfrac{\sqrt{10-2\sqrt{5}}}{4}$	$\dfrac{1}{\sqrt{2}}$
$\cos\theta$	$\dfrac{\sqrt{6}+\sqrt{2}}{4}$	$\dfrac{\sqrt{10+2\sqrt{5}}}{4}$	$\dfrac{\sqrt{3}}{2}$	$\dfrac{\sqrt{5}+1}{4}$	$\dfrac{1}{\sqrt{2}}$
$\tan\theta$	$2-\sqrt{3}$	$\sqrt{1-\dfrac{2}{\sqrt{5}}}$	$\dfrac{1}{\sqrt{3}}$	$\sqrt{5-2\sqrt{5}}$	1
$\cot\theta$	$2+\sqrt{3}$	$\sqrt{5+2\sqrt{5}}$	$\sqrt{3}$	$\sqrt{1+\dfrac{2}{\sqrt{5}}}$	1

また,$54°, 60°, 72°, 75°, 90°$ などに関する三角関数の値は,1.1.3 項の「三角関数の基本関係式 (1), (2)」と上表から得られる.一般に,90 分度法で整数になる角度 $k°$ については,k が 3 の倍数になる場合にのみ,$\sin k°$ や $\cos k°$ の値が,整数と平方根を用いた分数で表すことができる.

1.1.5 三角関数のグラフ

$y = \cos\theta$ のグラフは下記の通りであり,基本周期 2π の周期関数で,偶関数である.

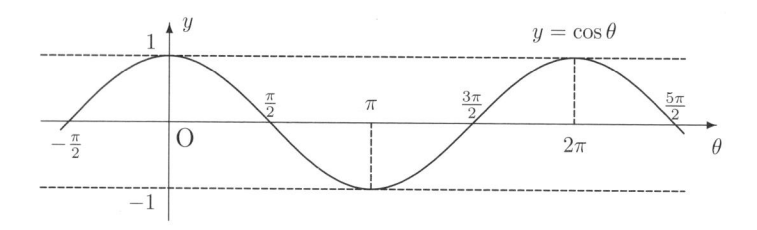

$y = \sin\theta$ のグラフは以下の通りで,基本周期 2π の周期関数で奇関数であり,$y = \cos\theta$ のグラフを $\pi/2$ だけ θ 軸方向に平行移動したものである.

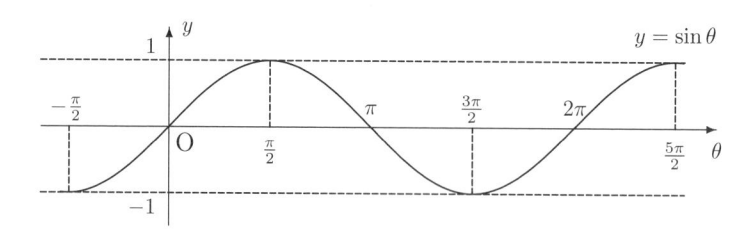

$y = \tan\theta$ のグラフは下記の通りで,基本周期 π の周期関数で,奇関数である.また,直線 $x = \dfrac{\pi}{2} + n\pi$ (n は整数) が漸近線である.

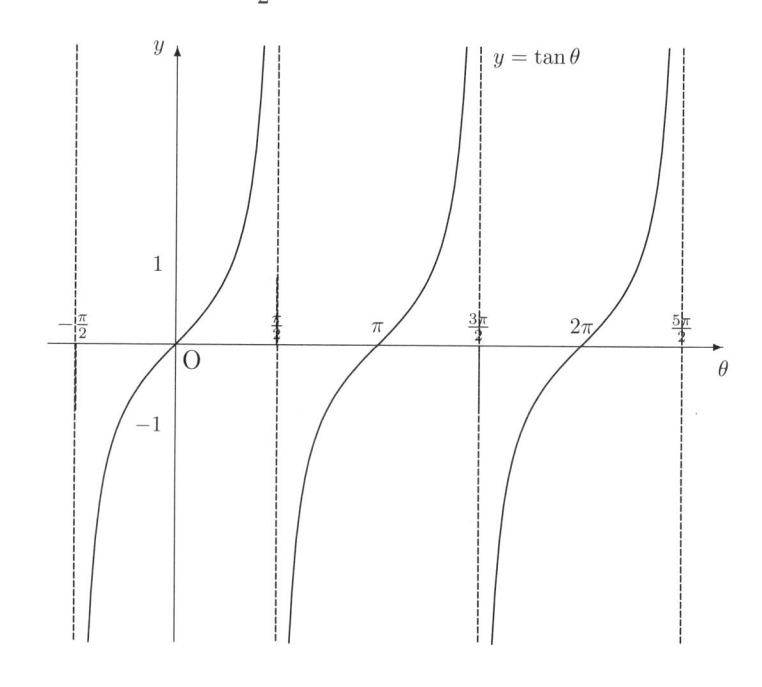

1.1.6　三角関数の巾級数表示

ラジアンを単位とするとき，テーラー展開の公式

---
sin, cos のテーラー展開

$$\cos x = \sum_{n=0}^{\infty} (-1)^n \frac{x^{2n}}{(2n)!} = 1 - \frac{x^2}{2} + \frac{x^4}{24} - \frac{x^6}{720} + \cdots$$

$$\sin x = \sum_{n=0}^{\infty} (-1)^n \frac{x^{2n+1}}{(2n+1)!} = x - \frac{x^3}{6} + \frac{x^5}{120} - \frac{x^7}{5040} + \cdots$$

によって，三角関数の近似値を計算することができる．(上の公式はニュートンの『流率法』にものっている．微分法を用いなくても，三角関数の n 倍角の公式から証明できる．) 上の公式の右辺は，x がどんな複素数であっても収束するので，x が実数でない複素数の場合にも，上の等式によって $\cos x, \sin x$ の値を定義する．$\tan x = \sin x / \cos x$, $\cot x = 1/\tan x$, $\sec x = 1/\cos x$, $\operatorname{cosec} x = 1/\sin x$ の定義域も，これによって複素数に拡張される．(なお，6.1.5 項も参照)

コンピュータ・グラフィックスでは，公式

$$\begin{pmatrix} \cos\theta & -\sin\theta \\ \sin\theta & \cos\theta \end{pmatrix} = \lim_{n\to\infty} \begin{pmatrix} 1 & -\frac{\theta}{n} \\ \frac{\theta}{n} & 1 \end{pmatrix}^n$$

から導かれる考え方も大切である．

1.1.7　加法定理の基本公式

以下の公式は，x, y が複素数であっても成立する．

加法定理

$$\sin(x+y) = \sin x \cos y + \cos x \sin y$$
$$\cos(x+y) = \cos x \cos y - \sin x \sin y$$
$$\tan(x+y) = \frac{\tan x + \tan y}{1 - \tan x \tan y} \qquad (x, y, x+y \neq \frac{2n+1}{2}\pi)$$
$$\cot(x+y) = \frac{\cot x \cot y - 1}{\cot x + \cot y} \qquad (x, y, x+y \neq n\pi)$$

なお，$\sin(x-y)$ などは，以下の公式と組み合わせて考える．

$$\sin(-x) = -\sin x, \quad \cos(-x) = \cos x,$$
$$\tan(-x) = -\tan x, \quad \cot(-x) = -\cot x$$

1.1.8 倍角の公式

前項の加法定理の公式において $x=y$ とおくと，次の公式が導かれる．なお，x は複素数でも成立する．

───── 倍角の公式 ─────

$$\sin 2x = 2\sin x \cos x$$
$$\cos 2x = \cos^2 x - \sin^2 x = 1 - 2\sin^2 x = 2\cos^2 x - 1$$
$$\tan 2x = \frac{2\tan x}{1 - \tan^2 x}$$
$$\cot 2x = \frac{\cot^2 x - 1}{2\cot x}$$

1.1.9 半角の公式

$\cos$ についての倍角の公式から，以下の公式が導かれる．x は複素数でもよい．

───── 半角の公式 ─────

$$\sin^2 \frac{x}{2} = \frac{1 - \cos x}{2}$$
$$\cos^2 \frac{x}{2} = \frac{1 + \cos x}{2}$$
$$\tan^2 \frac{x}{2} = \frac{1 - \cos x}{1 + \cos x} = \frac{\sec x - 1}{\sec x + 1}$$
$$\cot^2 \frac{x}{2} = \frac{1 + \cos x}{1 - \cos x} = \frac{\sec x + 1}{\sec x - 1}$$

1.1.10 積和公式

$\cos(x+y) = \cos x \cos y - \sin x \sin y$ と $\cos(x-y) = \cos x \cos y + \sin x \sin y$ の各辺を足して，両辺を 2 で割ると，$\cos x \cos y = \{\cos(x+y) + \cos(x-y)\}/2$ が得られる．同様な方法で以下の積和公式が得られる．(x, y は任意の複素数)

―― 和積公式 ――

$$\cos x \cos y = \frac{\cos(x+y) + \cos(x-y)}{2}$$

$$\sin x \sin y = \frac{\cos(x-y) - \cos(x+y)}{2}$$

$$\sin x \cos y = \frac{\sin(x+y) + \sin(x-y)}{2}$$

$$\cos x \sin y = \frac{\sin(x+y) - \sin(x-y)}{2}$$

1.1.11 和積公式

積和公式において, $A = x+y$, $B = x-y$ とおくと以下の和積公式が得られる. (A, B は任意の複素数)

―― 和積公式 ――

$$\cos A + \cos B = 2\cos\frac{A+B}{2}\cos\frac{A-B}{2}$$

$$\cos A - \cos B = -2\sin\frac{A+B}{2}\sin\frac{A-B}{2}$$

$$\sin A + \sin B = 2\sin\frac{A+B}{2}\cos\frac{A-B}{2}$$

$$\sin A - \sin B = 2\cos\frac{A+B}{2}\sin\frac{A-B}{2}$$

1.1.12 3倍角の公式

倍角の公式と加法定理から, 次の公式が得られる. (x は任意の複素数)

―― 3倍角の公式 ――

$$\sin 3x = 3\sin x - 4\sin^3 x$$

$$\cos 3x = 4\cos^3 x - 3\cos x$$

$$\tan 3x = \frac{3\tan x - \tan^3 x}{1 - 3\tan^2 x}$$

$$\cot 3x = \frac{3\cot x - \cot^3 x}{1 - 3\cot^2 x}$$

1.1.13 三角関数の合成

座標平面上に点 $P = (a, b)$ を，$|OP| = r$ で，OP と x 軸の正の方向となす角が α となるようにとると，$a = r\cos\alpha, b = r\sin\alpha$ となる．このとき，
$$a\sin\theta + b\cos\theta = (r\cos\alpha)\sin\theta + (r\sin\alpha)\cos\theta = r\sin(\theta + \alpha)$$
となる．ここで，$r = \sqrt{a^2 + b^2}$ だから，次の公式が得られる．

三角関数の合成
$$a\sin x + b\cos x = \sqrt{a^2 + b^2}\sin(x + \alpha)$$
ただし，α は次のふたつの式を満たす角である．
$$\cos\alpha = \frac{a}{\sqrt{a^2 + b^2}}, \quad \sin\alpha = \frac{b}{\sqrt{a^2 + b^2}}$$

また，$\beta = \alpha + \dfrac{\pi}{2}$ とおくと，以下の公式が得られる．
$$a\sin x + b\cos x = \sqrt{a^2 + b^2}\cos(x + \beta)$$
ただし $\sin\beta = -\dfrac{a}{\sqrt{a^2 + b^2}}, \quad \cos\beta = \dfrac{b}{\sqrt{a^2 + b^2}}$

1.1.14 三角関数の有理式表示

$t = \tan\dfrac{x}{2}$ とするとき，次の等式が成り立つ．

三角関数の有理式表示
$$\sin x = \frac{2t}{1 + t^2}, \quad \cos x = \frac{1 - t^2}{1 + t^2}, \quad \tan x = \frac{2t}{1 - t^2}, \quad dx = \frac{2\,dt}{1 + t^2}$$

1.1.15 n 倍角の公式

n 倍角の公式は，フランソワ・ヴィエト (1540-1603) が発見した．
$$\sin n\theta = \sum_{i=0}^{\lfloor (n-1)/2 \rfloor} (-1)^i \binom{n}{2i+1} \sin^{2i+1}\theta \cos^{n-(2i+1)}\theta$$
$$\cos n\theta = \sum_{i=0}^{\lfloor n/2 \rfloor} (-1)^i \binom{n}{2i} \sin^{2i}\theta \cos^{n-2i}\theta$$

($\lfloor x \rfloor$ は x 以下の最大の整数) 特に $n = 2m + 1$ (奇数) の場合，この公式を $\sin^2 \theta + \cos^2 \theta = 1$ を用いて変形すると，

$$\sin(2m+1)\theta = \sum_{k=0}^{m} (-1)^k a_{m,k} \sin^{2k+1} \theta$$

$$\cos(2m+1)\theta = \sum_{k=0}^{m} (-1)^{m-k} a_{m,k} \cos^{2k+1} \theta$$

$$\left(ただし，a_{m,k} = \sum_{i=0}^{k} \binom{2m+1}{2i+1} \binom{m-i}{k-i} \right)$$

となる．$a_{m,k}$ の最初のほうの値は，

$a_{0,0} = 1$; $a_{1,0} = 3$, $a_{1,1} = 4$; $a_{2,0} = 5$, $a_{2,1} = 20$, $a_{2,2} = 16$;

$a_{3,0} = 7$, $a_{3,1} = 56$, $a_{3,2} = 112$, $a_{3,3} = 64$;

$a_{4,0} = 9$, $a_{4,1} = 120$, $a_{4,2} = 432$, $a_{4,3} = 576$, $a_{4,4} = 256$;

$a_{5,0} = 11$, $a_{5,1} = 220$, $a_{5,2} = 1232$, $a_{5,3} = 2816$,
    $a_{5,4} = 2816$, $a_{5,5} = 1024$;

$a_{6,0} = 13$, $a_{6,1} = 364$, $a_{6,2} = 2912$, $a_{6,3} = 9984$,
    $a_{6,4} = 16640$, $a_{6,5} = 13312$, $a_{6,6} = 4096$;

$a_{7,0} = 15$, $a_{7,1} = 560$, $a_{7,2} = 6048$, $a_{7,3} = 28800$,
    $a_{7,4} = 70400$, $a_{7,5} = 92160$, $a_{7,6} = 61440$, $a_{7,7} = 16384$;

$a_{8,0} = 17$, $a_{8,1} = 816$, $a_{8,2} = 11424$, $a_{8,3} = 71808$, $a_{8,4} = 239360$,
    $a_{8,5} = 452608$, $a_{8,6} = 487424$, $a_{8,7} = 278528$, $a_{8,8} = 65536$;

$a_{9,0} = 19$, $a_{9,1} = 1140$, $a_{9,2} = 20064$, $a_{9,3} = 94976$, $a_{9,4} = 242725$,
    $a_{9,5} = 446586$, $a_{9,6} = 645750$, $a_{9,7} = 654328$, $a_{9,8} = 382653$,
    $a_{9,9} = 94182$

である．例えば，

$$\sin 5x = 5 \sin x - 20 \sin^3 x + 16 \sin^5 x$$
$$\cos 5x = 5 \cos x - 20 \cos^3 x + 16 \cos^5 x$$
$$\sin 7x = 7 \sin x - 56 \sin^3 x + 112 \sin^5 x - 64 \sin^7 x$$
$$\cos 7x = -7 \cos x + 56 \cos^3 x - 112 \cos^5 x + 64 \cos^7 x$$
$$\sin 9x = 9 \sin x - 120 \sin^3 x + 432 \sin^5 x - 576 \sin^7 x + 256 \sin^9 x$$
$$\cos 9x = 9 \cos x - 120 \cos^3 x + 432 \cos^5 x - 576 \cos^7 x + 256 \cos^9 x$$

1.2　指数関数・対数関数

歴史的には，指数関数より対数関数のほうが先に発見され，ジョン・ネピア (1550-1617) が，幾何学的方法で対数を定義した．まだ，十進小数が十分に広まっていない時代 (整数部分は十進法，小数部分は 60 進法で書く伝統的方法が主流) であったので，今の記号で書けば $L = 10^7 \log_{1/e} \frac{N}{10^7}$ の整数部分がネピアの最初の対数表には書かれている．後に，オックスフォード大学のヘンリー・ブリックス (1561-1621) との協力で，$10^{10} \log_{10} x$ の整数部分の値の表が作成された．スイスのユースト・ビュリギもほぼ同時に，ネピアとは独立に対数を考案している．

他方，指数関数 e^x の本質的発見者はオイラー (1707-1783) である．彼は $e^{ix} = \cos x + i \sin x$ を発見し，初等関数の間の関係を明らかにした．

1.2.1　対数関数

対数関数 $y = \log_e x \ (x > 0)$ は，

---- 対数関数の定義 ----
$$\log_e x = \int_1^x \frac{dt}{t}$$

によって定義される．つまり，$y = 1/x$ のグラフと x 軸と直線 $x = 1, x = N$ で囲まれる図形の面積が対数 $\log_e N$ である．$\log_e x$ を $\ln x$ と書くことも多い．

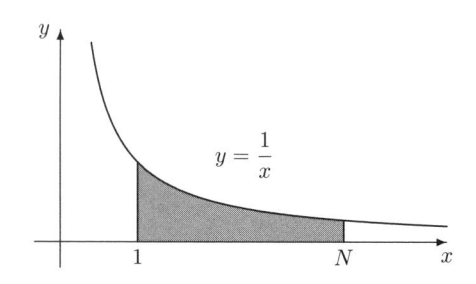

ここで，e は $\log_e e = 1$ を満たす正の実数を表し，近似値は
$$e = 2.7182818284590452353602874713526624 9 \cdots$$
で，これを**自然対数の底**とか**ネピア数**という．

$\log_e x$ をもとに，$a > 0, a \neq 1$ に対して，
$$\log_a x = \frac{\log_e x}{\log_e a}$$
として，a を底とする**対数** $\log_a x$ を定義する．特に，

底の変換公式

$$\log_a a = 1$$
$$\log_x y = \frac{\log_a y}{\log_a x} \qquad (x > 0, y > 0)$$

である．また，$\log_{10} x$ を**常用対数**という．

$y = 1/x$ のグラフと $y = c/x$ のグラフは相似であるという性質から次の最初の式が証明され，それより，その下の諸公式が得られる．

対数の基本性質

$$\log_a(xy) = \log_a x + \log_a y$$
$$\log_a \frac{x}{y} = \log_a x - \log_a y$$
$$\log_a \frac{1}{x} = -\log_a x$$
$$\log_a x^n = n \log_a x$$

また，$\dfrac{d}{dx} \log_e(1+x) = \dfrac{1}{1+x} = \sum_{n=0}^{\infty} (-1)^n x^n$ ($|x| < 1$) を利用すると，次の公式が得られ，対数の値の計算に利用される．

対数関数の巾級数展開

$$\log_e(1+x) = \sum_{n=1}^{\infty} (-1)^{n+1} \frac{x^n}{n} \qquad (|x| < 1)$$

1.2.2 指数関数

指数関数 e^x は $\exp x$ とも書かれ,

> **e^x の定義**
> $$e^x = \exp x = \lim_{m \to \infty} \left(1 + \frac{x}{m}\right)^m = \sum_{n=0}^{\infty} \frac{x^n}{n!}$$
> $$= 1 + x + \frac{x^2}{2} + \frac{x^3}{6} + \frac{x^4}{24} + \frac{x^5}{120} + \frac{x^6}{720} + \frac{x^7}{5040} + \cdots$$

によって定義され, $\log_e x$ の逆関数である. x が複素数の場合にも, この式によって e^x の値が定義される.

正の実数 a に対しては,

> **指数関数の定義**
> $$a^x = \exp(x \log_e a)$$

によって, a^x が定義され, x が自然数の場合には, これは通常の累乗と一致し, x が有理数 p/q の場合には,

> **有理数乗**
> $$a^{p/q} = \sqrt[q]{a^p} = \left(\sqrt[q]{a}\right)^p$$

となる. 指数関数は, **指数法則**

> **指数法則**
> $$e^{x+y} = e^x e^y, \quad e^{-x} = \frac{1}{e^x}$$

(x, y は複素数) を満たす.

1.2.3 指数関数・対数関数の微積分

対数関数の定義 $\log_e x = \displaystyle\int_1^x \frac{dt}{t}$ より,

> **$\log_e x$ の導関数**
> $$\frac{d}{dx} \log_e x = \frac{1}{x}$$

である．また，e^x の定義より，

指数関数の導関数

$$\frac{d}{dx}e^x = e^x, \quad \frac{d}{dx}a^x = a^x \log_e a$$

が導かれる．これらの公式から，以下が得られる．(C は積分定数)

指数関数・対数関数の不定積分

$$\int e^x \, dx = e^x + C$$

$$\int a^x \, dx = a^x \log_a e + C$$

$$\int \log_e x \, dx = x(\log_e x - 1) + C$$

$$\int \log_a x \, dx = x(\log_a x - \log_a e) + C$$

1.2.4 オイラーの公式

$e^x, \cos x, \sin x$ を複素関数と考えたとき，$i = \sqrt{-1}$ として，

$$\sum_{n=0}^{\infty} \frac{(ix)^n}{n!} = \sum_{n=0}^{\infty} (-1)^n \frac{x^{2n}}{(2n)!} + i \sum_{n=0}^{\infty} (-1)^n \frac{x^{2n+1}}{(2n+1)!}$$

より，次の等式が成り立つ．これを**オイラーの公式**という．

オイラーの公式 (1)

$$e^{ix} = \cos x + i \sin x$$

これは，指数関数と三角関数を結ぶ基本公式である．この式から，

オイラーの公式 (2)

$$\cos x = \frac{e^{ix} + e^{-ix}}{2}, \quad \sin x = \frac{e^{ix} - e^{-ix}}{2i}$$

$$e^{x+iy} = e^x(\cos y + i \sin y)$$

が得られる．これらの等式は，x, y が複素数でも成立する．

1.2.5 複素数の対数関数・指数関数

複素関数 $w = e^z$ の逆関数として対数関数を考えよう．$w = e^x(\cos y + i \sin y)$ ($z = x + iy$, x, y は実数) とおくとき，$e^x = |w|$, $y = \arg w$ であるので，$w = e^z = e^{x+iy}$ の逆関数は，$\log_e w = z = x + iy = \log_e |w| + i \arg w$ となる．これより，公式

===== 複素数の対数関数 =====
$$\log_e z = \log_e |z| + i \arg z$$

が得られる．ここで，$\arg z$ は 2π の整数倍の不定性を持つ多価関数なので，複素関数としての $\log_e z$ も $2\pi i$ の整数倍の不定性を持つ多価関数になる．

a が正の実数以外の複素数の場合に複素関数として指数関数 $y = a^x$ を定義しよう．当然 $a^x = \exp(x \log_e a)$ であるが，この場合，$\log_e a$ の値の選び方がたくさんあるため，a^x も多価関数になってしまう．実用上は，$\log_e a$ の値を都合よく 1 つ選択した上で，$a^x = \exp(x \log_e a)$ と定義する．したがって，a が実数でない場合に $w = a^z$ を使う場合は，その都度 $\log_e a$ の値の選び方を明記した上で使用しないといけない．

1.2.6 複素関数としての初等関数

$\mathbb{C}$ 内の連結開集合 X (5.3.2 項参照) で定義された正則関数 (複素関数として微分可能な関数) $f(z)$, $g(z)$ に対し，非可算無限個の元からなる X の部分集合上で $f(z) = g(z)$ が成り立てば，X 全体で $f(z) = g(z)$ が成り立つという定理により，$\sin z$, $\cos z$, e^z について，実数で成り立つ等式は，それが絶対値などの非正則関数を含まない等式であれば，複素数に対しても成立することが保証される．つまり，例えば，$\cos x = \sin(\pi/2 - x)$ は x が複素数でも成立するが，$|\sin x| \leqq 1$ は x が複素数の場合には成立しない．したがって，加法定理，(n) 倍角の公式，半角の公式，積和公式，和積公式，三角関数の合成公式は，変数が複素数でも成立する．

オイラーの公式より，
$$\cos ix = \frac{e^x + e^{-x}}{2}, \quad \sin ix = i\frac{e^x - e^{-x}}{2}$$

であるので，加法定理とあわせて，

$$\cos(x+iy) = \frac{e^y + e^{-y}}{2}\cos x - i\frac{e^y - e^{-y}}{2}\sin x$$
$$\sin(x+iy) = \frac{e^y + e^{-y}}{2}\sin x + i\frac{e^y - e^{-y}}{2}\cos x$$

となる．この等式により，複素数に対する三角関数の値も，実関数としての e^x, $\cos x$, $\sin x$ の値から計算できる．

1.3 逆三角関数

逆三角関数は，本質的には多価関数なので，電卓やパソコンで得られる値がどの値を指しているのか注意して計算やプログラミングをしないと，とんでもない間違いをすることがある．特に，逆三角関数と対数関数の間の関係式は，多価関数の値の選び方によって公式が異なるので，文献によっては異なる公式が書かれていることもある．

1.3.1 逆正弦関数

$\sin y = \frac{1}{2}$ を満たす y は，$y = \frac{\pi}{6} + 2n\pi, \frac{5\pi}{6} + 2n\pi$ (n は整数) である (y を複素数で考えても，これだけしかない). したがって，$x = \sin y$ の逆関数 $y = \sin^{-1} x$ を考えようとすると，1つの x の値に対し，可算無限個の y の値が対応する多価関数になる．しかし，実用上，これでは不便なので，関数の定義域と値域を制限して主値というものを考える．

つまり，$x = \sin y$ の定義域を $-\frac{\pi}{2} \leqq y \leqq \frac{\pi}{2}$ に制限した場合，与えられた実数 $-1 \leqq x \leqq 1$ に対して $x = \sin y$ を満たす y はただ1つしか存在しないので，この値を $y = \sin^{-1} x$ (サインインバース) とか $y = \arcsin x$ (アークサイン) と書き，**逆正弦関数の主値**という．通常，「主値」という語を省略して，これを単に「逆正弦関数」とよぶ．

主値 $y = \sin^{-1} x$ がわかれば，$\sin \theta = x$ を満たすすべての θ は，$\theta = 2n\pi + \sin^{-1} x, (2n+1)\pi - \sin^{-1} x$ (n は整数) によって与えられる．

なお，複素関数 $z = \sin w$ の場合には，$w = s + it$ (s, t は実数) とするとき，

$$\sin w = \frac{e^t + e^{-t}}{2} \sin s + i \frac{e^t - e^{-t}}{2} \cos s$$

であるので，定義域を $-\frac{\pi}{2} \leqq s = \operatorname{Re} w \leqq \frac{\pi}{2}$ に制限すれば，複素関数としての逆関数 $w = \sin^{-1} z$ が定義できる．このとき，

$$\sin^{-1} z = -i \log_e \left(iz + \sqrt{1 - z^2} \right)$$

が成り立つ．なお，この公式からもわかるように，$y = \sin^{-1} x$ は $-1 \leqq x \leqq 1$ の場合に限って値が実数になり，$x < -1$ または $x > 1$ の場合には $\sin^{-1} x$ の値は虚数になる．

$|x| \leqq 1$ (x は複素数) の場合には，

―――――――――― $\sin^{-1} x$ のテーラー展開 ――――――――――
$$\sin^{-1} x = \sum_{n=0}^{\infty} \frac{(2n-1)!!}{(2n)!!} \cdot \frac{x^{2n+1}}{2n+1} = \sum_{n=0}^{\infty} \frac{(2n)!}{2^{2n}(n!)^2} \cdot \frac{x^{2n+1}}{2n+1}$$

という巾級数展開によって $\sin^{-1} x$ の値が計算できる．アイザック・ニュートンは，

$$\sin^{-1} x = \int_0^x \frac{dt}{\sqrt{1-t^2}} = \int_0^x \sum_{n=0}^{\infty} \frac{(2n-1)!!}{(2n)!!} t^{2n} \, dt$$

(0.1.7 項参照) をもとに，上の巾級数展開の公式を導き，その逆関数として $\sin x$ の巾級数の公式を証明している．

1.3.2 逆余弦関数

$x = \cos y$ の定義域を $0 \leqq y \leqq \pi$ に制限して考えた逆関数を，$y = \cos^{-1} x$ (コサインインバース) とか $y = \arccos x$ (アークコサイン) と書き，**逆余弦関数** (の主値) という．$y = \cos^{-1} x$ の (実関数としての) 定義域は $-1 \leqq x \leqq 1$ である．複素関数としての逆余弦関数を考えるときには，$z = \cos w$ の定義域を $0 \leqq \mathrm{Re}\, w \leqq \pi$ に制限して，その逆関数を $w = \cos^{-1} z$ (主値) と定める．

$\cos y = \sin\left(\dfrac{\pi}{2} - y\right)$ より，

―――――――――― $\sin^{-1} x$ と $\cos^{-1}$ の関係 ――――――――――
$$\sin^{-1} x + \cos^{-1} x = \frac{\pi}{2}$$

が成り立つ (x が複素数でも成立する)．この公式から，$\sin^{-1} x$, $\cos^{-1}$ の一方の関数があれば，他方の関数はあまり必要でない．

1.3.3 逆正接関数

$x = \tan y$ の定義域を $-\dfrac{\pi}{2} < y < \dfrac{\pi}{2}$ に制限して考えた逆関数を $y = \tan^{-1} x$ (タンジェントインバース) とか $y = \arctan x$ (アークタンジェント) と書き**逆正接関数**という．$y = \tan^{-1} x$ はすべての実数 x に対して定義できる．

---
tan⁻¹ x の基本性質

$$\tan^{-1} x = \int_0^x \frac{dt}{1+t^2}$$

という公式のため，$\tan^{-1} x$ は6個の逆三角関数のうちもっとも実用上大切な関数である．

複素関数 $z = \tan w$ については，定義域を $-\dfrac{\pi}{2} < \operatorname{Re} w < \dfrac{\pi}{2}$ に制限して逆正接関数 $w = \tan^{-1} z$ の主値を定義する．

$$\tan^{-1} x = -\frac{i}{2} \log_e \frac{1+ix}{1-ix}$$

という関係がある．$|x| < 1$ (x は複素数) の場合には，$\dfrac{1}{1+x^2} = \sum_{n=0}^{\infty} (-1)^n x^{2n}$ より次の公式が得られ，$\tan^{-1} x$ の値が計算できる．

---
tan⁻¹ x のテーラー展開

$$\tan^{-1} x = \sum_{n=0}^{\infty} \frac{(-1)^n}{2n+1} x^{2n+1} \qquad (|x| < 1)$$

1.3.4 円周率

円周率の近似値 $\pi = 3.14159265358979323846264338327950288841971\cdots$ は，昔は，マチン (John Machin, 1685-1751) の公式

マチンの公式

$$\pi = 16 \tan^{-1} \frac{1}{5} - 4 \tan^{-1} \frac{1}{239} = \sum_{n=0}^{\infty} \frac{(-1)^n}{2n+1} \cdot \left(\frac{16}{5^{2n+1}} - \frac{4}{239^{2n+1}} \right)$$

を利用して計算することが多く，例えば，W.Shanls は 1873 年に，この公式を利用して小数点以下 707 位まで計算した (ただし，528 位に誤りあり)．最近では，π の計算記録はどんどん塗りかえられているが，計算機の計算速度の進歩だけでなく，マチンの公式よりずっと収束の早い π の新しい計算公式 (π に収束する数列の漸化式を利用するものが多い) が，次々に発見されたことが大きな理由である．

1.3.5　その他の逆三角関数

$$\boxed{\begin{array}{c} \cot^{-1} x, \sec^{-1} x, \operatorname{cosec}^{-1} x \\ \cot^{-1} x = \frac{\pi}{2} - \tan^{-1} x, \quad \sec^{-1} x = \cos^{-1} \frac{1}{x}, \quad \operatorname{cosec}^{-1} x = \sin^{-1} \frac{1}{x} \end{array}}$$

より，これらの関数は派生的であり，あまり重要性がない．

1.3.6　双曲線関数

$$\boxed{\begin{array}{c} \text{双曲線関数} \\ \cosh x = \frac{e^x + e^{-x}}{2}, \quad \sinh x = \frac{e^x - e^{-x}}{2} \end{array}}$$

を**コサインハイパボリック**, **サインハイパボリック**と読む．これをもとに，

$$\tanh x = \frac{\sinh x}{\cosh x}, \quad \coth x = \frac{\cosh x}{\sinh x}, \quad \operatorname{sech} x = \frac{1}{\cosh x}, \quad \operatorname{cosech} x = \frac{1}{\sinh x}$$

と定義し，これらを総称して**双曲線関数**という．$i = \sqrt{-1}$ として，

$$\cosh x = \cos(ix), \quad \sinh x = i \sin(ix)$$

なので，双曲線関数は三角関数と類似の性質を持ち，例えば，加法定理

$$\cosh(x+y) = \cosh x \cosh y + \sinh x \sinh y$$
$$\sinh(x+y) = \sinh x \cosh y + \cosh x \sinh y$$

を満たす．$y = \cosh x$ のグラフは**懸垂線**ともよばれ，やわらかいひもを両端をもって垂らしたときの形である．

1.3 逆三角関数

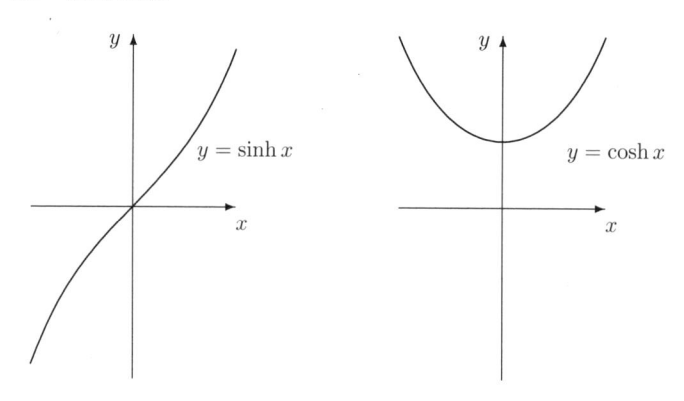

双曲線関数の逆関数を**逆双曲線関数**という．逆双曲線関数は対数関数を用いて以下のように表せるので，本質的にそれほど重要な関数ではないが，積分の計算で少し役に立つ．

$$\sinh^{-1} x = \log_e \left(x + \sqrt{x^2 + 1}\right)$$

$$\cosh^{-1} x = \pm \log_e \left(x + \sqrt{x^2 - 1}\right)$$

$$\tanh^{-1} x = \frac{1}{2} \log_e \frac{1+x}{1-x}$$

$$\coth^{-1} x = \tanh^{-1} \frac{1}{x} = \frac{1}{2} \log_e \frac{x+1}{x-1}$$

$$\operatorname{sech}^{-1} x = \cosh^{-1} \frac{1}{x}$$

$$\operatorname{cosech}^{-1} x = \sinh^{-1} \frac{1}{x}$$

$$\frac{d}{dx} \cosh^{-1} x = \pm \frac{1}{\sqrt{x^2 - 1}}$$

$$\frac{d}{dx} \sinh^{-1} x = \frac{1}{\sqrt{x^2 + 1}}$$

1.4　初等関数の微積分

　三角関数の微積分の公式は，ニュートンの著書にも現れるが，それ以前から知られていたようで，例えば，ジィル・ペルソン・ドゥ・ロベルヴァル (1602-1675) は，1635 年に，$\int_a^b \sin x \, dx = \cos a - \cos b$ に相当する公式を証明している．本質的には，ギリシャ時代まで遡るのかもしれない．

1.4.1　三角関数の微積分の基本公式

　三角関数の加法定理から導かれる公式 $\dfrac{d}{dx}\sin x = \cos x$ が基本公式で，他の公式は，この公式から機械的な計算で導くことができる．例えば，

$$\frac{d}{dx}\cos x = \frac{d}{dx}\sin\left(\frac{\pi}{2}-x\right) = -\cos\left(\frac{\pi}{2}-x\right) = -\sin x$$

$$\frac{d}{dx}\tan x = \frac{d}{dx}\frac{\sin x}{\cos x} = \frac{(\sin x)'\cos x - \sin x(\cos x)'}{\cos^2 x} = \frac{1}{\cos^2 x} = 1 + \tan^2 x$$

である．まとめて書くと，

―――――――――――――――――――――――― 三角関数の導関数 ――

$$\frac{d}{dx}\sin x = \cos x$$

$$\frac{d}{dx}\cos x = -\sin x$$

$$\frac{d}{dx}\tan x = 1 + \tan^2 x = \frac{1}{\cos^2 x} = \sec^2 x$$

$$\frac{d}{dx}\cot x = -(1 + \cot^2 x) = -\frac{1}{\sin^2 x} = -\operatorname{cosec}^2 x$$

$$\frac{d}{dx}\sec x = \frac{\sin x}{\cos^2 x} = \sec x \tan x$$

$$\frac{d}{dx}\operatorname{cosec} x = -\frac{\cos x}{\sin^2 x} = -\operatorname{cosec} x \cot x$$

　逆三角関数の導関数も，公式 $\dfrac{dy}{dx} = 1 \bigg/ \left(\dfrac{dx}{dy}\right)$ から簡単に計算でき，以下の通りになる．ただし，逆三角関数は，主値を表すものとする．また，x

が虚数の場合には，$|x|$ を x と書き直した後，平方根について適当な値を選ぶ必要がある．

逆三角関数の導関数

$$\frac{d}{dx}\sin^{-1} x = \frac{1}{\sqrt{1-x^2}}$$

$$\frac{d}{dx}\cos^{-1} x = -\frac{d}{dx}\sin^{-1} x = -\frac{1}{\sqrt{1-x^2}}$$

$$\frac{d}{dx}\tan^{-1} x = \frac{1}{x^2+1}$$

$$\frac{d}{dx}\cot^{-1} x = -\frac{d}{dx}\tan^{-1} x = -\frac{1}{x^2+1}$$

$$\frac{d}{dx}\sec^{-1} x = \frac{1}{|x|\sqrt{1-x^2}}$$

$$\frac{d}{dx}\text{cosec}^{-1} x = -\frac{d}{dx}\sec^{-1} x = -\frac{1}{|x|\sqrt{1-x^2}}$$

原始関数については，次の通りである．(C は積分定数)

三角関数・逆三角関数の不定積分

$$\int \cos x \, dx = \sin x + C$$

$$\int \sin x \, dx = -\cos x + C$$

$$\int \cot x \, dx = \log_e |\sin x| + C$$

$$\int \tan x \, dx = -\log_e |\cos x| + C$$

$$\int \text{cosec}\, x \, dx = \log_e \left|\tan \frac{x}{2}\right| + C$$

$$\int \sec x \, dx = \log_e \left|\tan \left(\frac{x}{2} + \frac{\pi}{4}\right)\right| + C$$

$$\int \sin^{-1} x \, dx = x \sin^{-1} x + \sqrt{1-x^2} + C$$

$$\int \tan^{-1} x \, dx = x \tan^{-1} x - \frac{1}{2}\log_e(x^2+1) + C$$

ただし，x が虚数の場合には，すべての絶対値を取り除いた上で，多価関数の値を上手に選ぶ (主値とは限らない) 必要がある．

1.4.2 定数係数 2 階線形常微分方程式

a, b を与えられた定数として，$y = f(t)$ を未知関数とする微分方程式

> **定数係数 2 階線形常微分方程式**
> $$f''(t) + af'(t) + bf(t) = 0 \quad \text{つまり} \quad y'' + ay' + by = 0 \quad \text{①}$$

は自然現象の中で多く登場し，例えば，バネの振動 (摩擦がある場合を含む) の振幅 $f(t)$ や，コンデンサー，コイル，抵抗のみからなる単純な電気回路の電流 $f(t)$ は，t を時刻として，この形の微分方程式に従う．①の一般解 $y = f(t)$ は，2 次方程式 $x^2 + ax + b = 0$ の判別式 $a^2 - 4b$ の符号に応じて，以下のようになる．

> **①の一般解**
>
> (1) $a^2 - 4b > 0$ の場合は，$x^2 + ax + b = 0$ の実数解を $x = \alpha, \beta$ として，
> $$f(t) = Ae^{\alpha t} + Be^{\beta t} \qquad (A, B \text{ は任意定数})$$
>
> (2) $a^2 - 4b = 0$ の場合は，$x^2 + ax + b = 0$ の重解 (重根) を $x = \alpha$ として，
> $$f(t) = (At + B)e^{\alpha t} \qquad (A, B \text{ は任意定数})$$
>
> (3) $a^2 - 4b < 0$ の場合は，$x^2 + ax + b = 0$ の虚数解を $x = p \pm iq$ ($p = -a/2, q = \sqrt{4b - a^2}/2$) として，
> $$f(t) = e^{pt}(A \cos qt + B \sin qt) \qquad (A, B \text{ は任意定数})$$

自然現象で登場するのは，(3) の $p < 0$ の場合が多く，**減衰振動**を表す．特に，$a = 0, b = c^2$ の場合，微分方程式 $y'' + c^2 y = 0$ の解は，
$$f(t) = A \cos ct + B \sin ct \qquad (A, B \text{ は任意定数})$$
となる．これは，摩擦や抵抗がない場合の**単振動**である．この解は，三角関数の合成公式を利用して
$$f(t) = C \cos c(t - t_0) \qquad (C, t_0 \text{ は任意定数})$$

と表すこともできる．なお，電磁気学や量子力学では複素型で
$$f(t) = C_1 e^{ict} + C_2 e^{-ict} \qquad (C_1, C_2 \text{ は任意定数})$$
と表すことが多い．高度な計算では，複素型を使うほうが便利である．

1.4.3　1 階線形常微分方程式

コンデンサーの放電などは，もっと単純な形の定数係数 1 階常微分方程式
$$f'(t) + af(t) = 0 \quad \text{つまり} \quad y' + ay = 0$$
で記述され，この解は，$f(t) = Ce^{-at}$ $(C = f(0))$ である．

---
1 階線形常微分方程式

一般に，$p(t), q(t)$ が与えられた関数のとき，
$$y' + p(t)y = q(t)$$
の解は，$P(t)$ を $p(t)$ の原始関数の勝手な 1 つとして，
$$y = e^{-P(t)} \int e^{P(t)} q(t)\, dt$$
で与えられる．

1.4.4　ロジスティック関数

A, k を正の実数定数とするとき，微分方程式
$$\frac{d}{dt} f(t) = (A - kf(t))f(t) \qquad ①$$
をロジスティック方程式といい，その解

ロジスティック関数
$$f(t) = \frac{A}{k(1 + e^{C-At})}, \quad C = \log_e\left(\frac{A}{kf(0)} - 1\right) \qquad ②$$

をロジスティック関数という．また，この関数のグラフをロジスティック曲線という．例えば，外部から閉鎖された領域内での，時刻 t における生物の固体数 $f(t)$ は，ロジスティック関数で近似されることが知られている．一般に，最初は指数関数的に増加するが，容量に上限があって，限界容量に

近づくと増加が頭打ちになる現象は，このロジスティック関数で表される場合が多い．ロジスティック関数 ② は，狭義単調増加であり，$f''(C/A) = 0$ で $t = C/A$ で増加率 $f'(t)$ が最大となる．また，

$$\lim_{t \to +\infty} f(t) = \frac{A}{k}$$

が，限界飽和容量である．

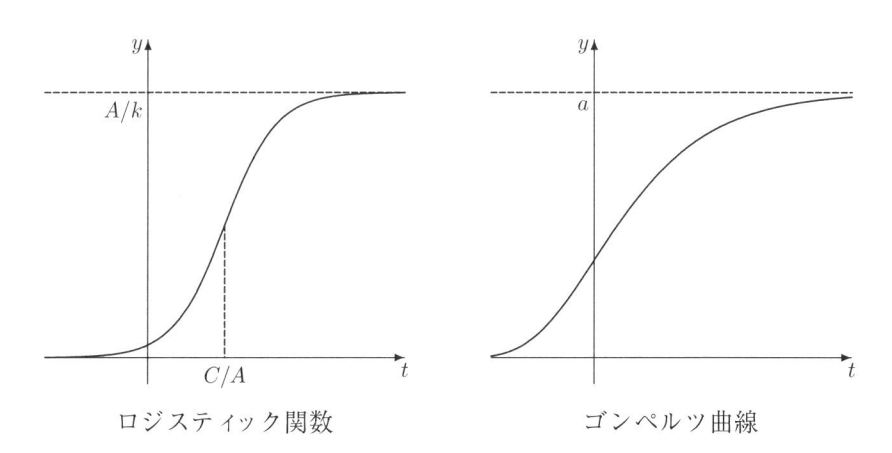

ロジスティック関数　　　　　　ゴンペルツ曲線

1.4.5 ゴンペルツ曲線

a, c を正の定数とするとき，

──────── ゴンペルツ曲線 ────────
$$f(t) = a \exp(-c^{-t})$$

というの形の関数のグラフを**ゴンペルツ曲線**という．この関数は，微分方程式

$$\frac{y'}{y} = ae^{-ct}$$

の解である．例えば，癌細胞の増殖，ソフトウエアの信頼性，携帯電話の普及率などは時間 t の関数として，ゴンペルツ曲線でよく近似できると言われている．

ロジスティック曲線とゴンペルツ曲線をあわせて**成長曲線**という．

1.4.6 初等関数で表せない有名な積分

e^x, $\cos x$, $\sin x$ を含む関数の原始関数で，これらの初等関数を用いて表せないものはたくさんある．その中で，よく現れる積分には，固有の関数記号が与えられている．特に，次の 6 つはよく使われる．

$$\operatorname{Li} x = \int_0^x \frac{dt}{\log_e t} \qquad \text{(対数積分)}$$

$$\operatorname{Ei} x = \int_{-\infty}^x \frac{e^t}{t}\, dt \qquad \text{(指数積分)}$$

$$\operatorname{Si} x = \int_0^x \frac{\sin t}{t}\, dt \qquad \text{(正弦積分)}$$

$$\operatorname{Ci} x = -\int_x^\infty \frac{\cos t}{t}\, dt \qquad \text{(余弦積分)}$$

$$S(x) = \int_0^x \sin \frac{\pi t^2}{2}\, dt \qquad \text{(Frensel 積分)}$$

$$C(x) = \int_0^x \cos \frac{\pi t^2}{2}\, dt \qquad \text{(Frensel 積分)}$$

第 2 章

図形と三角法

　本書に述べる多くの部分は，古代ギリシャ時代以前から知られていたことで，ユークリッドの『原論』や，プトレマイオスの『アルマゲスト』などに書いてある．ただし，17〜19 世紀に発見された公式や事実も，いくらか含まれている．このような幾何学は，ニュートン以前には，数学の話題の中心であった．

2.1 三角形の計量

本節では,三角形 ABC に対し,次の記号を用いる.なお,本書では線分 AB の長さを |AB| で表す.

$a = |BC|, \quad b = |CA|, \quad c = |AB|$
$A = \angle BAC, \quad B = \angle CBA, \quad C = \angle ACB$
$R = $ (外接円の半径)
$r = $ (内接円の半径)
$r_A = $ (線分 BC に接する傍接円の半径) (r_B, r_C も同様)
$S = $ ($\triangle ABC$ の面積)
$s = \dfrac{a+b+c}{2}$
$h_A = $ (頂点 A から辺 BC に下ろした垂線の長さ), (h_B, h_C も同様)

G	$\triangle ABC$ の重心
H	$\triangle ABC$ の垂心
I	$\triangle ABC$ の内心
I_A	$\triangle ABC$ の A の反対側の傍心
O	$\triangle ABC$ の外心
A_m	$\triangle ABC$ の辺 BC の中点
A_b	$\triangle ABC$ の頂角 A の二等分線と対辺 BC の交点
A_h	$\triangle ABC$ の頂点 A から辺 BC に下ろした垂線の足
A_i	$\triangle ABC$ の内接円と辺 BC の接点
A_e	$\triangle ABC$ の A の反対側にある傍接円と辺 BC の接点

なお,不明な用語については,右ページの図から適宜判断されたい.

第 2 章 図形と三角法　**53**

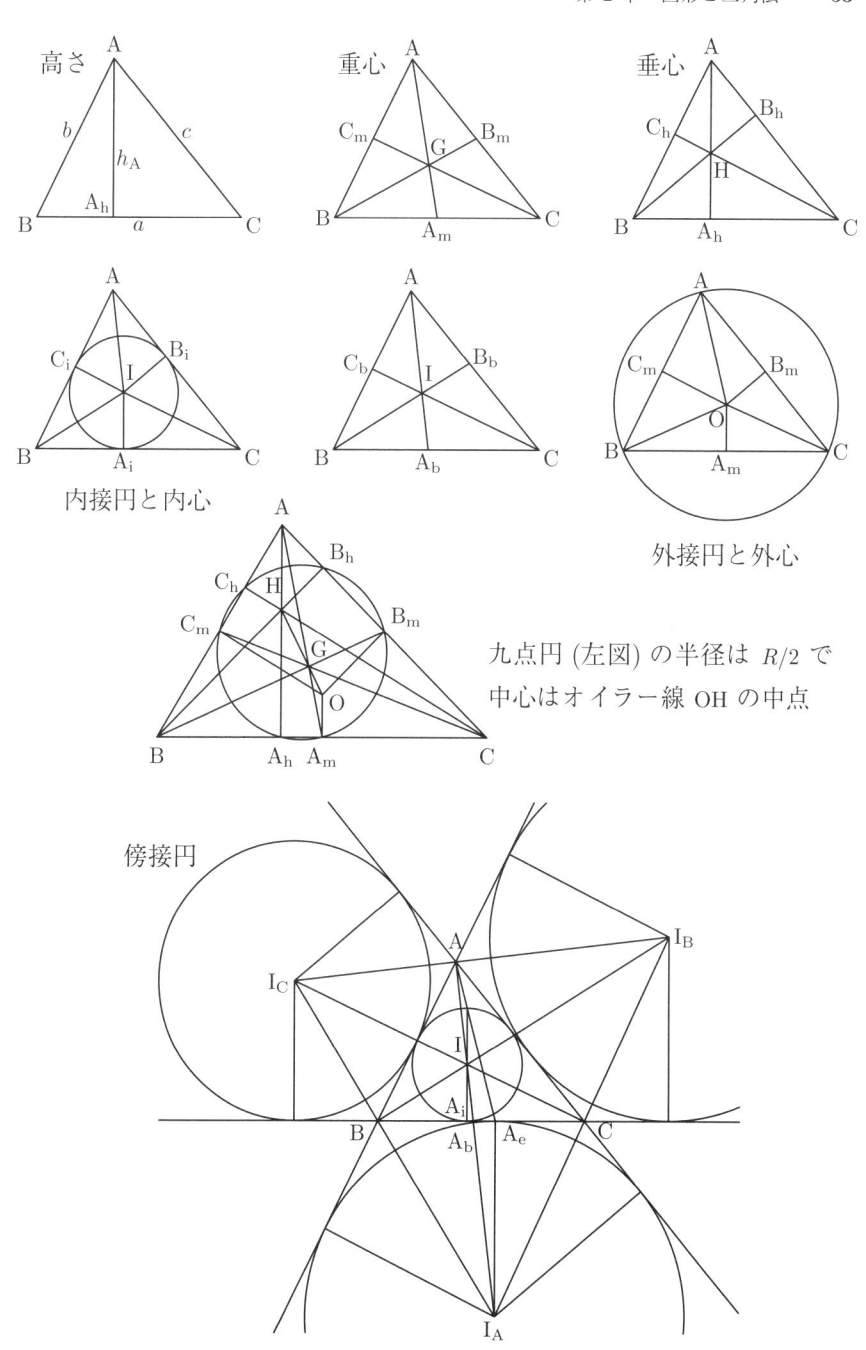

高さ

重心

垂心

内接円と内心

外接円と外心

九点円 (左図) の半径は $R/2$ で中心はオイラー線 OH の中点

傍接円

2.1.1 基本計量公式

上の記号のもと，以下の公式が三角形 ABC について基本的な公式である．

三角形の基本計量公式

$$S = \frac{1}{2}ah_A = \frac{1}{2}bc\sin A$$

$$S = \sqrt{s(s-a)(s-b)(s-c)} \qquad \text{(ヘロンの公式)}$$

$$S = \frac{abc}{4R} = 2R^2 \sin A \sin B \sin C = \frac{a^2 \sin B \sin C}{2\sin A}$$

$$\frac{a}{\sin A} = \frac{b}{\sin B} = \frac{c}{\sin C} = 2R \qquad \text{(正弦定理)}$$

$$a = b\cos C + c\cos B \qquad \text{(第 1 余弦定理)}$$

$$a^2 = b^2 + c^2 - 2bc\cos A \qquad \text{(第 2 余弦定理)}$$

$$\cos A = \frac{b^2 + c^2 - a^2}{2bc} \qquad \text{(第 2 余弦定理)}$$

$$|BA_b| : |CA_b| = c : b \qquad \text{(二等分線定理)}$$

三角形の計量に関する問題の大半は，以上の公式のみを用いて解決できるので，まず，上の公式を利用することを考えるとよい．

2.1.2 その他の有名な公式

以下の諸公式は，前項の公式ほど重要ではないが，知っていると，ときどき役に立つ公式である．

$$S = rs = r_A(s-a) = \sqrt{rr_A r_B r_C}$$

$$\sin\frac{A}{2} = \sqrt{\frac{(s-b)(s-c)}{bc}} \qquad \text{(半角の公式)}$$

$$\cos\frac{A}{2} = \sqrt{\frac{s(s-a)}{bc}} \qquad \text{(半角の公式)}$$

$$\tan\frac{A}{2} = \sqrt{\frac{(s-b)(s-c)}{s(s-a)}} = \frac{r}{s-a} \qquad \text{(半角の公式)}$$

$$\frac{1}{r} = \frac{1}{h_A} + \frac{1}{h_B} + \frac{1}{h_C} \qquad \text{(テルケムの定理)}$$

$$\cos\frac{A}{2}\cos\frac{B}{2}\cos\frac{C}{2} = \frac{1}{4}(\sin A + \sin B + \sin C) = \frac{s}{4R}$$

$$\sin\frac{A}{2}\sin\frac{B}{2}\sin\frac{C}{2} = \frac{1}{4}(\cos A + \cos B + \cos C - 1)$$
$$= \frac{(s-a)(s-b)(s-c)}{abc} = \frac{r}{4R}$$
$\tan A \tan B \tan C = \tan A + \tan B + \tan C$
$\sin^2 A + \sin^2 B + \sin^2 C = 2(1 + \cos A \cos B \cos C)$
$|AA_m|^2 = \dfrac{2b^2 + 2c^2 - a^2}{4}$ 　　　　　　　　　　（パップスの中線定理）
$|BA_e| = |CA_i| = |CB_i| = s - c$
$|CA_e| = |BA_i| = |BC_i| = s - b$
$r_A = 4R \sin\dfrac{A}{2}\cos\dfrac{B}{2}\cos\dfrac{C}{2}$
$\dfrac{1}{r} = \dfrac{1}{r_A} + \dfrac{1}{r_B} + \dfrac{1}{r_C}$ 　　　　　　　　　　（ルーリエの定理）
$r_A + r_B + r_C - r = 4R$ 　　　　　　　　　　（フォイエルバッハの定理）
$\angle BIC = 90° + \dfrac{1}{2}\angle BAC$
$\angle I_A BI = \angle ICI_A = 90°$
$\angle CI_A B = 90° - \dfrac{1}{2}\angle BAC$
$|AH| = 2R\cos A$
$|AG| = \dfrac{\sqrt{2b^2 + 2c^2 - a^2}}{3}$
$|AI| = r\operatorname{cosec}\dfrac{A}{2} = 4R\sin\dfrac{B}{2}\sin\dfrac{C}{2}$
$|AI_A| = 4R\cos\dfrac{B}{2}\cos\dfrac{C}{2}$
$|BI_A| = 4R\sin\dfrac{A}{2}\cos\dfrac{C}{2}$
$|OH|^2 = R^2(1 - 8\cos A \cos B \cos C) = 9R^2 - (a^2 + b^2 + c^2)$
$|GH| = 2|OH|$ 　　　　　　　　　　（オイラーの定理）
$|IH|^2 = 2r^2 - 4R^2 \cos A \cos B \cos C = 2r^2 + 4R^2 - \dfrac{1}{2}(a^2 + b^2 + c^2)$
$|I_A H|^2 = 2r_A^2 - 4R^2 \cos A \cos B \cos C = 2r_A^2 + 4R^2 - \dfrac{1}{2}(a^2 + b^2 + c^2)$
$|II_A| = 4R\sin\dfrac{A}{2}$

$$|\mathrm{OI}|^2 = R^2 - 2Rr \qquad \text{(チャップル-オイラーの定理)}$$
$$|\mathrm{OI_A}|^2 = R^2 + 2Rr_\mathrm{A} \qquad \text{(チャップル-オイラーの定理)}$$
$$R \geqq 2r$$

2.1.3 座標平面上の三角形の面積

座標平面上で，$\mathrm{O} = (0, 0)$，$\mathrm{A} = (x_1, y_1)$，$\mathrm{B} = (x_2, y_2)$ を頂点とする三角形 OAB の面積 S は，以下の公式により計算できる．

座標平面上の三角形の面積

(1) O, A, B が反時計回りに並んでいる場合
$$S = \frac{1}{2}\begin{vmatrix} x_1 & y_1 \\ x_2 & y_2 \end{vmatrix} = \frac{x_1 y_2 - x_2 y_1}{2}$$

(2) O, A, B が時計回りに並んでいる場合
$$S = -\frac{1}{2}\begin{vmatrix} x_1 & y_1 \\ x_2 & y_2 \end{vmatrix} = \frac{x_2 y_1 - x_1 y_2}{2}$$

また，頂角は，次のように内積を利用して計算する．
$$\angle \mathrm{AOB} = \cos^{-1} \frac{x_1 x_2 + y_1 y_2}{\sqrt{(x_1^2 + y_1^2)(x_2^2 + y_2^2)}}$$

上の公式から，平行移動を利用すると，座標平面上で $\mathrm{A} = (x_1, y_1)$，$\mathrm{B} = (x_2, y_2)$，$\mathrm{C} = (x_3, y_3)$ を頂点とする三角形 ABC の面積 S の公式が得られる．

(1) A, B, C が反時計回りに並んでいる場合
$$S = \frac{1}{2}\begin{vmatrix} x_1 & y_1 & 1 \\ x_2 & y_2 & 1 \\ x_3 & y_3 & 1 \end{vmatrix} = \frac{x_1 y_2 + x_2 y_3 + x_3 y_1 - x_1 y_3 - x_2 y_1 - x_3 y_2}{2}$$

(2) A, B, C が時計回りに並んでいる場合
$$S = -\frac{1}{2}\begin{vmatrix} x_1 & y_1 & 1 \\ x_2 & y_2 & 1 \\ x_3 & y_3 & 1 \end{vmatrix} = \frac{x_1 y_3 + x_2 y_1 + x_3 y_2 - x_1 y_2 - x_2 y_3 - x_3 y_1}{2}$$

2.2 四角形の計量

平面図形の計量の基本は三角形なので，四角形や多角形の計量は，基本的には三角形の計量を利用して考える．以下に，四角形に関する幾つかの公式を紹介するが，それほど重要ではない．

2.2.1 四角形の面積

四角形 ABCD に対し，$a = |AB|$, $b = |BC|$, $c = |CD|$, $d = |DA|$, $A = \angle BAD$, $B = \angle CBA$, $C = \angle DCB$, $D = \angle ADC$ とし，対角線の長さを $p = |AC|$, $q = |BD|$ とおく．

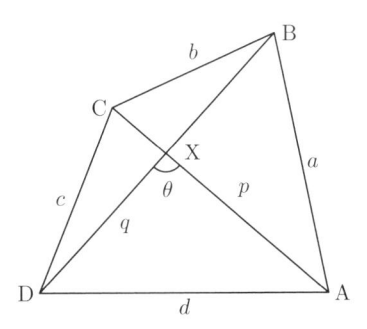

また，2 本の対角線の交点を $X = AC \cap BD$ とし，2 本の対角線のなす角度を $\theta = \angle DXA = \angle BXC$ とする．そして，四角形 ABCD の面積を S, 周長の半分 (semi-perimeter) を $s = \dfrac{a+b+c+d}{2}$ とおく．さらに，$\varphi = \dfrac{A+C}{2}$ とおく．

$$\cos\frac{A+C}{2} = -\cos\frac{B+D}{2}, \quad \sin\frac{A+C}{2} = \sin\frac{B+D}{2}$$

であることに注意する．四角形 ABCD の面積 S は次式で与えられる．

$$\begin{aligned} S &= \frac{1}{2}pq\sin\theta \\ &= \sqrt{(s-a)(s-b)(s-c)(s-d) - abcd\cos^2\varphi} \\ &= \frac{1}{2}\sqrt{p^2q^2 - \left(\frac{a^2-b^2+c^2-d^2}{2}\right)^2} \end{aligned}$$

2.2.2 円に内接する四角形

前項と同じ記号を用いる．円に内接する四角形に関しては，以下が成り立つ．

定理.(1) (トレミーの定理) 四角形 ABCD が円に内接するとき，
$$pq = ac + bd \qquad ①$$
が成り立つ．逆に四角形 ABCD に対し①が成り立つとき，ABCD はある円に内接する．

(2) 四角形 ABCD が円に内接するとき，四角形 ABCD の外接円の半径を R とすれば，以下が成立する．
$$S = \sqrt{(s-a)(s-b)(s-c)(s-d)} \quad (ブラフマーグプタ)$$
$$\sin\theta = \frac{2S}{ac+bd}$$
$$p = \sqrt{\frac{(ad+bc)(ac+bd)}{ab+cd}}$$
$$\cos A = \frac{a^2+d^2-b^2-c^2}{2(ad+bc)}$$
$$(4RS)^2 = (ab+cd)(ac+bd)(ad+bc)$$

(3)(シムソンの定理) 四角形 ABCD が円に内接するとき，点 D から，直線 AB, BC, CA に下ろした垂線の足をそれぞれ E, F, G とおく．すると，E, F, G は同一直線上にある．この直線を三角形 ABC の点 D に関するシムソン線という．

2.3 四面体の体積

四面体に関しては，三角形と同様に様々な定理や公式が知られているが，本書では最小限の計量公式だけを紹介する．重心・外心・内心・傍心・モンジュ点などに関連する公式は割愛した．

2.3.1 錐体の体積

一般に，底面積が S, 高さが h の多角錐，円錐などの錐体の体積 V は，

---錐の体積---
$$V = \frac{1}{3}Sh$$

であり，四面体についても，底面積と高さがわかっている場合には，上の公式によって体積が計算できる．

2.3.2　6辺の長さから四面体の体積を計算する方法

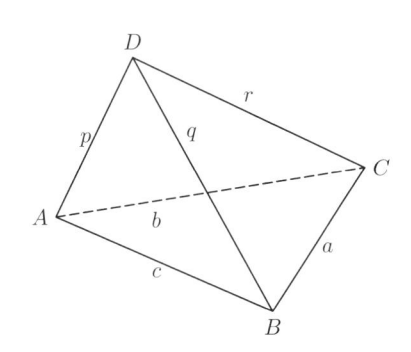

6辺の長さから，四面体の体積を計算するには，次の少し複雑な公式を用いる．四面体 ABCD において，$a = |{\rm BC}|, b = |{\rm CA}|, c = |{\rm AB}|, p = |{\rm AD}|, q = |{\rm BD}|, r = |{\rm CD}|$ とおくとき，四面体の体積 V は次式で与えられる．

━━━━━━━━━━━ 6辺から四面体の体積を計算する公式 ━━━━━━━━━━━
$$(12V)^2 = a^2p^2(b^2 + c^2 - a^2 + q^2 + r^2 - p^2)$$
$$+ b^2q^2(c^2 + a^2 - b^2 + r^2 + p^2 - q^2)$$
$$+ c^2r^2(a^2 + b^2 - c^2 + p^2 + q^2 - r^2)$$
$$- (a^2b^2c^2 + a^2q^2r^2 + b^2r^2p^2 + c^2p^2q^2)$$

この公式は，次項の公式とピタゴラスの定理から，頂点の座標をすべて消去することによって得られる．

2.3.3 座標空間内の四面体の体積

座標空間の中で，4点 $O = (0, 0, 0)$, $A = (x_1, y_1, z_1)$, $B = (x_2, y_2, z_2)$, $C = (x_3, y_3, z_3)$ を頂点とする四面体 OABC の体積 V は，以下の通りである．

━━━━━━━━━━━ 座標空間内の四面体の体積 ━━━━━━━━━━━
(1) O から見て A, B, C が反時計回りに並んでいる場合，
$$V = \frac{1}{6}\begin{vmatrix} x_1 & y_1 & z_1 \\ x_2 & y_2 & z_2 \\ x_3 & y_3 & z_3 \end{vmatrix}$$
$$= \frac{1}{6}(x_1y_2z_3 + x_2y_3z_1 + x_3y_1z_2 - x_1y_3z_2 - x_2y_1z_3 - x_3y_2z_1)$$

(2) O から見て A, B, C が時計回りに並んでいる場合，
$$V = -\frac{1}{6}\begin{vmatrix} x_1 & y_1 & z_1 \\ x_2 & y_2 & z_2 \\ x_3 & y_3 & z_3 \end{vmatrix}$$
$$= -\frac{1}{6}(x_1y_2z_3 + x_2y_3z_1 + x_3y_1z_2 - x_1y_3z_2 - x_2y_1z_3 - x_3y_2z_1)$$

2.4 いろいろな立体図形の計量

本節では，現実の場面によく登場する立体図形について，体積の求め方を中心に説明する．

2.4.1 正多面体の体積

すべての面が合同な正多角形であって，各面の中心を通る垂線がすべて同じ点で交わるような多面体を**正多面体**という．正多面体には図に示したような 5 種類のみがある．

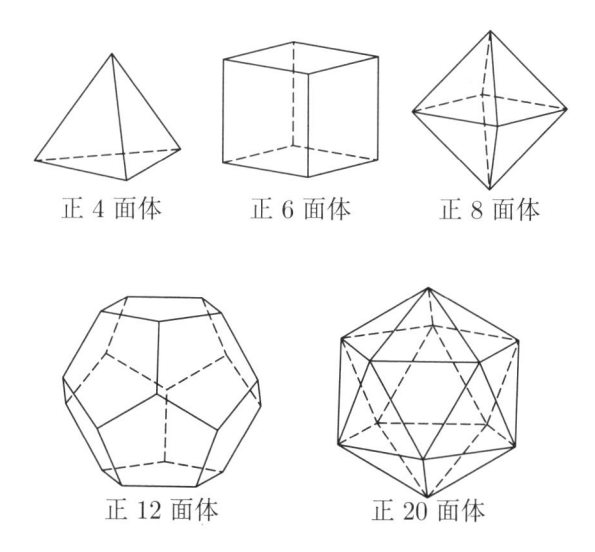

正 4 面体　　正 6 面体　　正 8 面体

正 12 面体　　正 20 面体

正多面体の 1 辺の長さを a, 体積を V, 外接球・内接球の半径を各々 R, r とすると，R, r, V は表のようになる．ここで，正 6 面体と正 8 面体において R/r は等しく，正 12 面体と正 20 面体においても R/r は等しいことに注意せよ．

多面体	頂点数	辺数	R/a	r/a	V/a^3
正 4 面体	4	8	$\dfrac{\sqrt{6}}{4}$	$\dfrac{\sqrt{6}}{12}$	$\dfrac{\sqrt{2}}{12}$
正 6 面体	8	12	$\dfrac{\sqrt{3}}{2}$	$\dfrac{1}{2}$	1
正 8 面体	6	12	$\dfrac{1}{\sqrt{2}}$	$\dfrac{1}{\sqrt{6}}$	$\dfrac{\sqrt{2}}{3}$
正 12 面体	20	30	$\dfrac{\sqrt{15}+\sqrt{3}}{4}$	$\dfrac{\sqrt{25+11\sqrt{5}}}{2\sqrt{10}}$	$\dfrac{15+7\sqrt{5}}{4}$
正 20 面体	12	30	$\dfrac{\sqrt{5+\sqrt{5}}}{2\sqrt{2}}$	$\dfrac{3+\sqrt{5}}{4\sqrt{3}}$	$\dfrac{15+5\sqrt{3}}{12}$

2.4.2 台形六面体の体積

下底面と上底面がそれぞれ長方形 ABCD, A′B′C′D′ で，AB // A′B′, BC // B′C′, CD // C′D′, DA // D′A′ であるような六面体 ABCD-A′B′C′D′ を考える．

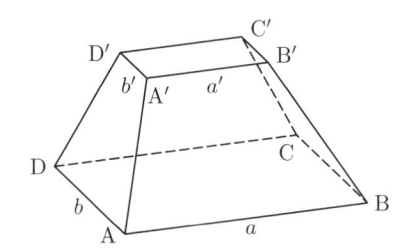

$|AB| = a$, $|BC| = b$, $|A'B'| = a'$, $|B'C'| = b'$ で，下底面 ABCD から測った高さ (ABCD と A′B′C′D′ の間の距離) が h であるとき，この六面体の体積 V は，

台形六面体の体積

$$V = h\int_0^1 \{(1-t)a + ta'\}\{(1-t)b + tb'\}\,dt$$
$$= \frac{h}{6}(2ab + 2a'b' + ab' + a'b)$$

で与えられる．この六面体の 4 枚の側面は台形であればよく，等脚台形で

ある必要はない．また，下図の屋根のような形の立体や四面体に対しても，$b' = 0$ や $a = b' = 0$ としてこの公式を利用できる．

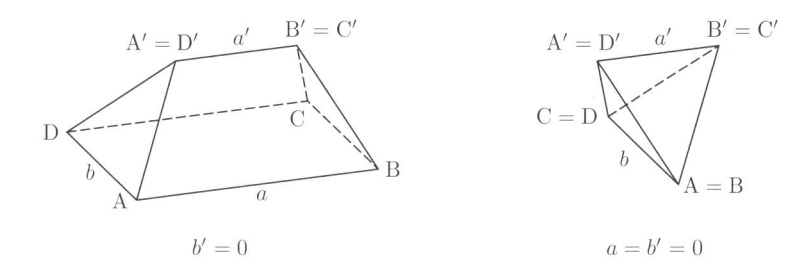

2.4.4 球の体積と表面積

半径 r の球の体積は $\dfrac{4\pi}{3}r^3$ であり，その表面積は $4\pi r^2$ である．

2.4.5 プリズム体の体積

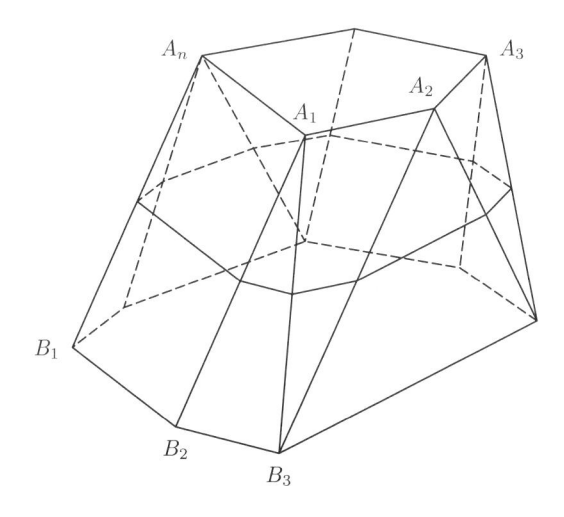

上図のような立体において，上底面が n 角形 $A_1A_2\cdots A_n$，下底面が m 角形 $B_1B_2\cdots B_m$ であって，上底面と下底面は平行であり，上底面の頂点と下底面の頂点は，適当に辺で結ばれているとする．ただし，側面は，三角形と台形のみで構成されているものとする．このような図形を**プリズム体**という．

2.4 いろいろな立体図形の計量

このプリズム体の上底面の面積は S_1, 下底面の面積は S_2 であるとし，また高さ (上・下底面間の距離) を h とする．残念ながらプリズム体の体積 V は，S_1, S_2, h だけからは定まらない．しかし，底面と平行で，上底面からの距離が t であるような平面によってプリズム体を切断したときの切り口の面積を $S(t)$ とすると，$S(t)$ は t の 2 次関数で，$S(0) = S_1, S(h) = S_2$ を満たす．したがって，もう 1 つある t の値について $S(t)$ が分かれば，2 次関数 $S(t)$ は決定され，それを積分すると V の値が計算できる．例えば，上底面と下底面のちょうど中央の平面による切り口の面積 $S(h/2)$ が分かれば，V は次式で与えられる (5.2.1 項のシンプソンの公式参照).

---プリズム体の体積---
$$V = \frac{h\bigl(S(0) + S(h) + 4S(h/2)\bigr)}{6}$$

2.5 球面三角法

球面三角法は天体観測の必要性から，古代ギリシャ時代以前から，かなり，いろいろな公式が知られていた．日本では高校で学習しないので馴染みが薄いが，地球規模のスケールで計量を考える場合には，必要不可欠な知識である．

2.5.1 球面座標

球面上の点の位置を表すには，主に，以下の2つの方法が用いられる．

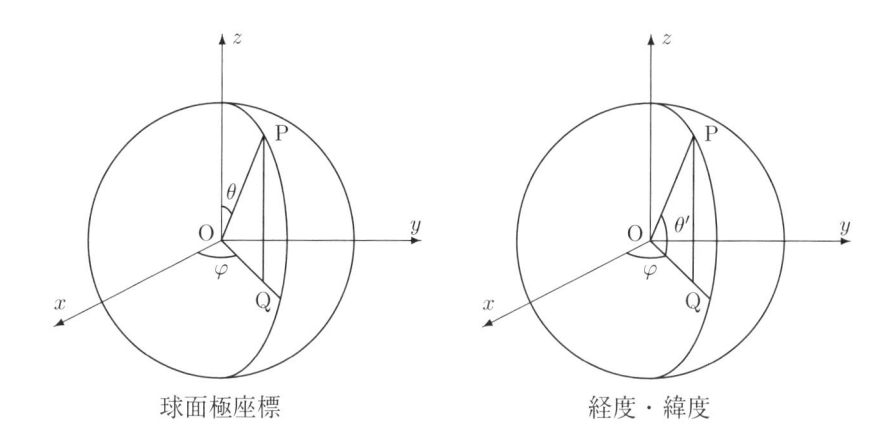

球面極座標 　　　　　　　経度・緯度

(I) **球面極座標**．半径 r の球を，中心 O が原点になるように (x, y, z)-空間内に配置する．点 $N = (0, 0, r)$ を**北極**，点 $S = (0, 0, -r)$ を**南極**とよぶことにする．球面上の点 P に対し，$\theta = \angle NOP$ とする．また，P を (x, y)-平面上に正射影した点を Q とする．さらに，(x, y)-平面上で量った半直線 OP の偏角を φ とする．つまり，x 軸の正の方向から計った OP までの角度が φ である．ただし，$Q = O$ のときは，φ は勝手な角とする．$|OQ| = r \sin \theta$ だから，$Q = (r \cos \varphi \sin \theta, r \sin \varphi \sin \theta, 0)$ であり，P の座標は以下のようになる．

球面極座標
$$P = (r\cos\varphi\sin\theta,\ r\sin\varphi\sin\theta,\ r\cos\theta)$$
$$(0 \leqq \varphi < 2\pi,\ 0 \leqq \theta \leqq \pi)$$

このように，球面上の点 P を 2 つの角の組 (φ, θ) で表す方法を**球面極座標**という．

(II) **経度・緯度**．球面極座標 (φ, θ) の考え方とほとんど同じであるが，φ の範囲を $-180° \leqq \varphi \leqq 180°$ の範囲で考え，$\varphi > 0$ のとき**東経** φ，$\varphi < 0$ のとき**西経** $|\varphi|$ とよぶ．さらに，θ のかわりに，$\theta' = 90° - \theta$ を利用し，$-90° \leqq \theta' \leqq 90°$ の範囲で考える．そして，$\theta' > 0$ の時**北緯** θ'，$\theta' < 0$ の時**南緯** $|\theta'|$ とよぶ．地球上の地点や，天空の星などの位置は，この座標系を用いて表される．計算処理上は，東経を正，西経を負，北緯を正，南緯を負として表す．経度 φ，緯度 θ' の点の座標は，以下のようになる．

経度・緯度
$$(x, y, z) = (r\cos\varphi\cos\theta',\ r\sin\varphi\cos\theta',\ r\sin\theta')$$
$$(-\pi < \varphi \leqq \pi,\ -\frac{\pi}{2} \leqq \theta' \leqq \frac{\pi}{2})$$

2.5.2 基本用語

球面 S とその中心 O を通る平面の交線を**大円**という．球面 S 上の 2 点 A, B を結ぶ球面上の曲線のうちで最短なものは，A, B を通る大円の短い方の弧である．

S のふたつの大円 C_1, C_2 が 2 点 P, Q で交わっているとする．このとき，線分 PQ は球 S の直径である．点 P における C_1 の接線と C_2 の接線のなす角 θ を，C_1 と C_2 のなす角という．以下，角度はすべて弧度法 (ラジアン) で測り，弧は劣弧を意味するものとする．この C_1 と C_2 のなす角 θ を挟むような半円弧 C_1' と C_2' で囲まれる球面 S 上の図形を**月形**という．S の半径を r とすると，この月形の面積は球の表面積の $\dfrac{\theta}{2\pi}$ なので $2\theta r^2$ である．

月形　　　　　　　球面三角形

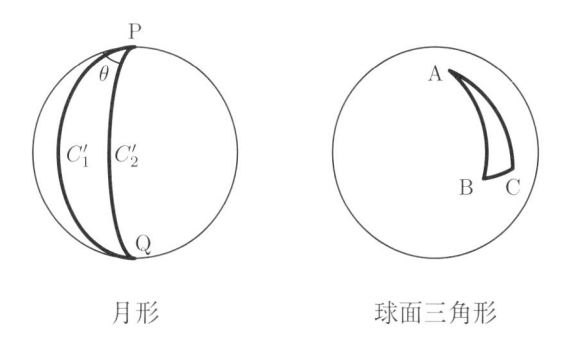

3本の大円の弧で囲まれた球面上の図形を**球面三角形**という．

2.5.3　基本公式

以下，球の半径を r とする．3点 A, B, C を頂点とする球面三角形に対し，その頂角の大きさを A, B, C で表す．また，弧 $\widehat{BC}, \widehat{CA}, \widehat{AB}$ の長さをそれぞれ a', b', c' とし，$a = \dfrac{a'}{r}, b = \dfrac{b'}{r}, c = \dfrac{c'}{r}$ とする．すると，$c = \angle \mathrm{AOB}$ 等が成り立つ．このとき，以下の公式が成立する．

球面三角法の基本公式

$\dfrac{\sin a}{\sin A} = \dfrac{\sin b}{\sin B} = \dfrac{\sin c}{\sin C}$ 　　　　　（正弦定理）

$\cos c = \cos a \cos b + \sin a \sin b \cos C$ 　　　（余弦公式）

$\cos C = -\cos A \cos B + \sin A \sin B \cos c$ 　　（余弦公式）

$\sin a \cos C = \cos c \sin b - \sin c \cos b \cos A$ 　（正弦余弦公式）

余弦公式の最初の式から，3辺の長さ a', b', c' が与えられた球面三角形の頂角は，

$$\cos C = \frac{\cos c - \cos a \cos b}{\sin a \sin b}$$

で与えられる．また，3つの頂角 A, B, C が与えられた球面三角形の辺の長さ c' は，

$$\cos c = \frac{\cos C + \cos A \cos B}{\sin A \sin B}$$

から計算できる．

2.5.4 球面上の2点間の距離

正弦余弦公式により，地球を半径 r の球とみなしたとき，(経度, 緯度) がそれぞれ $(\lambda_1, \delta_1), (\lambda_2, \delta_2)$ である2地点間の距離 d (球面上を移動する最短距離) は次のように求められる．ただし，経度は東経を正，西経を負，緯度は北緯を正，南緯を負とする．

―― 球面上の2点間の距離 ――
$$d = r\cos^{-1}\left(\sin\delta_1 \sin\delta_2 + \cos\delta_1 \cos\delta_2 \cos(\lambda_1 - \lambda_2)\right)$$

2.5.5 球面三角形の合同

対応する3つの角が等しいふたつの球面三角形は合同である．同一球面上で，相似であって合同でないふたつの球面三角形は存在しない．

2.5.6 球面三角形の面積

第2.5.3項の記号を用い，球面三角形 ABC の面積を S とする．球面三角形 ABC の内角の和 $A+B+C$ は π より大きく，

―― 球面三角形の面積 (1) ――
$$S = r^2(A + B + C - \pi)$$

が成り立つ．なお，a, b, c が与えられた球面三角形の面積 S を求めるには，次の公式を利用する．

―― 球面三角形の面積 (2) ――
$s = \dfrac{a+b+c}{2}$ とすると，
$$\sin\frac{S}{2r^2} = \frac{\sqrt{\sin s \sin(s-a)\sin(s-b)\sin(s-c)}}{2\cos\frac{a}{2}\cos\frac{b}{2}\cos\frac{c}{2}}$$

座標空間内の球面 $x^2 + y^2 + z^2 = r^2$ については，原点を始点とし点 (x_i, y_i, z_i) を通る半直線と球面の交点を $i = 1, 2, 3$ に応じて A, B, C とすると

き，球面三角形 ABC について，

$$\cos a = \frac{x_2 x_3 + y_2 y_3 + z_2 z_3}{\sqrt{x_2^2 + y_2^2 + z_2^2}\sqrt{x_3^2 + y_3^2 + z_3^2}}$$

等が成り立つことを利用すれば，これより球面三角形の面積が求められる．

2.5.7 立体角

空間内に点 O を中心とする半径 1 の球面 S があり，球面 S 上に図形 D があるとする．O を始点とし D の各点を通る半直線全体のなす集合 X を，O を頂点とし D で張られる**錐**という．このとき，D の面積を d とするとき，錐 X の頂点 O における立体角は d **ステラジアン**であるという．

例えば，全天球の立体角は 4π ステラジアンである．また，正四面体の 1 つの頂点の立体角は，

$$3\cos^{-1}\frac{1}{3} - \pi = 2\sin^{-1}\frac{\sqrt{6}}{9} \text{ ステラジアン}$$

である．

立体角を求める基本公式は，球面三角形の面積の公式であるが，次の原理も役に立つ．

「半径 r の球を，底面の半径が r で高さが $2r$ の円柱に内接させる．円柱の底面に平行な 2 枚の平面で挟まれた部分の球の面積と，同じ 2 枚の平面で挟まれた円柱の側面積は等しい．」

2.5.8 その他の諸公式

第 2.5.3 項の記号のもとに，球面上の球面三角形について，以下の公式が成立する．以下で，$s = \dfrac{a+b+c}{2}, T = \dfrac{A+B+C}{2}$ とおく．

$$\tan\frac{a+b}{2}\tan\frac{a-b}{2} = \tan\frac{A+B}{2}\tan\frac{A-B}{2} \quad \text{(正接公式)}$$

$$\cot a \sin b = \cos b \cos C + \cot A \sin C \quad \text{(余接公式)}$$

$$\tan\frac{A+B}{2}\tan\frac{C}{2} = \cos\frac{a-b}{2}\cos\frac{a+b}{2} \quad \text{(ネピアの公式)}$$

$$\tan\frac{A-B}{2}\tan\frac{C}{2} = \sin\frac{a-b}{2}\sin\frac{a+b}{2} \quad \text{(ネピアの公式)}$$

$$\tan\frac{a+b}{2}\cot\frac{c}{2} = \cos\frac{A-B}{2}\cos\frac{A+B}{2} \quad \text{(ネピアの公式)}$$

$$\tan\frac{a-b}{2}\cot\frac{c}{2} = \sin\frac{A-B}{2}\sin\frac{A+B}{2} \quad \text{(ネピアの公式)}$$

$$\sin\frac{A}{2} = \sqrt{\frac{\sin(s-b)\sin(s-c)}{\sin b \sin c}} \quad \text{(半角の公式)}$$

$$\cos\frac{A}{2} = \sqrt{\frac{\sin s \sin(s-a)}{\sin b \sin c}} \quad \text{(半角の公式)}$$

$$\tan\frac{A}{2} = \sqrt{\frac{\sin(s-b)\sin(s-c)}{\sin s \sin(s-a)}} \quad \text{(半角の公式)}$$

$$\sin\frac{a}{2} = \sqrt{\frac{-\cos T \sin(T-A)}{\sin B \sin C}} \quad \text{(半角の公式)}$$

$$\cos\frac{a}{2} = \sqrt{\frac{\cos(T-B)\sin(T-C)}{\sin B \sin C}} \quad \text{(半角の公式)}$$

$$\tan\frac{a}{2} = \sqrt{\frac{-\cos T \sin(T-A)}{\sin(T-B)\sin(T-C)}} \quad \text{(半角の公式)}$$

第 3 章
図形と方程式

　座標はルネ・デカルト (1596-1650) の著書『幾何学』(1637) で導入されたのが最初であると言われる．ただし，いろいろな曲線を $f(x, y) = 0$ の形に表したり，関数のグラフの接線を利用して極値を求める方法を開拓した，という意味では，ピエール・ド・フェルマー (1601-1665) の『平面および立体軌跡入門』(彼の生存中には出版されなかった) や，彼の論文『極大と極小を求める方法』(1632 年頃) の貢献のほうが大きい．デカルト信仰は，ファン・スホーテン (1615-1660) が 1649 年に出版した『ルネ・デカルトによる幾何学』や，フロリモン・デボーン (1601-1652) による注釈書など，デカルトの著書の再解釈の過程で確立してきたもののように思われる．なお，ベクトルの概念は新しく，古くからあった考え方を現代数学によって整備したものである．

3.1　平面上の直線の方程式

フェルマーやデカルトの時代は，方程式の理論の発展により，四則の記号や，未知数の使用など，数学記号がよく整備されてきた時代であった．この記号の整備と座標の考案によって，以前は言葉によって長々と書かれていた幾何学が，簡単な記号を用いた代数で記述できるようになった．

3.1.1　2 点を通る直線の方程式

横軸を x 軸，縦を y 軸とした座標平面を (x, y)-**平面**という．以下，断らない限り，この座標を用いて考える．

(x, y)-平面上の相異なる 2 点 $\mathrm{P} = (x_1, y_1)$, $\mathrm{Q} = (x_2, y_2)$ を通る直線の方程式は，以下のようになる．

---
2 点を通る直線の方程式

$$(y_1 - y_2)x - (x_1 - x_2)y + (x_1 y_2 - y_1 x_2) = 0$$

行列式を用いて表せば，

$$\begin{vmatrix} x & y & 1 \\ x_1 & y_1 & 1 \\ x_2 & y_2 & 1 \end{vmatrix} = 0$$

また，点 P, Q の位置ベクトルを $\mathbf{p}, \mathbf{q}$ とすれば，直線上の点の位置ベクトルは

$$(1-t)\mathbf{p} + t\mathbf{q} \qquad (t \text{ は実数})$$

で与えられる．線分 PQ を $a:b$ に内分する点の座標は

PQ の $a:b$ の内分点

$$\frac{b}{a+b}\mathbf{p} + \frac{a}{a+b}\mathbf{q} = \left(\frac{bx_1 + ax_2}{a+b}, \frac{by_1 + ay_2}{a+b} \right)$$

であり，線分 PQ を $a:b$ に外分する点の座標は，線分 PQ を $a:(-b)$ に内分する点の座標と同じで，以下のようになる．

$$\boxed{\frac{-b}{a-b}\mathbf{p} + \frac{a}{a-b}\mathbf{q} = \left(\frac{-bx_1 + ax_2}{a-b}, \frac{-by_1 + ay_2}{a-b}\right)} \quad \text{PQ の } a:b \text{ の外分点}$$

3.1.2 ヘッセの標準型

直線 $\ell: ax + by + c = 0$ に対し，ベクトル (a, b) の定数倍を ℓ の**法線ベクトル**といい，$(-b, a)$ の定数倍を ℓ の**方向ベクトル**という．ベクトル (a, b) の偏角 (x 軸の正の方向から反時計回りに計った角度) を θ とすると，

$$\cos\theta = \frac{a}{\sqrt{a^2 + b^2}}, \quad \sin\theta = \frac{b}{\sqrt{a^2 + b^2}}$$

と表せる．さらに，

$$\gamma = -\frac{c}{\sqrt{a^2 + b^2}}$$

とおくと，直線 $\ell: ax + by + c = 0$ は，

$$\boxed{x\cos\theta + y\sin\theta = \gamma} \quad \text{ヘッセの標準型}$$

と書ける．これを**ヘッセの標準型**という．さらに，$\mathbf{e} = (\cos\theta, \sin\theta)$，$\mathbf{x} = (x, y)$ とおけば，直線 ℓ の方程式は，ベクトルの内積を用いて，

$$\mathbf{e} \cdot \mathbf{x} = \gamma$$

と表せる．ベクトルを用いて直線を扱う時には，この形で考えると，いろいろな計算が簡単になる．

例えば，原点を通り方向ベクトル $\mathbf{e}$ を持つ直線を m とし，位置ベクトル $\mathbf{p}$ で表される点を P とするとき，点 P から m に下ろした垂線の足 (P から m への**正射影**) H の位置ベクトルは，

$$\mathbf{h} = (\mathbf{p} \cdot \mathbf{e})\mathbf{e}$$

で表される．また，ℓ と m の交点 I の位置ベクトルは $\mathbf{i} = \gamma\mathbf{e}$ である．したがって，P から ℓ に下ろした垂線の足 F の位置ベクトル $\mathbf{f}$ は，

$$\mathbf{f} = \mathbf{i} + (\mathbf{p} - \mathbf{h}) = \mathbf{p} - (\mathbf{p}\cdot\mathbf{e} - \gamma)\mathbf{e}$$

と表せる．

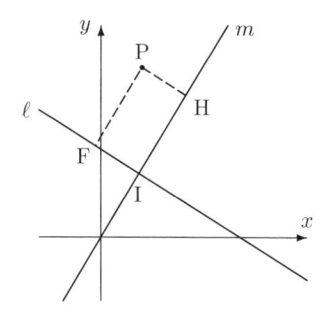

3.1.3 点と直線の距離

点 $P = (x_1, y_1)$ を通り直線 $\ell : ax + by + c = 0$ に垂直な直線の方程式は，
$$-b(x - x_1) + a(y - y_1) = 0$$
であり，この垂線と ℓ の交点を F とすると，

点 (x_1, y_1) から直線 $ax + by + c = 0$ への正射影
$$F = (x_1, y_1) - \frac{ax_1 + by_1 + c}{a^2 + b^2}(a, b)$$
$$= \left(x_1 - a\frac{ax_1 + by_1 + c}{a^2 + b^2},\ y_1 - b\frac{ax_1 + by_1 + c}{a^2 + b^2} \right)$$

と表せる（前項のヘッセの標準型による計算結果を見よ）．したがって，(x, y)-平面上の点 $P = (x_1, y_1)$ から直線 $\ell : ax + by + c = 0$ までの距離 $d = |PF|$ は，

ラグランジュの公式
$$d = \frac{|ax_1 + by_1 + c|}{\sqrt{a^2 + b^2}}$$

である．この公式は**ラグランジュの公式**とよばれる．ラグランジュ(1736-1813)は，空間内の点と平面の間の距離の公式も発見している．

3.1.4 線対称移動

座標平面上で原点を通り，方向ベクトルの偏角が θ である直線 $\ell : y = x\tan\theta$ を考える．点 $P = (x_1, y_1)$ と直線 ℓ に関して対称な点の座標 (x_2, y_2) は，

行列を用いて，

> **(x_1, y_1) の $y = x\tan\theta$ に関する対称点**
> $$\begin{pmatrix} x_2 \\ y_2 \end{pmatrix} = \begin{pmatrix} \cos 2\theta & \sin 2\theta \\ \sin 2\theta & -\cos 2\theta \end{pmatrix} \begin{pmatrix} x_1 \\ y_1 \end{pmatrix}$$

と表せる．なぜなら，この対称移動は，「原点を中心とする $-\theta$ の回転」→「x 軸に関する対称移動」→「原点を中心とする θ の回転」という変換の合成で表せるので，この対称移動を表す行列は，

$$\begin{pmatrix} \cos\theta & -\sin\theta \\ \sin\theta & \cos\theta \end{pmatrix} \begin{pmatrix} 1 & 0 \\ 0 & -1 \end{pmatrix} \begin{pmatrix} \cos(-\theta) & -\sin(-\theta) \\ \sin(-\theta) & \cos(-\theta) \end{pmatrix}$$
$$= \begin{pmatrix} \cos 2\theta & \sin 2\theta \\ \sin 2\theta & -\cos 2\theta \end{pmatrix}$$

となる．

点 $P = (x_1, y_1)$ と直線 $x\cos\theta + y\sin\theta = \gamma$ に関して対称な点の座標 (x_2, y_2) は，図形全体を $-\gamma(\cos\theta, \sin\theta)$ 平行移動し，$y = -x\tan\theta$ に関する対称移動を行い，再び図形全体を $\gamma(\cos\theta, \sin\theta)$ 平行移動することによって得られ，

$$\begin{pmatrix} x_2 \\ y_2 \end{pmatrix} = 2\gamma \begin{pmatrix} \cos\theta \\ \sin\theta \end{pmatrix} - \begin{pmatrix} \cos 2\theta & \sin 2\theta \\ \sin 2\theta & -\cos 2\theta \end{pmatrix} \begin{pmatrix} x_1 \\ y_1 \end{pmatrix}$$

となる．これより，直線 $ax + by + c = 0$ に関して $P = (x_1, y_1)$ と対称な点の座標は，次のようになる．

> **(x_1, y_1) の $ax + by + c = 0$ に関する対称点**
> $$(x_1, y_1) - 2\frac{ax_1 + by_1 + c}{a^2 + b^2}(a, b)$$
> $$= \left(\frac{(b^2 - a^2)x_1 - 2aby_1 - 2ac}{a^2 + b^2}, \frac{-2abx_1 + (a^2 - b^2)y_1 - 2bc}{a^2 + b^2} \right)$$

特に，$y = ax + b$ に関して $P = (x_1, y_1)$ と対称な点の座標は，

$$\left(\frac{(1 - a^2)x_1 + 2ay_1 - 2ab}{1 + a^2}, \frac{2ax_1 - (1 - a^2)y_1 + 2b}{1 + a^2} \right)$$

である．ここで，$a = \tan\theta$ とおくとき，

$$\cos 2\theta = \frac{1-a^2}{1+a^2}, \quad \sin 2\theta = \frac{2a}{1+a^2}$$

であることに注意する．

3.1.5 直線の線対称移動

直線 $px + qy + r = 0$ を直線 $ax + by + c = 0$ について対称移動して得られる直線の方程式は

$$\{(a^2 - b^2)p + 2abq\}x + \{(2abp - (a^2 - b^2)q\}y + 2c(ap + bq) - (a^2 + b^2)r = 0$$

である．この公式は，直線 $x\cos\varphi + y\sin\varphi = \gamma$ を直線 $x\cos\theta + y\sin\theta = \gamma'$ について対称移動して得られる直線の方程式が，

$$x\cos(2\theta - \varphi) + y\sin(2\theta - \varphi) = 2\gamma\cos(\theta - \varphi) - \gamma'$$

であることをから導くとよい．

3.2 座標平面上の円

コンピュータでプログラムを書くとき，陰関数表示 $f(x,y)=0$ で表された曲線を描くのは厄介で，媒介変数表示 $x=\varphi(t), y=\psi(t)$ のほうが描き易い．しかし，影の処理などでは陰関数表示のほうが便利である．

3.2.1 円の方程式

(x,y)-平面上で，点 $\mathrm{O}=(a,b)$ を中心とする半径 r の円周 C の方程式は

$$(x-a)^2 + (y-b)^2 = r^2$$

である．偏角 θ を用いて媒介変数表示すれば，

$$x = a + r\cos\theta, \quad y = b + r\sin\theta \qquad (0 \leqq \theta < 2\pi)$$

とも表せる．$t = \tan\dfrac{\theta}{2}$ とするとき，$\cos\theta = \dfrac{1-t^2}{1+t^2}, \sin\theta = \dfrac{2t}{1+t^2}$ であることを用いれば，

$$x = a + r\frac{1-t^2}{1+t^2}, \quad y = b + r\frac{2t}{1+t^2} \qquad (t \text{ は実数および } \infty)$$

という有理式による媒介変数表示も得られる．ここで，$t = \dfrac{y-b}{x-a}$ である．

3.2.2 3点を通る円の方程式

同一直線上にない3点 $\mathrm{P}_1=(x_1,y_1), \mathrm{P}_2=(x_2,y_2), \mathrm{P}_3=(x_3,y_3)$ を通る円周の方程式は，行列式を用いて，以下のように表せる．

3点を通る円の方程式

$$\begin{vmatrix} x^2+y^2 & x & y & 1 \\ x_1^2+y_1^2 & x_1 & y_1 & 1 \\ x_2^2+y_2^2 & x_2 & y_2 & 1 \\ x_3^2+y_3^2 & x_3 & y_3 & 1 \end{vmatrix} = 0$$

3.2.3 方巾

点 $P = (x_1, y_1)$ を通り，円 $C : (x-a)^2 + (y-b)^2 = r^2$ と 2 点 A, B で交わるような直線 ℓ を描く．このとき，内積 $\overrightarrow{PA} \cdot \overrightarrow{PB}$ の値は，点 P を通る直線 ℓ の選び方に依存せずに定まる (方巾の定理)．この値 $p(P, C) = \overrightarrow{PA} \cdot \overrightarrow{PB}$ を点 P の円 C に関する**方巾** (方冪，ほうべき) という．方巾の値は，

================================ 方巾 ================================
$$p(P, C) = \overrightarrow{PA} \cdot \overrightarrow{PB} = (x_1 - a)^2 + (y_1 - b)^2 - r^2$$

によって与えられる．

したがって，点 $P = (x_1, y_1)$ の円 $C : x^2 + y^2 + ax + by + c = 0$ に関する方巾は
$$p(P, C) = x_1^2 + y_1^2 + ax_1 + by_1 + c$$
である．

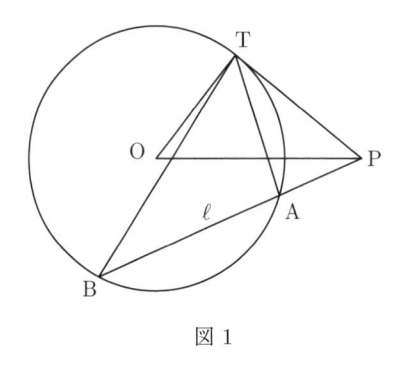

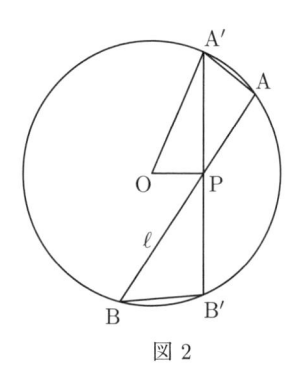

図 1　　　　　　　　図 2

3.2.4 根軸の方程式

中心が異なる 2 円 $C_1 : x^2 + y^2 + a_1 x + b_1 y + c_1 = 0$, $C_2 : x^2 + y^2 + a_2 x + b_2 y + c_2 = 0$ について，それぞれの円に関する方巾の値が等しい点 P の軌跡は，$p(P, C_1) = p(P, C_2)$ を解いて，2 円の中心を結ぶ直線に垂直な直線
$$(a_1 - a_2)x + (b_1 - b_2)y + (c_1 - c_2) = 0$$
であることがわかる．この直線を，C_1 と C_2 の**根軸**という．

2 円が相異なる 2 点で交われば，根軸はこの 2 点を通る直線である．また，2 円が 1 点で接すれば，根軸はこの点で 2 円に接する共通接線である．

3.2.5 根心

3 つの円 C_1, C_2, C_3 の中心は同一直線上にないとする．3 つの円に関する方巾の値が等しい点 P を，円 C_1, C_2, C_3 の**根心**という．

根心 P の 2 円 C_1, C_2 に関する方巾は等しいから，根心 P は C_1 と C_2 の根軸 ℓ_{12} 上にある．同様に，根心 P は C_2 と C_3 の根軸 ℓ_{23} 上にある．よって，根心 P は ℓ_{12} と ℓ_{23} の交点である．同様に，根心 P は 2 円 C_3，C_1 の根軸 ℓ_{31} 上の点でもあるから，3 本の根軸 $\ell_{12}, \ell_{23}, \ell_{31}$ は根心 P で交わる．

3 つの円 C_1, C_2, C_3 の中心がすべて異なっていても，それらが同一直線上にある場合は，3 本の根軸は平行なので，根心は存在しない．

どの 2 つも交わる 3 つの円について，3 本の根軸が 1 点で交わることは，1799 年にモンジュが発見したと言われている．

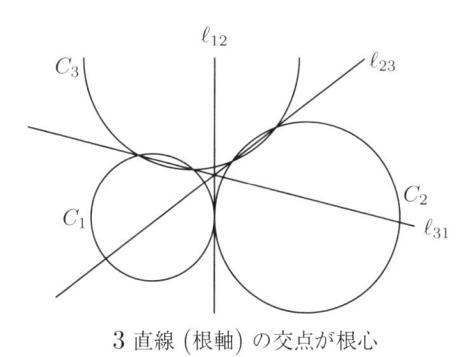

3 直線 (根軸) の交点が根心

3.3 二次曲線

円錐を平面で切った切り口は円錐曲線とよばれ，古代ギリシャ時代にさかんに研究されていたが，フェルマー (1601-65) は，円錐曲線が 2 次式 $f(x, y)$ によって $f(x, y) = 0$ という方程式で表せることを発見した．ニュートンは 3 次曲線の分類にも挑んだが，あまり成功していない．3 次以上の曲線の正体 (5.6.2 項参照) が明らかになったのは，20 世紀の話である．

3.3.1 楕円

楕円は，中心が原点，長軸が x 軸，短軸が y 軸に一致するように (x, y)-平面上に配置すると，その定義方程式は

=============================== 楕円の標準型 ===============================
$$\frac{x^2}{a^2} + \frac{y^2}{b^2} = 1, \qquad (a \geq b > 0)$$

という形に表すことができる．ここで，a は楕円の**長半径**，b は**短半径**である．

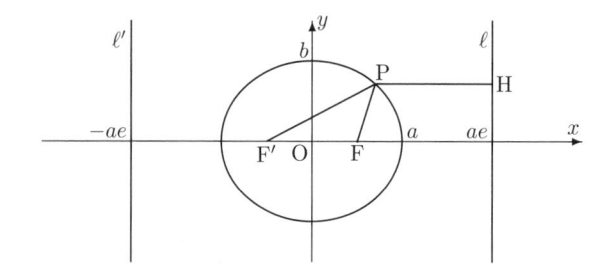

長軸 (x 軸) と短軸 (y 軸) を総称して**主軸**という．また，主軸と楕円の 4 交点 $(\pm a, 0), (0, \pm b)$ を楕円の**頂点**という．

================================= 楕円の焦点 =================================
$$F = (\sqrt{a^2 - b^2}, 0), \quad F' = (-\sqrt{a^2 - b^2}, 0)$$

とおくと，点 P が楕円の周上にあるとき，つねに
$$|{\rm FP}| + |{\rm F'P}| = 2a$$
が成り立つ．2 点 F, F′ を楕円の**焦点**という．例えば，恒星の回りを回る惑星は (他の星からの重力の影響が無視できれば)，恒星を焦点とする楕円軌道上を回る (ケプラーの第 1 法則)．

楕円の一方の焦点から発した光が，楕円の周で正反射すると，その光は他方の焦点を通過する．この法則は，ギリシャ時代に証明されており，楕円の周上の点 P における接線上に点 Q をとるとき，$|{\rm FQ}| + |{\rm F'Q}|$ の値が最小になるのが Q = P のときであることを利用して，簡単に証明できる．

楕円の離心率
$$e = \sqrt{1 - \frac{b^2}{a^2}}$$

を楕円の**離心率** (eccentricity) とか，**心差率**という．このとき，F = $(ae, 0)$, F′ = $(-ae, 0)$ と表せる．2 本の直線
$$\ell : x = \frac{a}{e} \quad \text{と} \quad \ell' : x = -\frac{a}{e}$$
を楕円の**準線**という．楕円の周上に点 P をとり，P から直線 ℓ に下ろした垂線の足を H とすると，
$$|{\rm PH}| : |{\rm PF}| = 1 : e$$
を満たす．

円 $x^2 + y^2 = a^2 + b^2$ を楕円の**準円**という．準円上の点から楕円に 2 本の接線を描くと，この 2 接線は準円上で直交する．

楕円の面積

長半径が a, 短半径が b の楕円の面積は πab

であるが，楕円の周の長さ
$$\int_0^{2\pi} \sqrt{a^2 \sin^2 \theta + b^2 \cos^2 \theta}\, d\theta$$
は楕円積分とよばれるものであり，円周率等を用いた簡単な式では表せない．

3.3.2 双曲線

双曲線は，中心が原点になるように平行移動し，適当に回転すると，

双曲線の標準型
$$\frac{x^2}{a^2} - \frac{y^2}{b^2} = 1 \qquad (a>0, b>0)$$

という形に表すことができる．

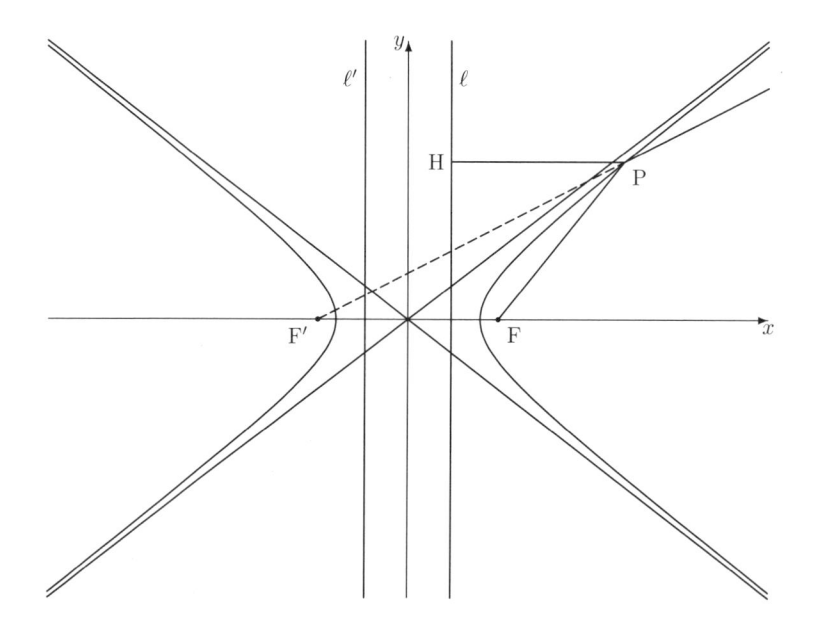

直線 FF' を**主軸**といい，2 点 $(a, 0), (-a, 0)$ を**頂点**という．また，2 点

双曲線の焦点
$$F = (\sqrt{a^2+b^2},\, 0), \quad F' = (-\sqrt{a^2+b^2},\, 0)$$

を双曲線の**焦点**という．点 P が双曲線上の点のとき，

$$|FP| - |F'P| = \pm 2a$$

が成り立つ．例えば，太陽系外から太陽の近くに突入してきた小天体は，太陽を 1 つの焦点とする双曲線 (の一方) の軌道上を運動する．

双曲線の一方の焦点から発した光が，双曲線上で正反射すると，その光は他方の焦点と反射点を結ぶ直線上を進行する．

---双曲線の離心率---
$$e = \sqrt{1 + \frac{b^2}{a^2}}$$

を双曲線の**離心率**という．このとき，$F = (ae, 0), F' = (-ae, 0)$ と表せる．2 本の直線
$$\ell : x = \frac{a}{e} \quad \text{と} \quad \ell' : x = -\frac{a}{e}$$
を双曲線の**準線**という．双曲線上に点 P をとり，P から直線 ℓ に下ろした垂線の足を H とすると，
$$|\text{PH}| : |\text{PF}| = 1 : e$$
を満たす．

直線 $\dfrac{x}{a} + \dfrac{y}{b} = 0$ と $\dfrac{x}{a} - \dfrac{y}{b} = 0$ を双曲線の**漸近線**という．

反比例のグラフ $xy = k \ (k > 0)$ も x 軸と y 軸を漸近線とする双曲線であり，これを原点を中心に $-\pi/4$ 回転すると，$x^2 - y^2 = 2k$ になる．この漸近線は，$x + y = 0$ と $x - y = 0$ である．このように，2 本の漸近線が垂直に交わる双曲線を**直角双曲線**という．

3.3.3 放物線

2 次関数 $y = ax^2$ のグラフと合同な曲線を放物線という．放物線 $y = ax^2$ $(a \neq 0)$ において，点 $F = \left(0, \dfrac{a}{4}\right)$ を放物線の**焦点**といい，直線 $\ell : y = -\dfrac{a}{4}$ を**準線**という．また，直線 $x = 0$ を放物線の**軸**といい，$(0, 0)$ を**頂点**という．

放物線の焦点を出発した光が，放物線 $y = ax^2$ で正反射すると，その後は軸と平行な直線上を進む．また，P を放物線上の点，P から準線 ℓ に下ろした垂線の足を H とすると，
$$|\text{PH}| = |\text{PF}|$$
が成り立つ．この意味で，放物線の離心率は 1 である．

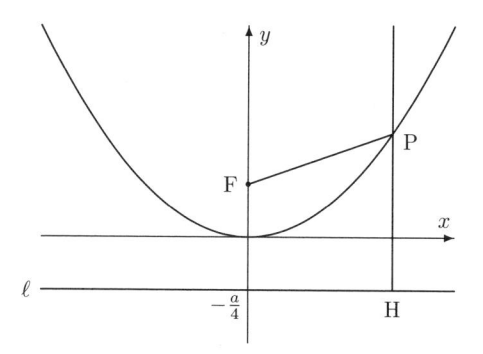

3.3.4 一般の2次曲線

x, y についての実数係数 2 次多項式 $f(x, y)$ によって,

$$C = \{(x, y) \in \mathbb{R}^2 \mid f(x, y) = 0\}$$

と表される集合 C が空集合や 1 点からなる集合でない場合に, C を **2次曲線**という.

2 次曲線には $(ax + by + c)^2 = 0$ で表される **2 重直線**や,

$$(a_1 x + b_1 y + c_1)(a_2 x + b_2 x + c_2) = 0 \quad ((a_1 : b_1 : c_1) \neq (a_2 : b_2 : c_2))$$

で表される 2 直線もあるが, これ以外の 2 次曲線は楕円か双曲線か放物線になる. 2 直線や 2 重直線以外の 2 次曲線, つまり, 楕円と双曲線と放物線を総称して**既約 2 次曲線**という. C が既約 2 次曲線ならば, $f(x, y)$ を 2 つの (複素数係数) 多項式の積に因数分解することはできない.

3.3.5 2次曲線の分類

$$f(x, y) = a_{11} x^2 + 2 a_{12} xy + a_{22} y^2 + 2 b_1 x + 2 b_2 y + c = 0$$
$$((a_{11}, a_{12}, a_{22}) \neq (0, 0, 0))$$

とするとき, $f(x, y) = 0$ で定まる集合 C が何であるかは, 以下の方法で調べることができる.

行列の対角化の項で説明する方法 (4.5.2 参照) により, ある θ を選ぶと,

$$\begin{pmatrix} \cos\theta & \sin\theta \\ -\sin\theta & \cos\theta \end{pmatrix} \begin{pmatrix} a_{11} & a_{12} \\ a_{12} & a_{22} \end{pmatrix} \begin{pmatrix} \cos\theta & -\sin\theta \\ \sin\theta & \cos\theta \end{pmatrix} = \begin{pmatrix} \alpha & 0 \\ 0 & \beta \end{pmatrix}$$

という形になるようにできる．このとき，必要なら θ を $\theta \pm \pi/2$ でおきかえることにより，$\alpha \neq 0$ となるようにすることができる．いま，

$$\begin{pmatrix} x' \\ y' \end{pmatrix} = \begin{pmatrix} \cos\theta & -\sin\theta \\ \sin\theta & \cos\theta \end{pmatrix} \begin{pmatrix} x \\ y \end{pmatrix}$$

という変換によって，C を原点を中心に角度 θ だけ回転する．

$$x = x'\cos\theta + y'\sin\theta, \quad y = -x'\sin\theta + y'\cos\theta$$

を $f(x, y)$ に代入すれば，

$$f(x'\cos\theta + y'\sin\theta, -x'\sin\theta + y'\cos\theta) = \alpha x'^2 + \beta y'^2 + 2b'_1 x' + 2b'_2 y' + c$$

という形になる．ここで，

$$b'_1 = b_1 \cos\theta - b_2 \sin\theta, \quad b'_2 = b_1 \sin\theta + b_2 \cos\theta$$

である．$\alpha \neq 0$ であったが，以下は，$\beta \neq 0$ か $\beta = 0$ であるかによって，式変形の方法が異なる．

○ $\beta \neq 0$ の場合．

$x'' = x' + \dfrac{b'_1}{\alpha}, y'' = y' + \dfrac{b'_2}{\beta}$ という変換によって，C を $(b'_1/\alpha, b'_2/\beta)$ だけ平行移動する．$c' = \dfrac{(b'_1)^2}{\alpha} + \dfrac{b'_2}{\beta} - c$ とおけば，

$$f(x, y) = \alpha x''^2 + \beta y''^2 - c'$$

となる．つまり，C を θ だけ回転した後 $(b'_1/\alpha, b'_2/\beta)$ だけ平行移動すると，C は

$$\alpha x^2 + \beta y^2 = c'$$

で表される曲線になる．これは，$\alpha\beta > 0$ かつ $\alpha c' > 0$ ならば楕円であり，$\alpha\beta < 0$ かつ $c' \neq 0$ ならば双曲線である．これ以外の場合は，C は既約 2 次曲線にならず，$\alpha\beta > 0$ かつ $c' < 0$ の場合は空集合，$\alpha\beta > 0$ かつ $c' = 0$ の場合は 1 点のみからなる集合，$\alpha\beta < 0$ かつ $c' = 0$ の場合は 1 点で交わる 2 直線である．

○ $\beta = 0$ の場合.

$x'' = x' + \dfrac{b_1'}{\alpha}, y'' = y'$ という変換によって，C を b_1'/α だけ x 軸方向に平行移動する．$c' = c - \dfrac{(b_1')^2}{\alpha}$ とおけば，

$$f(x, y) = \alpha x''^2 + 2b_2' y'' + c'$$

となる．$b_2' \neq 0$ ならばこれは放物線である．$b_2' = 0$ の場合は，C は既約 2 次曲線にならず，$b_2' = 0$ かつ $\alpha c' < 0$ の場合は平行な 2 直線，$b_2' = 0$ かつ $c' = 0$ の場合は 2 重直線，$b_2' = 0$ かつ $\alpha c' > 0$ の場合は空集合になる．

3.3.6 円錐曲線

以下，底面が無限の遠くにある円錐を考える．座標空間内で，原点を頂点とし，軸が z 軸と一致する円錐の方程式は

―――――――――――――― 円錐の標準型 ――――
$$x^2 + y^2 = cz^2 \qquad (c > 0)$$

である．これを，平面で切断したときの切り口の方程式を求めるには次のようにするとよい．

平面と円錐を回転して，切断する平面が $z = k$ になるようにする．円錐は，

$$\begin{pmatrix} x' \\ z' \end{pmatrix} = \begin{pmatrix} \cos\theta & -\sin\theta \\ \sin\theta & \cos\theta \end{pmatrix} \begin{pmatrix} x \\ z \end{pmatrix}$$

で回転する．この回転により，円錐は

$$(x\cos\theta + z\sin\theta)^2 + y^2 = c(-x\sin\theta + z\cos\theta)^2$$

となる．$z = k$ を代入し，整理すると，

$$px^2 + qx + r + y^2 = 0$$
$$p = \cos^2\theta - c\sin^2\theta$$
$$q = 2k(1+c)\sin\theta\cos\theta$$
$$r = k^2(\sin^2\theta - c\cos^2\theta)$$

となる．これは，$p > 0$ なら楕円，$p = 0$ なら放物線，$p < 0$ なら双曲線を表す．

2 次曲線を円錐の平面による切り口と考えるとき，円錐の回転軸 ℓ と円錐の母線のなす角を φ, 切断面の法線ベクトルと ℓ のなす角を θ とすると，離心率は以下で与えられる．

---
2 次曲線の離心率

$$e = \frac{\sin\theta}{\cos\varphi}$$

3.4 接線

$f(x,y) = 0$ で表される曲線の接線を求めることは，フェルマーに始まり，これが微分法の本格的な始まりである．理工学では，媒介変数表示された曲線の接線のほうが，運動する質点の速度ベクトルという具体的な意味を持つが，こういう見方はニュートンが本格的に始めた．

3.4.1 接線の方程式

$f(x,y)$ が微分可能な関数で，
$$C = \{(x,y) \in \mathbb{R}^2 \mid f(x,y) = 0\}$$
が平面上の曲線であるとする (曲線の厳密な定義は簡単でないが，ここでは深入りしないことにする)．(a,b) は曲線 C 上の点で，偏微分係数 (5.3.3 項参照) $f_x(a,b), f_y(a,b)$ の少なくとも一方は 0 でないとする．このとき，点 (a,b) における曲線 $C: f(x,y) = 0$ の接線の方程式は，以下で与えられる．

───────────────────── 接線の方程式 ─────
$$f_x(a,b)(x-a) + f_y(a,b)(y-b) = 0 \qquad ①$$

なぜなら，点 (a,b) の近く (近傍) で曲線 C が関数 $y = g(x)$ のグラフになっていると仮定すれば，$f(x,g(x)) = 0$ だから，
$$0 = \frac{d}{dx}f(x,g(x)) = f_x(x,g(x)) + g'(x)f_y(x,g(x))$$
より，$g'(x) = -\dfrac{f_x(x,g(x))}{f_y(x,g(x))}$ を得る．これに $x = a$ を代入すれば，$g(a) = b$ より，$g'(a) = -f_x(a,b)/f_y(a,b)$ となる．この式を，接線の方程式 $y - b = g'(a)(x-a)$ に代入して整理すれば，①を得る．

3.4.2 2 次曲線の接線

既約 2 次曲線 (円，楕円，双曲線，放物線) C が
$$f(x,y) = a_{11}x^2 + 2a_{12}xy + a_{22}y^2 + 2b_1 x + 2b_2 y + c = 0$$

で定まるとき，曲線 C 上の点 (p, q) における接線の方程式は，① より，次のように表すことができる．

── 2次曲線の接線 ──
$$a_{11}px + a_{12}qx + a_{12}py + a_{22}qy + b_1(x+p) + b_2(y+q) + c = 0$$

3.4.3 2次曲線の極と極線

既約2次曲線 (円，楕円，双曲線，放物線) C が
$$f(x, y) = a_{11}x^2 + 2a_{12}xy + a_{22}y^2 + 2b_1 x + 2b_2 y + c = 0$$
で定まっていて，点 $P = (p, q)$ は曲線 C 上にない点であるとする．点 P を通って C に接する直線は2本引けるか，1本も引けないかのいずれかであるが，今，そのような2本の接線 ℓ_1, ℓ_2 が引けたと仮定し，ℓ_i と C の接点を T_i $(i = 1, 2)$ とする．このとき，直線 $T_1 T_2$ を点 P を**極** (pole) とする C の**極線** (polar line) という．極線 $T_1 T_2$ の方程式は，

── 2次曲線の極線 ──
$$a_{11}px + a_{12}qx + a_{12}py + a_{22}qy + b_1(x+p) + b_2(y+q) + c = 0 \quad ②$$

と表すことができ，接線の方程式と同じ式になる．

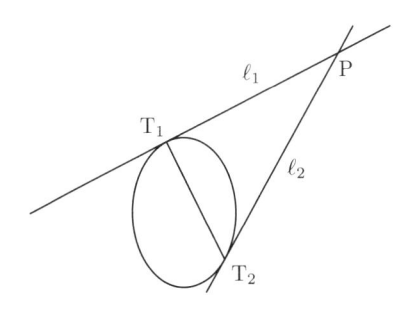

実際 $T_i = (x_i, y_i)$ $(i = 1, 2)$ とすると，T_i における接線の方程式は，
$$a_{11}x_i x + a_{12}y_i x + a_{12}x_i y + a_{22}y_i y + b_1(x + x_i) + b_2(y + y_i) + c = 0$$
で，これが点 $P = (p, q)$ を通るのだから
$$a_{11}p_i + a_{12}p y_i + a_{12}q x_i + a_{22}q y_i + b_1(p + x_i) + b_2(q + y_i) + c = 0$$

である．したがって，直線②は2点T_1, T_2を通るので，②は曲線T_1T_2の方程式である．

点Pを通りCに接する接線が1本も引けないときも，直線②を点Pを**極**とするCの**極線**という．変数x, yに虚数を許せば，接点T_iを座標が虚数であるような点として選ぶことができ，その2点を通る直線の方程式が②になるのである．例外として，Pが2次曲線の中心の場合は，極線は存在しない．

点Pを極とするCの極線ℓ上に点Qをとり，Qを極とするCの曲線をmとすると，直線mは点Pを通る．この事実を，**極と極線の相反性**といい，ポンスレ(1788-1867)が発見した．

この理論は，ジラール・デザルグ(1571-1661)による無限遠点の概念の導入，ポンスレによる複素射影空間の考案と関係するが，代数幾何学の初歩を含んでいて，少し難しいので説明は割愛する．

3.5 空間内の図形と方程式

デカルトやフェルマーによる座標の発見というのは，単に平面上の直交座標にとどまらず，斜交座標や空間座標をも含んでいた．ヤコブ・ベルヌーイ (1654-1705) は 1691 年に雑誌『学術論叢』で極座標を発表し，ニュートンは双極座標など 8 種類の座標を考案している．

3.5.1 空間内の直線の方程式

(x, y, z)-空間内の相異なる 2 点 $P = (x_1, y_1, z_1)$, $Q = (x_2, y_2, z_2)$ を通る直線の方程式は，

(1) 媒介変数 t を用いた媒介変数表示で表せば
$$(x, y, z) = (1-t)(x_1, y_1, z_1) + t(x_2, y_2, z_2) \qquad (t は実数)$$

(2) 陰関数表示で表せば
$$(x - x_1) : (y - y_1) : (z - z_1) = (x_2 - x_1) : (y_2 - y_1) : (z_2 - z_1)$$
または，
$$(x - x_1) : (x_2 - x_1) = (y - y_1) : (y_2 - y_1) = (z - z_1) : (z_2 - z_1)$$
と書くことができる．

3.5.2 平面の方程式

(x, y, z)-空間内の相異なる 3 点 $P = (x_1, y_1, z_1)$, $Q = (x_2, y_2, z_2)$, $R = (x_3, y_3, z_3)$ を通る平面の方程式は，行列式を用いれば，

$$\begin{vmatrix} x & y & z & 1 \\ x_1 & y_1 & z_1 & 1 \\ x_2 & y_2 & z_2 & 1 \\ x_3 & y_3 & z_3 & 1 \end{vmatrix} = 0$$

と表せる．

3.5.3 球面の方程式

点 (x_0, y_0, z_0) を中心とする半径 r の球面の方程式は，
$$(x-x_0)^2 + (y-y_0)^2 + (z-z_0)^2 = r^2$$
である．

また，4 点 点 (x_i, y_i, z_i) $(i=1,2,3,4)$ を通る球面の方程式は，行列式を用いて次のように表せる．

$$\begin{vmatrix} x^2+y^2+z^2 & x & y & z & 1 \\ x_1^2+y_1^2+z_1^2 & x_1 & y_1 & z_1 & 1 \\ x_2^2+y_2^2+z_2^2 & x_2 & y_2 & z_2 & 1 \\ x_3^2+y_3^2+z_3^2 & x_3 & y_3 & z_3 & 1 \\ x_4^2+y_4^2+z_4^2 & x_4 & y_4 & z_4 & 1 \end{vmatrix} = 0$$

なお，楕円面，双曲面，放物面などの 2 次曲面については，線形代数学のテキストなどを参照してほしい．円錐は，3.3.6 項を見よ．3 次以上の代数曲面や，空間内の高次代数曲線は，代数幾何学の本格的に難しい話題であり，本書のレベルを超越する．

第4章
行列とベクトル

　歴史的には，線形代数学は，連立方程式を解くための行列式の発見から始まる．行列式の最初の発見者は日本の関孝和 (1640 頃-1708) で，『解伏第之法』(1683 以前) において，n 次の行列式が登場する．しかし，この関の画期的成果は，西洋数学とは分断されたものであり，弟子達の能力不足から和算にすら継承されなかった．西洋ではガブリエル・クラーメル (1704-1752) の『代数曲線解析序論』(1750) に，始めて行列式が登場する．他方，行列のほうは，アーサー・ケーリー (1821-1895) による固有値の理論から始まる．ベクトルは，4 次元以上の幾何学が認知されていなかったころ，ヘルマン・グラスマン (1809-1877) が提出した無限次元を含む一般次元ベクトル空間の理論から萌芽したが，その理論の完成には集合論が必要であった．現代の線形代数学は，20 世紀に，抽象代数を用いて整備されたものである．

4.1 行列

行列の理論は，その誕生から現在まで，群・環・体という抽象代数の延長線上に構成されているので，本格的な専門書を読むと，どうも分かりにくい，と感じる方も多いかもしれない．最近の入門的教科書は，数の配列に対する演算として，行列を易しく解説している．しかし，ジョルダンの標準形まで理解しようとすると，どうしても，ある程度の抽象代数が必要になる．

4.1.1 配列と行列

$n_1, n_2,\ldots, n_d$ は自然数とする．$1 \leqq i_j \leqq n_j$ $(j = 1, 2,\ldots, d)$ を満たす整数の組 $(i_1, i_2,\ldots, i_d)$ に対し，数 $a_{i_1,i_2,\ldots,i_d}$ が1つづつ与えられているとき，$a_{i_1,i_2,\ldots,i_d}$ の集まりを d 次元の**配列**といい，$(n_1, n_2,\ldots, n_d)$ を配列の**サイズ**という．$a_{i_1,i_2,\ldots,i_d}$ は誤解の恐れのない場合 $a_{i_1 i_2 \cdots i_d}$ とも書かれる．$a_{i_1 i_2 \cdots i_d}$ を配列 $(a_{i_1 i_2 \cdots i_d})$ の $(i_1, i_2,\ldots, i_d)$-**成分**という．

ただし，添え字 i_j は $1 \leqq i_j \leqq n_j$ の範囲ではなく，$0 \leqq i_j \leqq n_j$ の範囲で考えることも多い．配列の考え方は，コンピュータ・プログラミングでは大変重要である．

(a_{ij}) はサイズ (m, n) の2次元の配列とする．a_{ij} を第 i 行，第 j 列に配置して表を作り，この表を1つの記号

$$A = \begin{pmatrix} a_{11} & a_{12} & a_{13} & \cdots & a_{1n} \\ a_{21} & a_{22} & a_{23} & \cdots & a_{2n} \\ \vdots & \vdots & \vdots & \cdots & \vdots \\ a_{m1} & a_{m2} & a_{m3} & \cdots & a_{mn} \end{pmatrix}$$

で表したり，略して $A = (a_{ij})$ などで表す．この2次元の配列 A を m 行 n 列の**行列**という．

特に，n 行 n 列の行列を n 次**正方行列**という．正方行列 $A = (a_{ij})$ については，$a_{11}, a_{22},\ldots, a_{nn}$ を**対角 (線) 成分**という．

同様に，1次元の配列 $\mathbf{a} = (a_1, a_1,\ldots, a_n)$ のことを n 次元の (行) **ベクトル**ともいい，d 次元の配列のことを d 階の (共変) **テンソル**ともいう．

4.1.2 行列の演算

$A = (a_{ij})$, $B = (b_{ij})$ が m 行 n 列の行列のとき，$a_{ij} + b_{ij}$ を (i,j)-成分とする m 行 n 列の行列を $A + B$ と書き，A と B の**和**という．

$A = (a_{ij})$ が m 行 n 列の行列で，c が数のとき，ca_{ij} を (i,j)-成分とする m 行 n 列の行列を cA と書き，A の**スカラー倍**という．$(-1)A$ を $-A$ と書き，$A + (-1)B$ を $A - B$ と書く．

$A = (a_{ij})$ が l 行 m 列の行列，$B = (b_{ij})$ が m 行 n 列の行列のとき，$\sum_{k=1}^{m} a_{ik} b_{kj}$ を (i,j)-成分とする l 行 n 列の行列を AB と書き，行列の**積**という．特に，A が正方行列のとき，$AA = A^2$, $AAA = A^3$ と書き，一般に $A^n = AA^{n-1}$ と約束する．

すべての成分が 0 である行列を**ゼロ行列**とか**零行列**といい O と書く．サイズを明記する必要がある場合には，m 行 n 列のゼロ行列を O_{mn} と書き，n 次正方ゼロ行列を O_n と書く．また，

$$I = \begin{pmatrix} 1 & 0 & 0 & \cdots & 0 \\ 0 & 1 & 0 & \cdots & 0 \\ 0 & 0 & 1 & \cdots & 0 \\ \vdots & \vdots & \vdots & \ddots & \vdots \\ 0 & 0 & 0 & \cdots & 1 \end{pmatrix}$$

を**単位行列**という．I を E と書くこともある．また，n 次の単位行列は I_n とか E_n と書く．

行列の積について，結合法則と分配法則

$$(AB)C = A(BC) \quad \text{(結合法則)}$$
$$(A+B)C = AC + BC \quad \text{(分配法則)}$$
$$A(B+C) = AB + AC \quad \text{(分配法則)}$$

は成り立つが，交換法則 $AB = BA$ は成立しない．また，A, B がゼロ行列でなくても $AB = O$ となる場合がある．したがって，$AC = BC, C \neq O$ であっても $A \neq B$ となることが有り得る．さらに，A が正方行列で，$A \neq O$ であっても，$A^2 = O$ となる場合もある．

サイズの大きい行列の計算は，手計算で行うとミスをしやすいので，コンピュータで適当なソフトウエアを利用して行うのが普通である．

4.1.3 転置行列

a_{ij} を (i, j)-成分とする m 行 n 列の行列 $A = (a_{ij})$ に対し，a_{ij} を (j, i)-成分とする n 行 m 列の行列を A の**転置行列**といい，${}^t A$ とか A^T などと書く．例えば，

$$A = \begin{pmatrix} 1 & 2 & 3 \\ 4 & 5 & 6 \end{pmatrix} \quad \text{のとき} \quad {}^t A = \begin{pmatrix} 1 & 4 \\ 2 & 5 \\ 3 & 6 \end{pmatrix}$$

である．

転置行列について，以下の性質が成り立つ．

---- 転置行列の性質 ----
$${}^t(AB) = ({}^t B)({}^t A), \quad {}^t({}^t A) = A$$

4.2 行列式

連立方程式の解の公式を文字式で表そうとすると，必然的に行列式が登場するが，4 元以上の連立方程式について，解の公式を一般的に記述するには，置換の符号の概念が必要で，行列式の発見が数学史上遅かったのは，そういう群論の萌芽的なアイデアが必要だったからだと思われる．以下では，群論の言葉を使わずに説明しているが，諸公式を証明しようとすると，それが必要になる．

4.2.1 展開公式による行列式の定義

$A = (a_{ij})$ が n 次正方行列のとき，A の**行列式** $\det A$ を，$n = 1, 2, 3, \ldots$ に対し，順に以下のように定めていく．

まず，$n = 1$ で，$A = (a_{11})$ が 1 行 1 列の行列のときには，$\det A = a_{11}$ として $\det A$ を定める．

$n = 2$ で，$A = \begin{pmatrix} a_{11} & a_{12} \\ a_{21} & a_{22} \end{pmatrix}$ の場合には，
$$\det A = a_{11}a_{22} - a_{21}a_{12}$$
と定める．

$n \geqq 3$ の場合を考える．今，数学的帰納法的に，$n-1$ 次の正方行列については，行列式が定義されていると仮定する．

$A = (a_{ij})$ が n 次正方行列のとき，A の第 k 行目と第 l 列目を取り除いてできる $(n-1)$ 次正方行列を A_{kl} とする．仮定から，$\det A_{kl}$ の定義は与えられていて，計算可能である．このとき，

――――――――――― 展開公式による行列式の定義 ―――――――――――
$$\det A = \sum_{j=1}^{n} (-1)^{j+1} a_{1j} \det A_{1j}$$
$$= a_{11} \det A_{11} - a_{12} \det A_{12} + a_{13} \det A_{13} - \cdots + (-1)^{n+1} a_{1n} \det A_{1n}$$

と定義する．この式を，1 行目での $\det A$ の**展開公式**という．

$\det A$ を，$|A|$ と書くこともあり，また成分を並べて，

$$\det A = \begin{vmatrix} a_{11} & a_{12} & \cdots & a_{1n} \\ a_{21} & a_{22} & \cdots & a_{2n} \\ \vdots & \vdots & \ddots & \vdots \\ a_{n1} & a_{n2} & \cdots & a_{nn} \end{vmatrix}$$

とも書く．正方行列でない行列については，行列式は定義されない．

コンピュータ上で動く数式処理ソフトや統計ソフトには，行列式を計算する機能が組み込まれているのが普通なので，通常はそういうソフトを用いて行列式の値を計算する．

4.2.2 行列式の基本性質

n 次正方行列 A に対し，

―――――――――― 転置行列の行列式 ――――――――――
$$\det({}^t A) = \det A$$

が成り立つ．この性質により，A の列について成り立つ以下の公式は，A の行についても成り立つ．

(I) **多重線形性公式 1.** 任意の列 (k 列目) に対し，この列が 2 つの列ベクトルの和になっているとすると，以下のように 2 つの行列式の和になる．

―――――――――― 行列式の多重線形性 (1) ――――――――――

$$\begin{vmatrix} a_{11} & \cdots & (a'_{1k} + a''_{1k}) & \cdots & a_{1n} \\ a_{21} & \cdots & (a'_{2k} + a''_{2k}) & \cdots & a_{2n} \\ \vdots & & \vdots & & \vdots \\ a_{n1} & \cdots & (a'_{nk} + a''_{nk}) & \cdots & a_{nn} \end{vmatrix}$$
$$= \begin{vmatrix} a_{11} & \cdots & a'_{1k} & \cdots & a_{1n} \\ a_{21} & \cdots & a'_{2k} & \cdots & a_{2n} \\ \vdots & & \vdots & & \vdots \\ a_{n1} & \cdots & a'_{nk} & \cdots & a_{nn} \end{vmatrix} + \begin{vmatrix} a_{11} & \cdots & a''_{1k} & \cdots & a_{1n} \\ a_{21} & \cdots & a''_{2k} & \cdots & a_{2n} \\ \vdots & & \vdots & & \vdots \\ a_{n1} & \cdots & a''_{nk} & \cdots & a_{nn} \end{vmatrix}$$

(II) **多重線形性公式 2.** 任意の列 (k 列目) に対し，この列がある列ベクトルの定数倍 (c 倍) になっているとすると，この定数 c をくくり出すこ

とができ，以下のようになる．

行列式の多重線形性 (2)

$$\begin{vmatrix} a_{11} & \cdots & ca'_{1k} & \cdots & a_{1n} \\ a_{21} & \cdots & ca'_{2k} & \cdots & a_{2n} \\ \vdots & & \vdots & & \vdots \\ a_{n1} & \cdots & ca'_{nk} & \cdots & a_{nn} \end{vmatrix} = c \begin{vmatrix} a_{11} & \cdots & a'_{1k} & \cdots & a_{1n} \\ a_{21} & \cdots & a'_{2k} & \cdots & a_{2n} \\ \vdots & & \vdots & & \vdots \\ a_{n1} & \cdots & a'_{nk} & \cdots & a_{nn} \end{vmatrix}$$

特に，$\det cA = c^n \det A$ である．

(III) **交代性公式 1．** 2つの列 (l 列目と k 列目) に対し，この 2 つの列を入れ替えると，行列式の値は (-1) 倍になる．つまり，

行列式の交代性 (1)

$$\begin{vmatrix} a_{11} & a_{12} & \cdots & a_{1l} & \cdots & a_{1k} & \cdots & a_{1n} \\ a_{21} & a_{22} & \cdots & a_{2l} & \cdots & a_{2k} & \cdots & a_{2n} \\ \vdots & \vdots & & \vdots & & \vdots & & \vdots \\ a_{n1} & a_{n2} & \cdots & a_{nl} & \cdots & a_{nk} & \cdots & a_{nn} \end{vmatrix}$$

$$= - \begin{vmatrix} a_{11} & a_{12} & \cdots & a_{1k} & \cdots & a_{1l} & \cdots & a_{1n} \\ a_{21} & a_{22} & \cdots & a_{2k} & \cdots & a_{2l} & \cdots & a_{2n} \\ \vdots & \vdots & & \vdots & & \vdots & & \vdots \\ a_{n1} & a_{n2} & \cdots & a_{nk} & \cdots & a_{nl} & \cdots & a_{nn} \end{vmatrix}$$

(IV) **交代性公式 2．** ある 2 つの列 (l 列目と k 列目) について，この 2 つの列ベクトルが等しかったとすると，行列式の値は 0 である．つまり，

行列式の交代性 (2)

$$\begin{vmatrix} a_{11} & a_{12} & \cdots & b_1 & \cdots & b_1 & \cdots & a_{1n} \\ a_{21} & a_{22} & \cdots & b_2 & \cdots & b_2 & \cdots & a_{2n} \\ \vdots & \vdots & & \vdots & & \vdots & & \vdots \\ a_{n1} & a_{n2} & \cdots & b_n & \cdots & b_n & \cdots & a_{nn} \end{vmatrix} = 0$$

4.2.3 行列式の展開公式

n 次正方行列 A に対し，A の第 k 行目と第 l 列目を取り除いてできる

$(n-1)$ 次正方行列を A_{kl} とする．このとき，次が成り立つ．

行列式の展開公式

k 行目による展開公式
$$\det A = \sum_{j=1}^{n}(-1)^{k+j}a_{kj}\det A_{kj}$$
$$= (-1)^{k+1}a_{k1}\det A_{k1} + (-1)^{k+2}a_{k2}\det A_{k2}$$
$$+ \cdots + (-1)^{k+n}a_{kn}\det A_{kn}$$

k 列目による展開公式
$$\det A = \sum_{i=1}^{n}(-1)^{i+k}a_{ik}\det A_{ik}$$
$$= (-1)^{1+k}a_{1k}\det A_{1k} + (-1)^{2+k}a_{2k}\det A_{2k}$$
$$+ \cdots + (-1)^{n+k}a_{nk}\det A_{nk}$$

4.2.4 上半三角行列の行列式

$i > j$ のとき $a_{ij} = 0$ を満たすような正方行列を**上半三角行列**といい，$i < j$ のとき $a_{ij} = 0$ を満たすような正方行列を**下半三角行列**という．

上半三角行列の行列式は，対角成分の積に等しい．つまり，

上半三角行列の行列式

$$\begin{vmatrix} a_{11} & a_{12} & a_{13} & \cdots & a_{1n} \\ 0 & a_{22} & a_{23} & \cdots & a_{2n} \\ 0 & 0 & a_{33} & \cdots & a_{2n} \\ \vdots & \vdots & \ddots & \ddots & \vdots \\ 0 & 0 & 0 & \cdots & a_{nn} \end{vmatrix} = a_{11}a_{22}a_{33}\cdots a_{nn}$$

(対角線より右上の成分は，行列式の値に影響しない．)

同様に，下半三角行列の行列式も対角成分の積に等しい．

特に，単位行列 I_n については，$\det I_n = 1$ である．

4.2.5 積の行列式

A, B が n 次正方行列のとき，次が成り立つ．

―― 積の行列式 ――
$$\det(AB) = (\det A)(\det B)$$

4.2.6 逆行列と余因子行列

n 次正方行列 A に対し，A の第 j 行目と第 i 列目を取り除いてできる $(n-1)$ 次正方行列を A_{ji} とし，$b_{ij} = (-1)^{i+j} \det A_{ji}$ とおく（b_{ij} と A_{ji} の添え字が逆順であることに注意せよ）．そして，b_{ij} を (i, j)-成分とする n 次正方行列 $B = (b_{ij})$ を A の**余因子行列**という．このとき，$c = \det A$ とおけば，

―― 余因子行列の性質 ――
$$AB = BA = cI_n$$

が成り立つ．したがって，$c = \det A \neq 0$ の場合には，

―― 逆行列の公式 ――
$$A^{-1} = \frac{1}{\det A} B$$

とおくと，$AA^{-1} = A^{-1}A = I_n$ が成り立つ．この A^{-1} を A の**逆行列**という．このとき，$(\det A)(\det(A^{-1})) = \det(AA^{-1}) = \det I_n = 1$ だから，

―― 逆行列の行列式 ――
$$\det(A^{-1}) = \frac{1}{\det A}$$

が成り立つ．

なお，$\det A = 0$ の場合には A の逆行列は存在しない．

4.2.7 連立方程式

$x_1, x_2, \ldots, x_n$ を未知数とする連立方程式

$$\begin{cases} a_{11}x_1 + a_{12}x_2 + \cdots + a_{1n}x_n = b_1 \\ a_{21}x_1 + a_{22}x_2 + \cdots + a_{2n}x_n = b_2 \\ \cdots\cdots\cdots\cdots\cdots\cdots\cdots\cdots\cdots\cdots\cdots\cdots\cdots \\ a_{n1}x_1 + a_{n2}x_2 + \cdots + a_{nn}x_n = b_n \end{cases}$$

は,
$$A = \begin{pmatrix} a_{11} & a_{12} & \cdots & a_{1n} \\ a_{21} & a_{22} & \cdots & a_{2n} \\ \vdots & \vdots & \ddots & \vdots \\ a_{n1} & a_{n2} & \cdots & a_{nn} \end{pmatrix}, \quad \mathbf{b} = \begin{pmatrix} b_1 \\ b_2 \\ \vdots \\ b_n \end{pmatrix}, \quad \mathbf{x} = \begin{pmatrix} x_1 \\ x_2 \\ \vdots \\ x_n \end{pmatrix}$$

とおけば, $A\mathbf{x} = \mathbf{b}$ と書くことができる.

今, もし, $\det A \neq 0$ であれば, $\mathbf{x} = A^{-1}\mathbf{b}$ によって, 未知数 $x_1,\ldots, x_n$ を求めることができる. 特に, A の第 k 列目の列ベクトルを $\mathbf{b}$ で置き換えて得られる n 次正方行列を A_k とすると,

――――――――――― クラーメルの公式 ―――――――――――
$$x_k = \frac{\det A_k}{\det A}$$

と表すことができる. この公式が行列式の理論の出発点であったことは, 言うまでない.

4.2.8 トレース

a_{ij} を (i, j)-成分とする n 次正方行列 A に対し, その対角成分の和を

――――――――――― 行列のトレース ―――――――――――
$$\operatorname{tr} A = a_{11} + a_{22} + a_{33} + \cdots + a_{nn}$$

と書き, A の**トレース**という.

B, P も n 次正方行列で, P^{-1} が存在するとき, 以下が成立する.

――――――――――― トレースの性質 ―――――――――――
$$\operatorname{tr}(AB) = \operatorname{tr}(BA), \quad \operatorname{tr}(P^{-1}AP) = \operatorname{tr} A$$

4.3 内積

　西洋数学史は，ユークリッドの『原論』から出発するが，それゆえに，数学がユークリッド流の可視的な幾何学から脱却するには年月を要した．内積は，4次元以上の空間における幾何学を始める基礎であるが，数学史は奇妙なもので，関数空間という無限次元ベクトル空間と，そこにおける座標を用いない内積の定義が誕生してはじめて，4次元以上の有限次元ユークリッド空間の理論も市民権を得るようになった．ただし，2次形式の理論は，もっと早くから発展していた．

　関数空間における内積は，量子力学や素粒子論で大切であるが，本書では割愛した．

4.3.1　実ベクトルの内積

　実数全体の集合を $\mathbb{R}$, 実数を成分とする n 次元ベクトル $(x_1, x_2, \ldots, x_n)$ 全体の集合を $\mathbb{R}^n$ と書く．行列を使って考察する場合には，行ベクトル $(x_1, x_2, \ldots, x_n)$ のかわりに，列ベクトル

$$\mathbf{x} = \begin{pmatrix} x_1 \\ x_2 \\ \vdots \\ x_n \end{pmatrix}$$

を用いるほうが便利であるが，紙面に印刷するには行数を浪費して不向きである．この節では，$\mathbf{x}$ などと書いたら列ベクトルを表すものとし，対応する行ベクトルを ${}^t\mathbf{x}$ と表す．

　$\mathbb{R}^n$ のベクトル ${}^t\mathbf{x} = (x_1, x_2, \ldots, x_n)$, ${}^t\mathbf{y} = (y_1, y_2, \ldots, y_n)$ に対し，その (標準) **内積**を,

$$\mathbf{x} \cdot \mathbf{y} = x_1 y_1 + x_2 y_2 + x_3 y_3 + \cdots + x_n y_n$$

と定義する．内積 $\mathbf{x} \cdot \mathbf{y}$ を $(\mathbf{x}, \mathbf{y})$ とか，$\langle \mathbf{x}, \mathbf{y} \rangle$ などと書くこともある．$\sqrt{\mathbf{x} \cdot \mathbf{x}}$ を $|\mathbf{x}|$ とか，$||\mathbf{x}||$ などと書き，$\mathbf{x}$ の**長さ**とか**ノルム**とか**絶対値**という．

コーシー・ブニャコフスキー・シュワルツの不等式により,

$$\mathbf{x}\cdot\mathbf{y} \leqq |\mathbf{x}|\cdot|\mathbf{y}|$$

が成り立つ．したがって，

―― ベクトルのなす角 ――
$$\cos\theta = \frac{\mathbf{x}\cdot\mathbf{y}}{|\mathbf{x}|\cdot|\mathbf{y}|}$$

を満たす θ が存在する．$\mathbb{R}^2$ や $\mathbb{R}^3$ の場合の類推で，この θ をベクトル $\mathbf{x}$, $\mathbf{y}$ のなす**角**という．

4次元以上の空間 $\mathbb{R}^n$ においても，このようにして長さ (距離) や角度の概念を定めることができる．このようにして長さと角度を定めた $\mathbb{R}^n$ を n 次元**ユークリッド空間**という．

本書では詳しく述べないが，標準内積以外にも，いろいろな意味でのたくさんの内積があり (4.3.5 項参照), 1 つの内積を定めることによって，それに応じて，長さや角度の基準が定まる．さらに，これを基に，面積や体積の基準が定まる．したがって，内積を 1 つ定めることを**計量を定める**ともいう．

4.3.2 回転

ユークリッド空間 $\mathbb{R}^n$ で考える．実数を成分をする n 次正方行列 A は，任意の列ベクトル $\mathbf{x}, \mathbf{y} \in \mathbb{R}^n$ に対し，

$$(A\mathbf{x})\cdot\mathbf{y} = \mathbf{x}\cdot(({}^t A)\mathbf{y})$$

を満たす．したがって，もし A が ${}^t A = A^{-1}$ を満たせば，

$$(A\mathbf{x})\cdot(A\mathbf{y}) = \mathbf{x}\cdot\mathbf{y}$$

を満たし, $|A\mathbf{x}| = |\mathbf{x}|$ が成り立ち，また，$A\mathbf{x}$ と $A\mathbf{y}$ のなす角度は $\mathbf{x}$ と $\mathbf{y}$ がなす角度に等しい．このように，${}^t A = A^{-1}$ を満たす行列を**直交行列**という．

$n = 2$ の場合，直交行列は

―――――――――――― 平面上の直交行列
$$R_\theta = \begin{pmatrix} \cos\theta & -\sin\theta \\ \sin\theta & \cos\theta \end{pmatrix}, \quad T_\theta = \begin{pmatrix} \cos\theta & \sin\theta \\ \sin\theta & -\cos\theta \end{pmatrix}$$

という形のものしかない．R_θ は $\det R_\theta = 1$ を満たし，原点を中心とする角 θ の回転を表し，T_θ は $\det T_\theta = -1$ を満たし，直線 $y = \left(\tan\dfrac{\theta}{2}\right)x$ に関する対称移動を表す．

一般に，n 次の直交行列 A は $\det A = \pm 1$ を満たすが，そのうち $\det A = 1$ を満たす行列 A が定める変換は，**回転**と解釈することができる．例えば $n = 3$ の場合，このような A は，

―――――――――――― 3次元の回転
$$\begin{pmatrix} \cos\alpha & -\sin\alpha & 0 \\ \sin\alpha & \cos\alpha & 0 \\ 0 & 0 & 1 \end{pmatrix} \begin{pmatrix} 1 & 0 & 0 \\ 0 & \cos\beta & -\sin\beta \\ 0 & \sin\beta & \cos\beta \end{pmatrix} \begin{pmatrix} \cos\gamma & 0 & \sin\gamma \\ 0 & 1 & 0 \\ -\sin\gamma & 0 & \cos\gamma \end{pmatrix}$$

と表すことができ，これは，y 軸，x 軸，z 軸を軸とする回転の合成である．この3つの行列の積の順序を任意に並べ替えた表示も可能だが，並べる順序により α, β, γ の値が変化するので注意すること．

一般に，$\mathbb{R}^3$ における回転は，ある直線を回転軸とする回転しかないが，この回転軸が原点を通る場合には，この回転は，上のように，x 軸，y 軸，z 軸を軸とする回転の合成として表せる．

4.3.3 複素ベクトルの内積

複素数を成分とする n 次元ベクトル全体の集合を $\mathbb{C}^n$ と書く．

複素数 $x = a + b\sqrt{-1}$ (a, b は実数) に対し，その共役複素数を $\bar{x} = a - b\sqrt{-1}$ と表し，$\mathbb{C}^n$ のベクトル $\mathbf{x} = (x_1, x_2, \ldots, x_n)$ に対し，その**共役ベクトル**を

$$\bar{\mathbf{x}} = (\overline{x_1}, \overline{x_2}, \ldots, \overline{x_n})$$

で表す．同様に複素数 a_{ij} を成分とする行列 $A = (a_{ij})$ に対し，その共役複素数 $\overline{a_{ij}}$ を成分とする行列を $\overline{A} = (\overline{a_{ij}})$ と書き，A の**共役行列**という．

さらに，$\overline{{}^tA} = {}^t\overline{A}$ を A^* とか，$A^\dagger$ とか ${}^\dagger A$ などと書き A の**随伴行列**

(adjoint) という．随伴行列は，電磁気学や量子力学でよく登場する．随伴行列について，以下の性質が成り立つ．

随伴行列の性質

$$(AB)^* = (B^*)(A^*), \quad (A^*)^* = A$$

$\mathbb{C}^n$ のベクトル ${}^t\mathbf{x} = (x_1, x_2, \ldots, x_n)$, ${}^t\mathbf{y} = (y_1, y_2, \ldots, y_n)$ に対し，その (標準) **エルミート内積**を，

標準エルミート内積

$$\langle \mathbf{x}, \mathbf{y} \rangle = x_1\overline{y_1} + x_2\overline{y_2} + x_3\overline{y_3} + \cdots + x_n\overline{y_n}$$

と定義する．文献によっては，

$$\langle \mathbf{x}, \mathbf{y} \rangle = \overline{x_1}y_1 + \overline{x_2}y_2 + \overline{x_3}y_3 + \cdots + \overline{x_n}y_n$$

と定義しているものもあるが，どちらで内積を定義して理論を構築しても，結果は大差ない．(物理的には，右手系と左手系の選択に対応する．) 電磁気学でエルミート内積を利用する場合には，実数成分が電場，虚数成分が磁場を表すように，上の2つの定義から適切なほうを選択して使う．

エルミート内積を $\mathbf{x} \cdot \mathbf{y}$ とか $(\mathbf{x}, \mathbf{y})$ と書くことも多い．$\sqrt{\langle \mathbf{x}, \mathbf{x} \rangle}$ を $|\mathbf{x}|$ とか $\|\mathbf{x}\|$ などと書き，$\mathbf{x}$ の**長さ**とか**ノルム**とか**絶対値**という．複素数 $z = a + b\sqrt{-1}$ の実部を $\operatorname{Re} z = a$ と書くことにして，

$$\cos\theta = \frac{\operatorname{Re}\langle \mathbf{x}, \mathbf{y} \rangle}{|\mathbf{x}| \cdot |\mathbf{y}|}$$

を満たす θ を，複素ベクトル $\mathbf{x}, \mathbf{y}$ のなす**角**という．このようにして計量 (距離や角度の概念) を定めた $\mathbb{C}^n$ を n 次元**エルミート空間**という．

4.3.4 エルミート行列とユニタリー行列

上のように (エルミート) 内積を定めたエルミート空間 $\mathbb{C}^n$ を考える．n 次複素正方行列 A が，$A^* = A$ を満たすとき A は**エルミート行列**であるといい，$A^* = A^{-1}$ を満たすとき A は**ユニタリー行列**であるという．電磁気学や素粒子論では，複素正方行列のうち，エルミート行列が物理量を表し，ユニタリー行列がゲージ変換を表す．

> **エルミート行列・ユニタリー行列の基本性質**
>
> A がエルミート行列のとき，複素列ベクトル $\mathbf{x}, \mathbf{y} \in \mathbb{C}^n$ に対し，
> $$\langle A\mathbf{x}, \mathbf{y} \rangle = \langle \mathbf{x}, A\mathbf{y} \rangle$$
> が成り立ち，A がユニタリー行列のとき，
> $$\langle A\mathbf{x}, A\mathbf{y} \rangle = \langle \mathbf{x}, \mathbf{y} \rangle$$

が成り立つ．

4.3.5 ローレンツ変換

ここでは，アインシュタインの光速度一定の法則からではなく，ローレンツ変換の考え方に基づいて，行列の理論として特殊相対性理論を説明する．

c を真空中の光速とし，$\mathbb{R}^4$ の座標系 (x, y, z, t) を，慣性運動をしている観測者から見て，(x, y, z) が空間，t が時刻を表すように設定する．

このとき，$\mathbf{x}_1 = (x_1, y_1, z_1, t_1), \mathbf{x}_2 = (x_2, y_2, z_2, t_2) \in \mathbb{R}^4$ に対し，

> **ローレンツ内積**
> $$\langle \mathbf{x}_1, \mathbf{x}_2 \rangle = x_1 x_2 + y_1 y_2 + z_1 z_2 - c^2 t_1 t_2$$

と定め，これを，**ローレンツ内積**という．ローレンツ内積をもとに，距離と角度を上と同じ方法で定める．このとき $\mathbb{R}^4$ を**ミンコフスキー空間**という．また，4 次実正方行列 A が，任意のベクトル $\mathbf{x}_1, \mathbf{x}_2 \in \mathbb{R}^4$ に対し，

$$\langle A\mathbf{x}_1, A\mathbf{x}_2 \rangle = \langle \mathbf{x}_1, \mathbf{x}_2 \rangle$$

を満たすとき，A は**ローレンツ変換**であるという．

ローレンツ変換の理論は，以下のような 2 次正方行列の計算に帰着できる．$\mathbf{x}_1 = (x_1, t_1), \mathbf{x}_2 = (x_2, t_2) \in \mathbb{R}^2$ に対し，

$$\langle \mathbf{x}_1, \mathbf{x}_2 \rangle = x_1 x_2 - c^2 t_1 t_2$$

と定め，これを，$\mathbb{R}^2$ のローレンツ内積という．また，2 次実正方行列 A が，任意のベクトル $\mathbf{x}_1, \mathbf{x}_2 \in \mathbb{R}^2$ に対し，$\langle A\mathbf{x}_1, A\mathbf{x}_2 \rangle = \langle \mathbf{x}_1, \mathbf{x}_2 \rangle$ を満たすとき，(2 次元の) ローレンツ変換という．

ミンコフスキー空間 $\mathbb{R}^4$ における任意の 4 次元のローレンツ変換 A は，$\det R = 1$ を満たす 3 次の実直交行列 R をうまく選んで，

$$A = \begin{pmatrix} b_{11} & 0 & 0 & b_{14} \\ 0 & 1 & 0 & 0 \\ 0 & 0 & 1 & 0 \\ b_{41} & 0 & 0 & b_{44} \end{pmatrix} \begin{pmatrix} R & 0 \\ 0 & 1 \end{pmatrix}$$

と表すことができる．ここで，$\begin{pmatrix} b_{11} & b_{14} \\ b_{41} & b_{44} \end{pmatrix}$ は，2 次元のローレンツ変換である．

v は $|v| < c$ を満たす実数とし，

―――――――――――――――― 基本的なローレンツ変換 ――――

$$L_v = \begin{pmatrix} \dfrac{1}{\sqrt{1-(v/c)^2}} & \dfrac{-v}{\sqrt{1-(v/c)^2}} \\ \dfrac{-v/c^2}{\sqrt{1-(v/c)^2}} & \dfrac{1}{\sqrt{1-(v/c)^2}} \end{pmatrix},$$

$$T_x = \begin{pmatrix} -1 & 0 \\ 0 & 1 \end{pmatrix}, \quad T_t = \begin{pmatrix} 1 & 0 \\ 0 & -1 \end{pmatrix}$$

とおく．L_v は x 軸方向に速度 v で等速直線運動する慣性座標系との間での座標変換を表す行列である．T_x を **空間反転**，T_t を **時間反転** という．

2 次元のローレンツ変換 A は

$${}^t A \begin{pmatrix} 1 & 0 \\ 0 & -c^2 \end{pmatrix} A = \begin{pmatrix} 1 & 0 \\ 0 & -c^2 \end{pmatrix}$$

を満たすので，簡単な行列の計算で，2 次元のローレンツ変換は，$L_v, T_x L_v, T_t L_v, T_x T_t L_v$ の形のいずれかであることがわかる．また，L_v の積については，

―――――――――――――――― ローレンツ変換の合成 ――――

$$w = \frac{u+v}{1+(uv/c^2)} \quad \text{とおくとき，} \quad L_u L_v = L_w$$

が成り立つ．これは，静止座標系から見て速度 u で運動している慣性座標から見て速度 v で運動している物体は，静止座標系から見て速度 w で運動しているように見えることを表す．

4.3.6 ベクトル積

実数を成分とする 3 次元ベクトルについて，

ベクトル積の定義

$$\begin{pmatrix} a_1 \\ a_2 \\ a_3 \end{pmatrix} \times \begin{pmatrix} b_1 \\ b_2 \\ b_3 \end{pmatrix} = \begin{pmatrix} a_2 b_3 - a_3 b_2 \\ a_3 b_1 - a_1 b_3 \\ a_1 b_2 - a_2 b_1 \end{pmatrix}$$

と定義し，これを**ベクトル積**とかベクトルの**外積**という．

ベクトル積については，以下の性質が成り立つ．

ベクトル積の基本性質

$$\mathbf{b} \times \mathbf{a} = -\mathbf{a} \times \mathbf{b}$$
$$(\mathbf{a} + \mathbf{b}) \times \mathbf{c} = \mathbf{a} \times \mathbf{c} + \mathbf{b} \times \mathbf{c}$$
$$\mathbf{a} \times (\mathbf{b} + \mathbf{c}) = \mathbf{a} \times \mathbf{b} + \mathbf{a} \times \mathbf{c}$$
$$(\mathbf{a} \times \mathbf{b}) \cdot \mathbf{c} = \det(\mathbf{a}, \mathbf{b}, \mathbf{c}) = \begin{vmatrix} a_1 & b_1 & c_1 \\ a_2 & b_2 & c_2 \\ a_3 & b_3 & c_3 \end{vmatrix}$$
$$|\mathbf{a} \times \mathbf{b}|^2 = |\mathbf{a}|^2 \cdot |\mathbf{b}|^2 - (\mathbf{a} \cdot \mathbf{b})^2$$

最後の等式より，ゼロベクトルでない 3 次元ベクトル $\mathbf{a}, \mathbf{b}$ に対し，$\mathbf{a}, \mathbf{b}$ のなす角を θ とおけば，

ベクトル積の大きさ

$$|\mathbf{a} \times \mathbf{b}| = |\mathbf{a}| \cdot |\mathbf{b}| \sin \theta$$

が成り立つ．なお，一般には，

$$(\mathbf{a} \times \mathbf{b}) \times \mathbf{c} \neq \mathbf{a} \times (\mathbf{b} \times \mathbf{c})$$

であるので注意すること．

ベクトル積は，3 次元ベクトルのみに定義できる概念で，電磁気学などで特に便利な概念である．数学的には，3 次元以外でも**交代積**という類似の概念は定義できるが，物理的・工学的にはベクトル積とは別種のものである．参考までに，$\mathbf{a} = (a_1, \ldots, a_n)$, $\mathbf{b} = (b_1, \ldots, b_n)$ の交代積 $\mathbf{a} \wedge \mathbf{b}$ とは，

$1 \leqq i < j \leqq n$ を満たすすべての整数の組 (i, j) について，$a_i b_j - a_j b_i$ を並べてできる $n(n-1)/2$ 次元ベクトルである．また，$1 \leqq i \leqq j \leqq n$ を満たすすべての整数の組 (i, j) について，$a_i b_j + a_j b_i$ ($i = j$ のときは $a_i b_i$) を並べてできる $n(n+1)/2$ 次元ベクトルを $\mathbf{a}, \mathbf{b}$ の**対称テンソル積**といい，すべての i, j について $a_i b_j$ を並べてできる n^2 次元ベクトルを $\mathbf{a}, \mathbf{b}$ の**テンソル積**という．なお，以上の積において，成分を並べる順序は，単にベクトルの表現 (表記法) の問題であるので，適宜ルールを定めて見やすい順序で並べればよい．

4.4 ベクトル空間

　抽象代数に基づく一般論は専門書にゆずることにし，ここでは，$\mathbb{R}^n, \mathbb{C}^n$ の部分ベクトル空間についてのみ説明する．ただ，ベクトル空間というのは，関数空間を含む，もっと広い範囲の対象を包括する概念であることを，注意しておく．

4.4.1　部分ベクトル空間

　n は正の整数，$V = \mathbb{R}^n$ または $V = \mathbb{C}^n$ とし (4.3.1, 4.3.3 項参照)，$V = \mathbb{R}^n$ の場合は $K = \mathbb{R}$，$V = \mathbb{C}^n$ の場合は $K = \mathbb{C}$ とする．K を V の**基礎体**という．A は K の元を成分とする m 行 n 列の行列とし，連立方程式 $A\mathbf{x} = \mathbf{0}$ の解全体の集合を

$$\operatorname{Ker} A = \{\mathbf{x} \in V \mid A\mathbf{x} = \mathbf{0}\}$$

と書く．$\operatorname{Ker} A$ を $A\mathbf{x} = \mathbf{0}$ の**解空間**とか，A の**カーネル**という．ゼロベクトルは $\operatorname{Ker} A$ に属し，$\mathbf{x}, \mathbf{y} \in \operatorname{Ker} A$, $c \in K$ ならば，$\mathbf{x} + \mathbf{y} \in \operatorname{Ker} A$, $c\mathbf{x} \in \operatorname{Ker} A$ を満たす．

　このように，もし V の部分集合 W が，2 つの条件

(1)　$\mathbf{x}, \mathbf{y} \in W \Longrightarrow \mathbf{x} + \mathbf{y} \in W$

(2)　$\mathbf{x} \in W, c \in K \Longrightarrow c\mathbf{x} \in W$

を満たすとき，W は**部分 (ベクトル) 空間**であるとか**部分線形空間**であるという．$V = K^n$ の部分ベクトル空間 W は，ある行列 A をうまく捜して $W = \operatorname{Ker} A$ と表すことができる．

　B が K の元を成分とする n 行 l 列の行列のとき，

$$\operatorname{Im} B = \{B\mathbf{z} \mid \mathbf{z} \in K^l\}$$

も V の部分ベクトル空間になる．これを B の**像**という．V の部分ベクトル空間 W は，ある行列 B をうまく捜して $W = \operatorname{Im} B$ と表すこともできる．

4.4.2 次元と基底

記号は上と同じとし，W は $V = K^n$ の部分ベクトル空間とする．W に属するベクトル $\mathbf{x}_1, \mathbf{x}_2, \ldots, \mathbf{x}_r$ に対し，
$$a_1 \mathbf{x}_1 + a_2 \mathbf{x}_2 + \cdots + a_r \mathbf{x}_r = \mathbf{0}$$
$$(a_1, \ldots, a_r) \neq (0, \ldots, 0)$$
を満たす K の元 $a_1, a_2, \ldots, a_r$ が存在するとき，$\mathbf{x}_1, \mathbf{x}_2, \ldots, \mathbf{x}_r$ は (K 上) **1次従属**であるとか，**線形従属**であるという．$\mathbf{x}_1, \mathbf{x}_2, \ldots, \mathbf{x}_r$ が1次従属でないとき，**1次独立**であるとか，**線形独立**であるという．

例えば，$V = K^n$ の場合，V 内の $(n+1)$ 個以上のベクトル $\mathbf{x}_1, \mathbf{x}_2, \ldots, \mathbf{x}_r$ $(r \geqq n+1)$ は必ず1次従属である．したがって，一般に W に属する1次独立なベクトル $\mathbf{x}_1, \mathbf{x}_2, \ldots, \mathbf{x}_r$ について，その個数は $r \leqq n$ を満たす．W に属するすべての1次独立なベクトルの組 $\{\mathbf{x}_1, \mathbf{x}_2, \ldots, \mathbf{x}_r\}$ に対し，その個数 r の最大値を W の**次元**といい，$r = \dim W$ とか，$r = \dim_K W$ で表す．

$r = \dim W$ であって，$\mathbf{x}_1, \mathbf{x}_2, \ldots, \mathbf{x}_r$ が W に属する1次独立なベクトルのとき，集合 $\{\mathbf{x}_1, \mathbf{x}_2, \ldots, \mathbf{x}_r\}$ は W の**基底**であるとか底であるという．例えば，n 個のベクトル

$$\mathbf{e}_1 = \begin{pmatrix} 1 \\ 0 \\ \vdots \\ 0 \end{pmatrix}, \mathbf{e}_2 = \begin{pmatrix} 0 \\ 1 \\ \vdots \\ 0 \end{pmatrix}, \cdots, \mathbf{e}_n = \begin{pmatrix} 0 \\ 0 \\ \vdots \\ 1 \end{pmatrix}$$

は $V = K^n$ の基底である．これを $V = K^n$ の**標準基底**という．

4.4.3 行列のランク

行列 A に対し，

行列のランク
$$\operatorname{rank} A = \dim(\operatorname{Im} A)$$

と書き，$\operatorname{rank} A$ を A の**ランク**とか**階数**という．$\operatorname{rank} A$ は A を階段行列に変形したときの，ゼロでない行ベクトルの個数に等しい．

A が m 行 n 列の行列のとき，

---- 次元定理 ----
$$\mathrm{rank}\, A + \dim(\mathrm{Ker}\, A) = n$$

が成り立つ．また，A が n 次正方行列のとき，

---- 可逆行列 ----
$$\mathrm{rank}\, A = n \iff \mathrm{Ker}\, A = \{\mathbf{0}\} \iff \det A \neq 0 \iff A^{-1} \text{ が存在する}$$

が成り立つ．

4.4.4 正規直交系

記号は上と同じとし，さらに $V = K^n$ に標準内積 ($K = \mathbb{C}$ の場合はエルミート内積) を定めて，ユークリッド空間，あるいはエルミート空間と考える．$\mathbf{x}, \mathbf{y} \in V$ の内積を $\langle \mathbf{x}, \mathbf{y} \rangle$ で表す．$|\mathbf{x}| = 1$ を満たすベクトル，つまり長さ 1 のベクトルは**正規**であるとか，**単位ベクトル**であるという．一般に，ゼロでないベクトル $\mathbf{x}$ に対し，$\dfrac{1}{|\mathbf{x}|}\mathbf{x}$ は単位ベクトルになるが，これを $\mathbf{x}$ の**正規化**という．

V の部分ベクトル空間 W に属するベクトル $\mathbf{x}_1, \mathbf{x}_2, \ldots, \mathbf{x}_r$ がいずれもゼロベクトルでなく，
$$1 \leqq i < j \leqq r \implies \langle \mathbf{x}_i, \mathbf{x}_j \rangle = 0$$
を満たすとき，$\mathbf{x}_1, \mathbf{x}_2, \ldots, \mathbf{x}_r$ は**直交系**であるという．さらに，$\mathbf{x}_1, \ldots, \mathbf{x}_r$ が単位ベクトルであるとき，$\mathbf{x}_1, \mathbf{x}_2, \ldots, \mathbf{x}_r$ は**正規直交系**であるという．

直交系はかならず 1 次独立である．直交系が W の基底であるとき W の**直交基底**といい，正規直交系が W の基底であるとき W の**正規直交基底**という．

4.5　固有値

固有値の理論は 2 次形式の研究から始まり，1850 年頃までにヤコビ，シルベスター，コーシーにより 2 次曲面の主軸問題が解かれ，1860 年代までには，ワイエルシュトラス，クロネッカー，ジョルダンなどによって，ジョルダン標準形の理論が完成した．固有値問題には，上記の他，アイゼンシュタイン，エルミート，ラゲール，スミス，フロベニウスなども関与している．

4.5.1　基本概念

$A = (a_{ij})$ は実数または複素数を成分とする n 次正方行列，I は n 次の単位行列とする．このとき，x を変数として，

固有多項式

$$f_A(x) = \det(xI - A) = \begin{vmatrix} x - a_{11} & -a_{12} & \cdots & -a_{1n} \\ -a_{21} & x - a_{22} & \cdots & -a_{2n} \\ \vdots & \vdots & \ddots & \vdots \\ -a_{n1} & -a_{n2} & \cdots & x - a_{nn} \end{vmatrix}$$

は，x についての n 次多項式になる．この $f_A(x)$ を A の**固有多項式**とか**特性多項式**などという．また，n 次方程式 $f_A(x) = 0$ を A の**固有方程式**とか**特性方程式**などといい，その根 (解) を A の**固有値**という．

A が実数を成分とする行列であっても，固有値は虚数になる場合があるので，以下，行列の成分は一般に複素数であると仮定する．

n 次方程式 $f_A(x) = 0$ の相異なる根全体を $\alpha_1, \ldots, \alpha_r$ とすると，

$$f_A(x) = (x - \alpha_1)^{m_1}(x - \alpha_2)^{m_2} \cdots (x - \alpha_r)^{m_r}$$

($m_1 + m_2 + \cdots + m_r = n$, $i \neq j \implies \alpha_i \neq \alpha_j$) と因数分解できる．ここで，$\alpha_1, \ldots, \alpha_r$ が A の固有値全体である．$f_A(x)$ の因数 $(x - \alpha_i)^{m_i}$ の指数 m_i を，固有値 α_i の**重複度**という．

$\alpha = \alpha_i$ を A の 1 つの勝手な固有値とするとき,$\det(\alpha I - A) = 0$ なので,連立方程式 $(\alpha I - A)\mathbf{x} = \mathbf{0}$ の解全体の集合を

$$W_\alpha = \{\mathbf{x} \in \mathbb{C}^n \mid (\alpha I - A)\mathbf{x} = \mathbf{0}\} = \mathrm{Ker}(\alpha I - A)$$

とおくと,W_α はゼロでないベクトルを含み,1 次元以上 m_i 次元以下のベクトル空間になる.W_α を α に関する A の**固有空間**といい,W_α に属する (ゼロベクトルでない) ベクトルを,α に関する A の**固有ベクトル**という.

$\mathbf{x}$ が α に関する A の固有ベクトルならば,$A\mathbf{x} = \alpha\mathbf{x}$ が成り立つ.逆に,$A\mathbf{x} = \alpha\mathbf{x}$ を満たすゼロでないベクトル $\mathbf{x}$ が存在すれば,α は A の固有値で,$\mathbf{x}$ はその固有ベクトルである.

成分が数字で与えられた n 次正方行列 A の固有多項式 $f_A(x)$ を計算機で計算するには,次のアルゴリズムを用いる.

まず,$C_0 = I_n$ (n 次単位行列) とし,$i = 1, 2, \ldots, n$ について複素数 p_i と n 次複素行列 C_i を次の漸化式によって定める.

$$p_i = -\frac{1}{i}\mathrm{tr}(AC_{i-1}), \qquad C_i = AC_{i-1} + p_i I_n$$

すると A の固有多項式 $f_A(x)$ は

$$f_A(x) = x^n + p_1 x^{n-1} + p_2 x^{n-2} + \cdots + p_{n-1}x + p_n$$

となる.

4.5.2 行列の対角化

記号は上と同じとする.もし,すべての α_i ($i = 1, 2, \ldots, r$) に対し,固有空間 W_{α_i} から m_i 個の 1 次独立なベクトルが選べるならば,各 W_{α_i} からそのような m_i 個のベクトルを選び,合計 $m_1 + m_2 + \cdots + m_r = n$ 個のベクトルを順に並べて n 次正方行列 P を作る.このとき,$\det P \neq 0$ で逆行列 P^{-1} が存在する.さらに,α_1 を m_1 個,α_2 を m_2 個,…,α_r を m_r 個対角線上に順に並べてできる対角行列を Λ とするとき,

$$AP = P\Lambda, \quad P^{-1}AP = \Lambda, \quad A = P\Lambda P^{-1}$$

が成立する.この操作を行列 A の**対角化**という.

なお，もし A が $\,^t\!A = A$ を満たす実行列 (対称行列) ならば，すべての固有値 $\alpha_1, \ldots, \alpha_r$ は実数で，各 W_{α_i} から選ぶ m_i 個のベクトルを W_{α_i} の正規直交基底になるような実ベクトルに選べば P は直交行列になる．このような対角化を，直交行列 P による A の対角化という．

同様に，もし A がエルミート行列ならば，すべての固有値 $\alpha_1, \ldots, \alpha_r$ は実数で，各 W_{α_i} から選ぶ m_i 個のベクトルを W_{α_i} の正規直交基底になるような複素ベクトルに選べば P はユニタリー行列になる．このような対角化を，ユニタリー行列 P による A の対角化という．

さらに，A がエルミート行列でなくても，$AA^* = A^*A$ を満たす行列 (**正規行列**) であれば，上と同じ方法でユニタリー行列 P によって対角化可能である．(ただし，固有値は実数とは限らない．)

なお，このような対角化の計算は，多くの数式処理ソフトや統計処理ソフトに組み込まれているので，パソコンなどを利用して簡単に結果を得ることができる．

4.5.3 ケーリー・ハミルトンの公式

n 次複素正方行列 A の固有多項式を
$$f_A(x) = x^n + c_{n-1}x^{n-1} + c_{n-2}x^{n-2} + \cdots + c_2 x^2 + c_1 x + c_0$$
$$= (x - \alpha_1)^{m_1}(x - \alpha_2)^{m_2} \cdots (x - \alpha_r)^{m_r}$$

とおくとき，
$$A^n + c_{n-1}A^{n-1} + c_{n-2}A^{n-2} + \cdots + c_2 A^2 + c_1 A + c_0 I = O$$
$$(A - \alpha_1 I)^{m_1}(A - \alpha_2 I)^{m_2} \cdots (A - \alpha_r I)^{m_r} = O$$

が成り立つ．これを，**ケーリー・ハミルトンの公式**という．ケーリー・ハミルトンの公式を利用すると，正方行列 A の累乗 A^k の一般形が簡単に計算できる (行列の対角化を利用しても計算できる)．

一般に，多項式
$$g(x) = b_m x^m + b_{m-1} x^{m-1} + \cdots + b_1 x + b_0$$
に対し，
$$g(A) = b_m A^m + b_{m-1} A^{m-1} + \cdots + b_1 A + b_0 I$$

と約束する．$f(x) = g(x)h(x)$ ならば，$f(A) = g(A)h(A)$ が成り立つ．

$f_A(A) = O$ であることに注意する．最高次の項の係数が 1 である多項式 $g(x)$ で $g(A) = O$ を満たす多項式のうち，もっとも次数が低い 1 次以上の多項式を A の**最小多項式**という．A の最小多項式は，

$$(x - \alpha_1)^{k_1}(x - \alpha_2)^{k_2} \cdots (x - \alpha_r)^{k_r}$$

という形で，$1 \leqq k_i \leqq m_i$ $(i = 1, \ldots, r)$ を満たす．$f(A) = O$ を満たす多項式 $f(x)$ は，すべて最小多項式の倍数である．特に，固有多項式は最小多項式の倍数である．

行列 A が対角化可能であるための必要十分条件は，最小多項式が重根を持たないこと $(k_1 = k_2 = \cdots = k_r = 1)$ である．

対角化不可能な行列については，ジョルダン標準形とよばれるものがあるが，これは，数学的にやや複雑なので，線形代数の高度な専門書を参照されたい．

4.6 テンソル

テンソルは，リーマン多様体の理論によって重要性が認知され，それが一般相対性理論に応用されたことによって，理工学でもその有用性が認識された．ただ，リッチ曲率などのテンソル解析の概念や，エネルギー運動量テンソルなどの物理概念は，物理学を勉強する人も，結構理解するのに苦労するようである．本書では，テンソル解析は割愛した．

4.6.1 基本概念

r 次元の配列のことを r 階のテンソルというが，以下のように，r 個の添え字を，共変成分と反変成分に区別するのが普通である．まず，n 次元行ベクトルを $(x_1,\ldots,x_n)$ のように添え字を下につけて表し，これを 1 階 n 次元共変テンソルと約束する．それに対し，n 次元列ベクトルを $\begin{pmatrix} x^1 \\ \vdots \\ x^n \end{pmatrix}$ のように添え字を上に付けて表し，これを 1 階 n 次元反変テンソルと約束する．数学的に正確に言うと，K を基礎体とするベクトル空間 V を 1 つ固定して，V の元を共変ベクトルと約束するとき，双対空間 $V^\vee = \mathrm{Hom}_K(V, K)$ の元が反変ベクトルである．1 階共変 1 階 n 次元反変テンソルとは，

$$\begin{pmatrix} x_1^1 & x_2^1 & \cdots & x_n^1 \\ \vdots & \vdots & & \vdots \\ x_1^n & x_2^n & \cdots & x_n^n \end{pmatrix}$$

のように添え字をつけて表した n 次正方行列を指す．数学的には，$V \otimes_K V^\vee = \mathrm{Hom}_K(V, V)$ の元が 1 階共変 1 階反変 n 次元テンソルである．これは 2 階のテンソルの一種である．力学や工学で単に「テンソル」という場合には，1 階共変 1 階反変 3 次元テンソルを指すことが多い (応力テンソルなど)．さらに，$x_i^j = x_j^i$ が成り立つ場合**対称テンソル**，$x_i^j = -x_j^i$ が成り立つ場合**交代テンソル**という．

3 階以上のテンソルは，一般相対性理論などで登場する (エネルギー運動量テンソルや，リッチ曲率など)．3 階以上のテンソルは，ベクトルや行列

のように，見易い形に成分を紙上に配置して記述することはできないので，抽象的に記述する．例えば，上の 1 階共変 1 階反変テンソルは，(x_i^j) のように略記できるが，一般相対性理論などでは，カッコも省略して単に x_i^j と記述する．

同様に，p 階共変 q 階反変テンソルは，

$$x_{i_1 i_2 \cdots i_p}^{j_1 j_2 \cdots j_q}$$

と略記するが，これは，n^{p+q} 個の数 (成分) を $p+q$ 次元状に並べて書いたものを表している．数学的には，$\left(x_{i_1 i_2 \cdots i_p}^{j_1 j_2 \cdots j_q}\right) \in V^{\otimes p} \otimes_K (V^\vee)^{\otimes q}$ である．このうち，添え字 $i_1, \ldots, i_p$ が共変成分，添え字 $j_1, \ldots, j_q$ が反変成分である．

4.6.2 縮約

テンソルもベクトルの一種であるので，(同じ形の) テンソル同士の和 (足し算) や，スカラー倍は，ベクトルの場合と同様に定義される．行列の積に対応する演算として，テンソルの**縮約**という演算が定義される．一般的に書くと添え字がごちゃごちゃして理解しずらいので，例を挙げて説明する．

例えば，2 階共変 3 階反変 n 次元テンソル x_{ab}^{cde} と 1 階共変 2 階反変 n 次元テンソル y_i^{jk} について，x_{ab}^{cde} の添え字 c と y_i^{jk} の添え字 k を縮約する，というのは，

$$z_{abi}^{dej} = \sum_{k=1}^{n} x_{ab}^{kde} y_i^{jk}$$

という演算により，3 階共変 3 階反変 n 次元テンソル z_{abi}^{dej} を構成することをいう．一般相対性理論では，このような縮約という演算を頻繁に行うので，

$$x_{ab}^{kde} y_i^{jk} = \sum_{k=1}^{n} x_{ab}^{kde} y_i^{jk}$$

$$x_{ai}^{kdj} y_i^{jk} = \sum_{i=1}^{n} \sum_{j=1}^{n} \sum_{k=1}^{n} x_{ai}^{kdj} y_i^{jk}$$

というように，2 つのテンソルの共変成分と反変成分に同じ文字で書かれた添え字が登場したら，それはつねに上のように縮約されたテンソルを表す，という記号の約束をする．この約束を，**アインシュタイン・ルール**という．

4.6.3 添え字の上げ下げ

テンソルは，ユークリッド空間とかミンコフスキー空間とか，一般相対性理論でいう時空とか，数学でいうリーマン多様体のように，ある種の距離や角度の概念が定められた集合 (多様体) 上で利用することが多い．この距離や角度は，リーマン曲率とよばれる 2 階共変対称テンソル g_{ij} で記述される．例えば，3 次元ユークリッド空間では，

$$(g_{ij}) = \begin{pmatrix} g_{11} & g_{12} & g_{13} \\ g_{21} & g_{22} & g_{23} \\ g_{31} & g_{32} & g_{33} \end{pmatrix} = \begin{pmatrix} 1 & 0 & 0 \\ 0 & 1 & 0 \\ 0 & 0 & 1 \end{pmatrix}$$

であり，特殊相対性理論で登場するミンコフスキー空間では，0 番目の座標を時間軸に選んで，

$$(g_{ij}) = \begin{pmatrix} g_{00} & g_{01} & g_{02} & g_{03} \\ g_{10} & g_{11} & g_{12} & g_{13} \\ g_{20} & g_{21} & g_{22} & g_{23} \\ g_{30} & g_{31} & g_{32} & g_{33} \end{pmatrix} = \begin{pmatrix} -c^2 & 0 & 0 & 0 \\ 0 & 1 & 0 & 0 \\ 0 & 0 & 1 & 0 \\ 0 & 0 & 0 & 1 \end{pmatrix}$$

である (c は真空中の光速．符号をすべて反転して考えることも多い)．

この n 次正方行列 (g_{ij}) の逆行列を (g^{ij}) と表す．さて，1 階共変ベクトル x_i，1 階反変ベクトル y^j について，

$$x^j = g^{ij} x_i = \sum_i g^{ij} x_i$$

$$y_i = g_{ij} y^j = \sum_j g_{ij} y^i$$

として 1 階反変ベクトル x^j と 1 階共変ベクトル y_i を定めることができる．一般に，高階のテンソルに対しても，上と同様な規則で添え字の上げ下げを行うのが，物理的には合理的であるので，物理の教科書では，この規則に従って，添え字を操作する．ただし，添え字について対称性のないテンソルについて，この操作を行うときは，十分な注意が必要である．

第 5 章
微分積分

　微積分学の創始者はアイザック・ニュートン (1642-1727) とゴットフリート・ヴィルヘルム・ライプニッツ (1646-1716) であると言われるが，微分法・積分法自体は，もっと以前から知られている．$f'(x) = 0$ となる x を求めることによって $f(x)$ の極値を計算する方法は，座標の考案者であるフェルマー (1601-1665) が発見している．積分法 (区分求積法) は，アルキメデスの著書『方法』にも書かれている．微分積分学の基本定理 (5.2.2 項参照) は，ニュートンの先生のバローも気付いていたが証明はできず，ニュートンが証明した．現在我々が用いている微分積分の記号は，ライプニッツが用いた記号がもとになっている．

5.1 微分

ギリシャ数学の伝統を重んじる西洋数学は，厳密な証明を要求したが，ニュートンやライプニッツの使った「無限小」とか「微小量」という言葉を正当化することにはなかなか成功しなかった．100年以上後に，ボルツァノ (1781-1848)，コーシー (1789-1857)，ワイエルシュトラス (1815-1897) らの努力によって，やっと正しい極限の概念が得られ，現在のような導関数の定義が誕生した．これが，ε-δ 論法である．「近づく」という言葉を使った直感的な極限の定義は，古代ギリシャ時代に，詭弁を生じるとして排斥されていたのである．

5.1.1 関数の極限

感覚的に言えば，関数 $f(x)$ について，変数 x を定数 a に近づけるとき，$f(x)$ がある値 b に近づくならば，

$$\lim_{x \to a} f(x) = b$$

と書き，値 b を $x \to a$ としたときの $f(x)$ の **極限 (値)** という．

厳密にいうと，正の実数 ε ($\varepsilon > 0$) をどれだけ 0 に近く選んだとしても，ε の値に応じで正の実数 δ を十分小さく選べば，$0 < |x - a| < \delta$ を満たしかつ関数 f の定義域に含まれるような任意の数 x に対し，$|f(x) - b| < \varepsilon$ が成り立つとき，$\lim_{x \to a} f(x) = b$ と定義するのである．

同様に，$x \to a$ としたとき，$f(x)$ の値が限りなく増大する場合に，$\lim_{x \to a} f(x) = +\infty$ と書き，$x \to a$ としたとき，$f(x)$ の値が限りなく負の方向に減少する場合に，$\lim_{x \to a} f(x) = -\infty$ と書く．$x \to a$ としたとき，$|f(x)|$ の値が限りなく増大する場合には，$\lim_{x \to a} f(x) = \infty$ と書く．例えば，$\lim_{x \to 0} \frac{1}{x^2} = +\infty$，$\lim_{x \to 0} \frac{1}{x} = \infty$ である．後者の書き方をする場合には，$\infty = +\infty = -\infty$ と考える．

5.1.2 区間

実数全体の集合を $\mathbb{R}$ で表す.a, b は実数で,$a < b$ であるとする.このとき,

$$[a, b] = \{x \in \mathbb{R} \mid a \leqq x \leqq b\}$$
$$(a, b) = \{x \in \mathbb{R} \mid a < x < b\}$$
$$(a, b] = \{x \in \mathbb{R} \mid a < x \leqq b\}$$
$$[a, b) = \{x \in \mathbb{R} \mid a \leqq x < b\}$$
$$(a, +\infty) = \{x \in \mathbb{R} \mid x > a\}$$
$$[a, +\infty) = \{x \in \mathbb{R} \mid x \geqq a\}$$
$$(-\infty, b) = \{x \in \mathbb{R} \mid x < b\}$$
$$(-\infty, b] = \{x \in \mathbb{R} \mid x \leqq b\}$$
$$(-\infty, +\infty) = \mathbb{R}$$

と書き,これらを総称して**区間**という.このうち,$[a, b]$ を**閉区間**といい,$(a, b), (a, +\infty), (-\infty, b), (-\infty, +\infty)$ を**開区間**という.この後の説明でわかるように,微分は開区間上で考え,積分は閉区間上で考えるのが基本である.

5.1.3 連続関数

$\lim_{x \to a} f(x) = f(a)$ が成り立つとき,関数 $f(x)$ は $x = a$ で**連続**であるという.

I は区間で,$f(x)$ は区間 I に属するすべての実数 $x \in I$ で定義されていて,かつ,すべての $x \in I$ で連続であるとき,$f(x)$ は区間 I で**連続**であるという.

特に,I が閉区間で,$f(x)$ が I で連続であるとき,関数 $f(x)$ は I に属するある値 x_1, x_2 で最大・最小になる,つまり,すべての $x \in I$ に対し,$f(x_2) \leqq f(x) \leqq f(x_1)$ となる.

a が定数で,a を含むある開区間 I $(a \in I)$ があり,$f(x)$ が I で連続であるとき,$f(x)$ は $x = a$ の**近傍で連続**であるとか,$x = a$ の**回りで連続**であるという.

5.1.4 微分

関数 $f(x)$ は定数 a を含むある開区間 I で定義されていて，$x = a$ で連続であるとする．このとき，もし，極限値

$$\lim_{h \to 0} \frac{f(a+h) - f(a)}{h}$$

が存在するならば，この極限値を $f'(a)$ と書き，$f(x)$ は $x = a$ で**微分可能**であるという．また，$f'(a)$ を $x = a$ における**微分係数**という．

微分係数 $f'(x)$ を x の関数と考えたものを，$f(x)$ の (1 次) **導関数**という．開区間 I に属するすべての x に対し，微分係数 $f'(x)$ が存在するとき，$f(x)$ は I で**微分可能**であるといい，さらに，$f'(x)$ が I で連続なとき，$f(x)$ は I で C^1 **級**であるという．

$f(x)$ が I で微分可能であるためには，$f(x)$ が I で連続であることが必要である (十分条件ではない)．

$y = f(x)$ の導関数 $f'(x)$ は $(f(x))'$, y', $\dfrac{dy}{dx}$, $\dfrac{d}{dx}f(x)$, $Df(x)$ などの記号でも表される．

導関数 $y = f'(x)$ がさらに開区間 I で微分可能な場合，$f'(x)$ の導関数を，$f''(x)$, $(f(x))''$, y'', $\dfrac{d^2 y}{dx^2}$, $\dfrac{d^2}{dx^2}f(x)$, $D^2 f(x)$ などの記号で表し，$f(x)$ の **2 次導関数**とか，**2 階導関数**とよばれる．このとき，$f(x)$ は I で **2 回 (階) 微分可能**であるという．さらに，$f''(x)$ が I で連続なとき，$f(x)$ は I で C^2 **級**であるという．

2 次導関数 $y = f''(x)$ が I で微分可能な場合，$f''(x)$ の導関数を，$f'''(x)$, y''', $\dfrac{d^3 y}{dx^3}$, $\dfrac{d^3}{dx^3}f(x)$, $D^3 f(x)$ などの記号で表し，$f(x)$ の **3 次導関数**とか，**3 階導関数**という．このとき，$f(x)$ は I で **3 回 (階) 微分可能**であるという．

3 次導関数 $y = f'''(x)$ が I で微分可能な場合，$f'''(x)$ の導関数を，$f^{(iv)}(x)$, $f^{(4)}(x)$, $y^{(iv)}$, $\dfrac{d^4 y}{dx^4}$, $\dfrac{d^4}{dx^4}f(x)$, $D^4 f(x)$ などの記号で表し，$f(x)$ の **4 次導関数**とか，**4 階導関数**という．

以下同様に，$f(x)$ の n **次導関数**を，$f^{(n)}(x)$, $y^{(n)}$, $\dfrac{d^n y}{dx^n}$, $\dfrac{d^n}{dx^n}f(x)$, $D^n f(x)$

などの記号で表す．

$f(x)$ が I 上で何回でも微分可能なとき，$f(x)$ は I で無限回 (階) 微分可能であるとか，C^∞ 級であるという．

5.1.5 微分の基本公式

以下，x は実変数，a, b は定数で，$f(x), g(x)$ はそれぞれ以下の公式を考えるのに必要な開区間で微分可能であると仮定する．また，分数を考えるときは，分母は 0 でないと仮定する．このとき，以下の公式が成り立つ．

微分法に関する基本公式

$$\{f(x) + g(x)\}' = f'(x) + g'(x)$$

$$\{af(x)\}' = af'(x)$$

$$\{f(x)g(x)\}' = f'(x)g(x) + f(x)g'(x)$$

$$\left(\frac{f(x)}{g(x)}\right)' = \frac{f'(x)g(x) - f(x)g'(x)}{\{g(x)\}^2}$$

$$\{f(ax+b)\}' = af'(ax+b)$$

$$\{f(g(x))\}' = g'(x)f'(g(x))$$

$$\{(f(x))^n\}' = nf'(x)\{f(x)\}^{n-1}$$

また，$y = f(x)$ は開区間 I で 1 対 1 である，つまり，狭義単調増加であるか狭義単調減少であるとする．このとき，逆関数 $y = f^{-1}(x)$ が定義される．逆関数 $f^{-1}(x)$ の導関数については以下が成り立つ．

逆関数の導関数

$$\{f^{-1}(x)\}' = \frac{1}{f'(f^{-1}(x))}, \quad \frac{dy}{dx} = \frac{1}{\left(\dfrac{dx}{dy}\right)}$$

5.1.6 基本関数の導関数

高校～大学 1 年あたりで勉強する関数の導関数を求める計算は，パソコンで Mathematica などの数式処理ソフトを使えば，機械が勝手に計算し

てくれる．以下の公式や，その応用計算を忘れてしまった人は，そのような数式処理ソフトを利用して微分の計算をするとよい．

--- 基本的関数の導関数 ---
$$(x^n)' = nx^{n-1}$$
$(n$ は任意の実定数$)$
$$\left(\frac{1}{x^n}\right)' = -\frac{n}{x^{n+1}}$$
$$(\sqrt{x})' = \frac{1}{2\sqrt{x}}$$
$$\left(\sqrt[p]{x^q}\right)' = \frac{q}{p}\sqrt[p]{x^{q-p}}$$
$$(e^x)' = e^x$$
$$(a^x)' = a^x \log_e a$$
$$(\log_e x)' = \frac{1}{x}$$
$$(\log_a x)' = \frac{1}{x \log_e a}$$
$$(\sin x)' = \cos x$$
$$(\cos x)' = -\sin x$$
$$(\tan x)' = \frac{1}{\cos^2 x} = 1 + \tan^2 x$$

5.1.7 テーラー展開

$f(x)$ は開区間 I で無限回微分可能，つまり，n 次導関数 $f^{(n)}(x)$ がすべての正の整数 n について存在すると仮定する．今，形式的に $f^{(0)}(x) = f(x)$ と書くことにする．a は区間 I 内の定数とする．このとき，

--- テーラー展開 ---
$$F_a(x) = \sum_{n=0}^{\infty} \frac{f^{(n)}(a)}{n!}(x-a)^n = \lim_{k \to \infty} \sum_{n=0}^{k} \frac{f^{(n)}(a)}{n!}(x-a)^n$$
$$= f(a) + f'(a)(x-a) + \frac{f''(a)}{2}(x-a)^2 + \frac{f'''(a)}{3 \times 2}(x-a)^3$$
$$+ \frac{f^{(4)}(a)}{4 \times 3 \times 2}(x-a)^4 + \frac{f^{(5)}(a)}{5 \times 4 \times 3 \times 2}(x-a)^5 + \cdots$$

を関数 $f(x)$ の $x=a$ におけるテーラー展開とかマクローリン展開とか巾級数展開 (べききゅうすうてんかい) などという.

必ずしも $F_a(x)=f(x)$ が成り立つわけではないが, 実用的な多くの関数について, $F_a(x)=f(x)$ がある一定の条件下に成り立つことが知られている. 以下, 主な場合をまとめてみる.

(1) $f(x)$ が $e^x, \sin x, \cos x$ の場合や, これらの関数と x の多項式で表される場合には, すべての a と x について $F_a(x)=f(x)$ が成り立つ.

(2) $f(x)=\log_e x$, $f(x)=\sqrt{x}$, $f(x)=\sqrt[p]{x^q}$ の場合には, $a>0$ であれば, $0<x\leqq 2a$ を満たす実数 x について, $F_a(x)=f(x)$ が成り立つ.

(3) $f(x)=\tan^{-1} x$ の場合には, $|x|\leqq\sqrt{1+a^2}$ を満たす実数 x について $F_a(x)=f(x)$ が成り立つ.

$F_a(x)=f(x)$ が成り立つための一般的な条件を正確に述べるには, ある程度, 解析学の理論面に対する深い理解が必要だが, 実用的には, 次の結果が有用である. 用語については, 5.5 節を参照されたい.

定理. 関数 $f(x)$ が実数のみではなく, $|x-a|<r$ を満たすすべての複素数 x に対して定義できる複素関数であり, さらに, $|x-a|<r$ を満たすすべての複素数 x において, 複素関数としての微分係数 $f'(x)$ が存在すると仮定する (実関数として微分可能でも, 複素関数として微分不可能な場合もあるので注意せよ). このとき, $|x-a|<r$ を満たす任意の複素数 x に対し, $F_a(x)=f(x)$ が成立する. さらに, $|x_0-a|=r$ を満たす複素数 x_0 についても, $x=x_0$ で $f(x)$ が連続ならば, $F_a(x_0)=f(x_0)$ が成立する.

例えば, この定理によって,

$$\log_e(x+1)=\sum_{n=1}^{\infty}(-1)^{n+1}\frac{x^n}{n}$$

$$\tan^{-1} x=\sum_{n=0}^{\infty}(-1)^n\frac{x^{2n+1}}{2n+1}$$

において, 両辺に $x=1$ を代入した場合に等号が成り立つことが保証され,

$$\log_e 2 = 1 - \frac{1}{2} + \frac{1}{3} - \frac{1}{4} + \frac{1}{5} - \cdots$$
$$\frac{\pi}{4} = \tan^{-1} 1 = 1 - \frac{1}{3} + \frac{1}{5} - \frac{1}{7} + \frac{1}{9} - \cdots$$

が成り立つ．

なお，テーラー展開の計算には，定義式 $\sum_{n=0}^{\infty} \frac{f^{(n)}(a)}{n!}(x-a)^n$ 以外に，0.1.9 で説明した巾級数の割り算や，積公式

$$\left(\sum_{k=0}^{\infty} a_k x^k \right) \left(\sum_{m=0}^{\infty} b_m x^m \right) = \sum_{n=0}^{\infty} \left(\sum_{k=0}^{n} a_k b_{n-k} \right) x^n$$

もよく使う．

また，$f(x) = \sum_{n=0}^{\infty} \frac{f^{(n)}(a)}{n!}(x-a)^n$ の逆関数のテーラー展開には，ラグランジュの逆関数公式

=============== ラグランジュの逆関数公式 ===============
$$f^{-1}(x) = a + \sum_{n=1}^{\infty} \frac{d^{n-1}}{dy^{n-1}} \left(\frac{y-a}{f(y)-f(a)} \right)^n \bigg|_{y=a} \frac{(x-f(a))^n}{n!}$$

が役に立つ．このようなテーラー展開のアルゴリズムは Mathematica などの数式処理ソフトに組み込まれているので，近似計算にはそれを利用するとよい．

5.1.8 極値問題

関数 $f(x)$ の定義域を I とする．$f(x)$ が I に属するある点 $x = a$ で**広義極大**であるとは，$a \in J$ を満たす開区間 J を十分小さく選べば，$I \cap J$ 内では $x = a$ で $f(x)$ が最大になること，つまり，すべての $x \in I \cap J$ に対し $f(x) \leqq f(a)$ が成り立つことをいう．この条件に加え，$x \in I \cap J$ かつ $x \neq a$ であれば $f(x) < f(a)$ が成り立つとき，$f(x)$ は $x = a$ で**狭義極大**であるという．数学の専門書では**極大**という用語は，広義極大の意味に用い

ることが多いが，多くの高校の教科書では，狭義極大のことを単に「極大」とよんでいるようである．

広義極小，**狭義極小**という概念も，大小関係を反対にすることによって同様に定義される．$x = a$ で $f(x)$ が広義極大または広義極小になるとき，$x = a$ で $f(x)$ は**極値**をとるという．

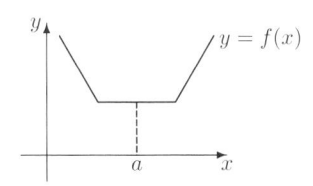

例えば，上のグラフで定まる関数は，$x = a$ の近くで定数関数であるので，$x = a$ において広義極大かつ広義極小であるが，狭義極大でも狭義極小でもない．実用的な関数については，広義極大であって狭義極大でない，という現象はあまり生じないので，このあたりは，うるさく考えないことにする．

―――― 開区間における極値問題 ――――
定理．関数 $f(x)$ が開区間 I で微分可能で，I 内の点 $x = a$ で広義極大または広義極小であれば，$f'(a) = 0$ である．

I が閉区間 $I = [x_0, x_1]$ の場合には，両端での値 $f(x_0), f(x_1)$ が極値になる場合もあるので，注意されたい．また，関数の極値を決定するときは，パソコン等を使って関数のグラフを描いて，計算で得られた値の妥当性を吟味することを，必ず実行してもらいたい．

5.2 積分

積分というのは，もともと区分求積法を用いた定積分のことであり，不定積分は便宜上の道具である．積分法を含んだアルキメデス (BC287 頃-BC212) の著書『方法』は，1906 年にコンスタンチノープル写本の中から発見されたもので，中世〜近代世界では知られていなかった．$\int_0^a x^n\,dx = \dfrac{a^{n+1}}{n+1}$ のような公式も，カバリエリ (1598-1647) によって再発見されなければならなかった．カバリエリの積分 omnes は後に omn. と略記され，ライプニッツにより I となり，今の $\int$ に変化していった．

5.2.1 定積分

$y = f(x)$ は閉区間 $[a, b]$ で連続であるとする．このとき，座標平面上において，$y = f(x)$ のグラフと直線 $x = a, x = b$ および x 軸で囲まれる図形を考える．この図形のうち，x 軸より下にある部分は負の面積を持つとして，面積に符号を付けて考える．このようにして考えた図形全体の面積を

$$\int_a^b f(x)\,dx$$

と書き，a から b までの $f(x)$ の**定積分**という．計算上は，以下のように考えるとよい．

n を自然数とし，$x_k = \dfrac{(n-k)a + kb}{n}$ $(k = 0, 1, \ldots, n)$ とおいて，閉区間 $[a, b]$ を $a = x_0 < x_1 < x_2 < \cdots < x_n = b$ と n 等分する．今，c_k は $x_{k-1} \leqq c_k \leqq x_k$ $(k = 1, 2, \ldots, n)$ を満たす勝手な実数とし，

$$I_n = \frac{b-a}{n} \sum_{k=1}^{n} f(c_k)$$

とおく．$f(x)$ が $[a, b]$ で連続ならば，極限値 $\lim_{n \to \infty} I_n$ が存在することが証明されている．そこで，

$$\int_a^b f(x)\,dx = \lim_{n \to \infty} I_n$$

と定義する．この積分の定義が**区分求積法**である．

計算機を用いて定積分の近似値を計算しようとする場合には，上の定義式をそのまま使うよりも，これを少し変形した，以下の台形公式，または，シンプソンの公式を用いて計算するほうが，精度がよい値が得られる．

台形公式

n を十分大きい自然数とし，
$x_k = \dfrac{(n-k)a + kb}{n}$ $(k = 0, 1, \ldots, n)$ とする．このとき，

$$\int_a^b f(x)\,dx \fallingdotseq \frac{b-a}{n}\left\{\frac{f(x_0)+f(x_n)}{2} + \sum_{k=1}^{n-1} f(x_k)\right\}$$

シンプソンの公式

n を十分大きい自然数とし，
$x_k = \dfrac{(2n-k)a + kb}{2n}$ $(k = 0, 1, \ldots, 2n)$ とするとき，

$$\int_a^b f(x)\,dx$$
$$\fallingdotseq \frac{b-a}{2n}\left\{\frac{f(x_0)+f(x_{2n})}{3} + \frac{4}{3}\sum_{k=1}^{n} f(x_{2k-1}) + \frac{2}{3}\sum_{k=1}^{n-1} f(x_{2k})\right\}$$

5.2.2 不定積分

$y = f(x)$ が閉区間 $[a, b]$ 上の連続関数のとき，C を任意の定数 (**積分定数**とよばれる) として，$x \in [a, b]$ に対し，

不定積分の定義

$$\int f(x)\,dx = \int_a^x f(t)\,dt + C$$

と定義して，これを $f(x)$ の**不定積分**という．また，$F'(x) = f(x)$ を満たす $F(x)$ を $f(x)$ の**原始関数**という．

ニュートンは次の定理を証明し，微積分学の基礎を作った．

微分積分学の基本定理． $F(x) = \int_a^x f(t)\,dt$ とおくとき，$f(x)$ が閉区間 $[a, b]$ で連続ならば，$F(x)$ は開区間 (a, b) で微分可能で，$F'(x) = f(x)$ が成り立つ．したがって，$F(x)$ が連続関数 $f(x)$ の原始関数であるとき，

微分積分学の基本定理

$$\int_a^b f(x)\,dx = F(b) - F(a) \qquad (ただし，F'(x) = f(x))$$

が成り立つ．これが，微分法と積分法の関係を明らかにした「微分積分学の基本定理」で，ニュートンが証明したものである．

計算の便宜のために，$F(b) - F(a)$ を，

$$\Big[F(x)\Big]_a^b \quad とか \quad \Big[F(x)\Big]_{x=a}^{x=b}$$

と書く．

5.2.3 積分の基本公式

以下の公式において，$f(x), g(x)$ は必要な区間における連続関数であると仮定する．また，$g'(x)$ が登場する場合には，$g(x)$ は微分可能であると仮定する．

積分の線形性

$$\int_a^b \{f(x) + g(x)\}dx = \int_a^b f(x)\,dx + \int_a^b g(x)\,dx$$

$$\int \{f(x) + g(x)\}dx = \int f(x)\,dx + \int g(x)\,dx$$

$$\int_a^b cf(x)\,dx = c\int_a^b f(x)\,dx$$

$$\int cf(x)\,dx = c\int f(x)\,dx$$

---------- 積分区間に関する線形性 ----------

$$\int_a^b f(x)\,dx + \int_b^c f(x)\,dx = \int_a^c f(x)\,dx$$

$$\int_b^a f(x)\,dx = -\int_a^b f(x)\,dx$$

また，$F(x)$ は微分可能で，$F'(x) = f(x)$ とするとき，以下が成り立つ．

---------- 部分積分 ----------

$$\int_a^b f(x)g(x)\,dx = \Big[F(x)g(x)\Big]_a^b - \int_a^b F(x)g'(x)\,dx$$

$$\int f(x)g(x)\,dx = F(x)g(x) - \int F(x)g'(x)\,dx$$

---------- 置換積分 ----------

$$\int_a^b f(g(x))g'(x)\,dx = \int_{g(a)}^{g(b)} f(t)\,dt$$

$$\int f(g(x))g'(x)\,dx = F(g(x)) + C \quad (C \text{ は任意定数})$$

$$\int_a^b f(px+q)\,dx = \frac{1}{p}\int_{pa+q}^{pb+q} f(x)\,dx$$

$$\int f(px+q)\,dx = \frac{1}{p}F(px+q) + C \quad (C \text{ は任意定数})$$

5.2.4 基本関数の原始関数

微分の場合と異なり，高校〜大学 1 年あたりで学習する基本的な関数で構成される関数の原始関数を，既知の関数で表すことは可能であるとは限らない．例えば，$\displaystyle\int \frac{\sin x}{x}\,dx$ を三角関数等を用いて表すことはできない (1.4.6 項参照). 大学 1 年程度までの知識で原始関数が計算できるような関数については，パソコン上で Mathematica などの数式処理ソフトを使えば，計算機がそれを求めてくれる．計算力に自信のない人は，そのような数式処理ソフトを利用して原始関数を求めるとよい．

以下の公式において, C は任意定数 (積分定数) である.

基本関数の原始関数

$$\int x^n \, dx = \frac{x^{n+1}}{n+1} + C \qquad (n \text{ は } -1 \text{ 以外の実数})$$

$$\int \frac{1}{x} \, dx = \log_e |x| + C$$

$$\int \frac{1}{1+x^2} \, dx = \tan^{-1} x + C$$

上記以外に, 三角関数や指数関数・対数関数の積分公式は, 第 1.5.1 項, 第 1.3.3 項を参照してほしい.

5.3 偏微分

1変数関数の微分法を理解していれば，多変数関数の偏微分も計算技術としてはまったく同じで，難しいところはない．ただし，数学の定理として仮定を正確に述べるには，開集合・コンパクト集合のような位相の用語が若干必要になり，そこまできちんと理解しようとすると，少し難しいかもしれない．

5.3.1 多変数関数

例えば，$z = \sqrt{x^2 + y^2}$ は x, y を変数とする関数と考えられるが，このように x, y を変数とする関数を一般的に $f(x, y)$ などの記号で表し，2変数関数という．同様に，$x_1, x_2, \ldots, x_n$ を変数とする関数 $y = f(x_1, x_2, \ldots, x_n)$ を n 変数関数という．2変数以上の関数を**多変数関数**という．多変数関数 $f(x_1, x_2, \ldots, x_n)$ は，$\mathbf{x} = (x_1, x_2, \ldots, x_n)$ とおいて，$y = f(\mathbf{x})$ のように表すことも多い．さらに，整数ベクトル $\mathbf{i} = (i_1, i_2, \ldots, i_n)$ に対し，

$$\mathbf{x}^{\mathbf{i}} = x_1^{i_1} x_2^{i_2} \cdots x_n^{i_n}$$

と表し，これを**多重指数表示**という．

$y = f(\mathbf{x})$ は $\mathbb{R}^n$ の部分集合 X を定義域とする多変数関数とする．元 $\mathbf{a} \in X$ を1つ固定する．正の実数 ε をどれだけ0に近く選んでも，それに応じてある正の実数 $\delta = \delta(\varepsilon)$ を十分小さく選べば，$|\mathbf{x} - \mathbf{a}| < \delta$ を満たす任意の $\mathbf{x} \in X$ に対し $|f(\mathbf{x}) - f(\mathbf{a})| < \varepsilon$ が成り立つとき，f は点 $\mathbf{a}$ で**連続**であるという．f が X のすべての点で連続であるとき，f は X で**連続**であるとか，X 上の**連続関数**であるという．ここで，$\mathbf{x} = (x_1, x_2, \ldots, x_n)$ に対し，$|\mathbf{x}| = \sqrt{x_1^2 + x_2^2 + \cdots + x_n^2}$ である．

5.3.2 開集合・閉集合

X は $\mathbb{R}^n$ または $\mathbb{C}^n$ の部分集合とする．$\mathbf{a} \in X$ と正の実数 ε に対し，

$$U_\varepsilon(\mathbf{a}) = \{\mathbf{x} \in X \mid |\mathbf{x} - \mathbf{a}| < \varepsilon\}$$

を X における $\mathbf{a}$ の ε-近傍 (きんぼう) という．$X = \mathbb{R}^2$ なら $U_\varepsilon(\mathbf{a})$ は点 $\mathbf{a}$ を中心とする半径 ε の円板から円周を除いた集合，$X = \mathbb{R}^3$ なら $U_\varepsilon(\mathbf{a})$ は点 $\mathbf{a}$ を中心とする半径 ε の球体からその表面を除いた集合である．

$A \subset X, \mathbf{a} \in X$ とする．もし，正の実数 ε をどんなに小さく選んでも，$A \cap U_\varepsilon(\mathbf{a}) \neq \phi$ かつ $(X - A) \cap U_\varepsilon(\mathbf{a}) \neq \phi$ であるとき，$\mathbf{a}$ は A の**境界**上の点であるという．境界上の点全体の集合を A の**境界**という．

$\mathbf{a} \in A$ で $\mathbf{a}$ が A の境界上の点でないとき，$\mathbf{a}$ は A の**内部**の点であるという．また，$\mathbf{a} \in (X - A)$ で $\mathbf{a}$ が A の境界上の点でないとき，$\mathbf{a}$ は A の**外部**の点であるという．

もし，集合 A に対し，その境界上の点が 1 点も A に属さないとき，A は X の**開集合**であるという．反対に，境界上のすべての点が A に属するとき，A は X の**閉集合**であるという．A を含む開集合を A の**近傍**という．また，A の内部の点全体の集合を A の**開核**といい，A の開核と境界の合併集合を A の**閉包**という．

$\mathbf{a} \in A$ を固定し，ε を十分大きな実数に選べば $A \subset U_\varepsilon(\mathbf{a})$ となるとき，A は**有界**集合であるという．$\mathbb{R}^n$ または $\mathbb{C}^n$ 内の有界な閉集合を**コンパクト**集合という．

集合 A の任意の点 $\mathbf{a}$ に対し，点 $\mathbf{a}$ に応じて正の実数 ε を十分小さく選べば $U_\varepsilon(\mathbf{a}) \cap A = \{\mathbf{a}\}$ となるとき，A は**離散**集合であるという．例えば，$\mathbb{R}$ の部分集合 $\mathbb{Z}$ は離散集合である．また，$\mathbb{R}^n$ や $\mathbb{C}^n$ 内の有限集合は離散集合である．離散集合は，内部の点を持たず，閉集合である．

$\mathbb{R}^n$ や $\mathbb{C}^n$ の部分集合 X について，もし，$X \subset A \cup B$, $A \cap B = \phi$, $A \cap X \neq \phi$, $B \cap X \neq \phi$ を満たすような $\mathbb{R}^n$ あるいは $\mathbb{C}^n$ の開集合 A, B が存在するとき，X は**不連結**であるといい，X が不連結でないとき X は**連結**であるという．

もし，X 内の任意の 2 点 P, Q に対し，P, Q を結ぶ曲線で X に完全に含まれるようなものが存在するとき，X は**弧状連結**であるという．弧状連結な集合は連結であるが，逆は成立しない．なお，単連結の定義については 5.5.2 項を参照せよ．

連結な開集合を**領域**といい，連結な開集合の閉包を**閉領域**という．しか

し，数学の専門書以外では，この用語の約束はほとんど無視されて使用されている．

5.3.3 偏導関数

関数 $y = f(x_1, x_2, \ldots, x_n)$ は $\mathbb{R}^n$ の開集合 X 上の連続関数とする．k 番目の変数 x_k 以外の変数を定数とみなして x_k について微分した，

$$\lim_{h \to 0} \frac{f(x_1, \ldots, x_k + h, \ldots, x_n) - f(x_1, \ldots, x_k, \ldots, x_n)}{h}$$

を $\dfrac{\partial}{\partial x_k} f(x_1, \ldots, x_n)$, $\dfrac{\partial y}{\partial x_k}$, $f_{x_k}(x_1, \ldots, x_n)$, $D_{x_k} f(x_1, \ldots, x_n)$ などの記号で表し，f の x_k に関する**偏導関数**という．この操作を，f を x_k で**偏微分する**という．ある点 $(x_1, \ldots, x_n) = (a_1, \ldots, a_n)$ における偏導関数の値 $f_{x_i}(a_1, \ldots, a_n)$ を**偏微分係数**という．f が開集合 X の各点で $x_1, x_2, \ldots, x_n$ すべてについて偏微分可能なとき，f は X 上で**微分可能**という．また，集合 A を含むある開集合上で微分可能なとき，A の**近傍で微分可能**という．

2 変数関数では (x_1, x_2) のかわりに文字 (x, y) を，3 変数関数では (x_1, x_2, x_3) のかわりに (x, y, z) を用いることが多い．

偏導関数の求め方は，1 変数関数の場合とまったく同じである．例えば，

$$\frac{\partial}{\partial x}(x^m y^n + y^l) = m x^{m-1} y^n$$

である．

5.3.4 高階偏導関数

例えば，2 変数関数 $z = f(x, y)$ において，x で偏微分した偏導関数 $f_x(x, y)$ を，さらに x で偏微分して得られる偏導関数を $f_{xx}(x, y)$ とか $\dfrac{\partial^2}{\partial x^2} f(x, y)$ とか $\dfrac{\partial^2 z}{\partial x^2}$ などと書く．

x で偏微分した偏導関数 $f_x(x, y)$ を，さらに y で偏微分して得られる偏導関数を $f_{xy}(x, y)$ とか $\dfrac{\partial^2}{\partial y \partial x} f(x, y)$ とか $\dfrac{\partial^2 z}{\partial y \partial x}$ などと書く．

このとき，f を y で偏微分してから x で偏微分して得られる偏導関数 $f_{yx}(x, y)$ と $f_{xy}(x, y)$ は一般には一致しないが，$f_{yx}(x, y)$ と $f_{xy}(x, y)$ が

共に連続な点では，$f_{yx}(x, y) = f_{xy}(x, y)$ が成り立つ．実用上重要な関数は，この好ましい性質を満たすので，例えば，$f(x, y)$ を x, y, x, x, y の順に偏微分して得られる偏導関数と，$f(x, y)$ を x, x, x, y, y の順に偏微分して得られる偏導関数は，通常一致する．この場合，この偏導関数を，$\dfrac{\partial^5}{\partial x^3 \partial y^2} f(x, y)$ とか $\dfrac{\partial^5 z}{\partial x^3 \partial y^2}$ などと書く．実用上，多くの関数について，$(a_1, \ldots, a_n)$ の十分近くの点 $(x_1, \ldots, x_n)$ において，

$$f(x_1, \ldots, x_n)$$
$$= \sum_{i_1=0}^{\infty} \cdots \sum_{i_n=0}^{\infty} \frac{1}{i_1! i_2! \cdots i_n!} \left(\frac{\partial^{i_1 + \cdots + i_n}}{\partial x_1^{i_1} \cdots \partial x_n^{i_n}} f(a_1, \ldots, a_n) \right)$$
$$\cdot (x_1 - a_1)^{i_1} (x_2 - a_2)^{i_2} \cdots (x_n - a_n)^{i_n}$$

が成り立つ．

5.3.5 合成関数の偏微分法

$y = f(x_1, \ldots, x_n)$ が各変数 x_i について偏微分可能で，各 x_i が変数 $t_1, \ldots, t_r$ の関数で，$x_i = g_i(t_1, \ldots, t_r)$ $(i = 1, \ldots, n)$ のとき，

========== 合成関数の偏微分法 ==========

$$\frac{\partial y}{\partial t_j} = \frac{\partial}{\partial t_j} f\big(g_1(t_1, \ldots, t_r), \ldots, g_n(t_1, \ldots, t_r)\big)$$
$$= \sum_{i=1}^{n} \frac{\partial g_i(t_1, \ldots, t_r)}{\partial t_j} \cdot f_{x_i}\big(g_1(t_1, \ldots, t_r), \ldots, g_n(t_1, \ldots, t_r)\big)$$
$$= \sum_{i=1}^{n} \frac{\partial x_i}{\partial t_j} \cdot \frac{\partial y}{\partial x_i}$$

が成り立つ．この公式を行列を用いて表せば，

$$\begin{pmatrix} \dfrac{\partial y}{\partial t_1} \\ \vdots \\ \dfrac{\partial y}{\partial t_r} \end{pmatrix} = \begin{pmatrix} \dfrac{\partial x_1}{\partial t_1} & \cdots & \dfrac{\partial x_n}{\partial t_1} \\ \vdots & & \vdots \\ \dfrac{\partial x_1}{\partial t_r} & \cdots & \dfrac{\partial x_n}{\partial t_r} \end{pmatrix} \begin{pmatrix} \dfrac{\partial y}{\partial x_1} \\ \vdots \\ \dfrac{\partial y}{\partial x_n} \end{pmatrix}$$

となる.

5.3.6 多変数関数の極値問題

$y = f(x_1,\ldots, x_n)$ は $\mathbb{R}^n$ の開集合 X で微分可能であると仮定する. $f(\mathbf{x})$ が X に属するある点 $\mathbf{x} = \mathbf{a}$ で**広義極大**であるとは, 正の実数 ε を十分小さく選べば, $|\mathbf{x} - \mathbf{a}| < \varepsilon$ を満たすすべての $\mathbf{x} \in X$ に対し $f(\mathbf{x}) \leqq f(\mathbf{a})$ が成り立つことをいう. さらに, $|\mathbf{x} - \mathbf{a}| < \varepsilon$ かつ $\mathbf{x} \neq \mathbf{a}$ であれば $f(\mathbf{x}) < f(\mathbf{a})$ が成り立つとき, $f(\mathbf{x})$ は $\mathbf{x} = \mathbf{a}$ で**狭義極大**であるという.

広義極小, **狭義極小**も同様に定義される.

多変数関数の極値問題

定理. $\mathbb{R}^n$ の開集合 X で微分可能な関数 $y = f(x_1,\ldots, x_n)$ が, X 内の点 $\mathbf{x} = \mathbf{a} = (a_1,\ldots, a_n)$ で広義極大または広義極小であれば, すべての $i = 1, 2,\ldots, n$ に対し, $\dfrac{\partial}{\partial x_i} f(a_1,\ldots, a_n) = 0$ が成り立つ.

5.3.7 ラグランジュの乗数法

まず, 簡単のため, 集合 A は $g(x, y) = 0$ で定まる (x, y)-平面上の曲線で, $z = f(x, y)$ は集合 A 上で定義された関数とする. このとき, A 上での $f(x, y)$ の極大値・極小値を求める問題を**制限付極値問題**という.

f も g も微分可能であると仮定する. 今, t を変数として,

$$F(x, y, t) = f(x, y) - tg(x, y)$$

とおく. 曲線 A 上の滑らかな点 (端点も除く) $(x, y) = (a, b)$ で $z = f(x, y)$ が極値をとるとすれば, ある定数 t_0 が存在して,

$$\frac{\partial}{\partial x} F(a, b, t_0) = 0, \quad \frac{\partial}{\partial y} F(a, b, t_0) = 0, \quad g(a, b) = 0$$

を満たす.

一般に, $\mathbb{R}^n$ において, $g_i(x_1,\ldots, x_n)$ $(i = 1,\ldots, r)$ が微分可能な関数で,

$$A = \{\mathbf{x} \in \mathbb{R}^n \mid g_1(\mathbf{x}) = 0, g_2(\mathbf{x}) = 0,\ldots, g_r(\mathbf{x}) = 0\}$$

であるとする．また，A の近傍で微分可能な関数 $y = f(x_1,\ldots,x_n)$ があるとする．いま，

ラグランジュの乗数法

$$F(x_1,\ldots,x_n,t_1,\ldots,t_r) = f(x_1,\ldots,x_n) - \sum_{k=1}^{r} t_k g_k(x_1,\ldots,x_n)$$

とおく．このとき，集合 A の内部の滑らかな点 $\mathbf{x} = \mathbf{a} = (a_1,\ldots,a_n)$ で $f(\mathbf{x})$ が広義極大または広義極小であるとすれば，ある定数 $c_1,\ldots,c_r$ が存在して，

$$\frac{\partial}{\partial x_i} F(a_1,\ldots,a_n,c_1,\ldots,c_r) = 0 \qquad (i = 1,\ldots, n)$$

$$g_k(a_1,\ldots,a_n) = 0 \qquad (k = 1,\ldots, r)$$

を満たす．この原理を利用して制限付き極値問題を解く方法を**ラグランジュの (未定) 乗数法** (未定係数法，未定定数法) という．なお，上の定理の仮定を正確に読んで頂ければわかるように，A の境界上や，A が滑らかでない点 (特異点) で f が極値をとる場合は，上の方程式の解として得られないので注意すること．

5.3.8 曲率とねじれ率

$f(t), g(t)$ は開区間 I で 2 回微分可能な関数とし，I 内に $f'(t_0) = g'(t_0) = 0$ を満たす点 $t_0 \in I$ は存在しないと仮定する．このとき，媒介変数表示 $x = f(t), y = g(t)$ で定まる (x,y)-平面上の曲線

$$C = \{(f(t), g(t)) \in \mathbb{R}^2 \mid t \in I\}$$

を考える．もし，C 上の点 $(a, b) = (f(t_0), g(t_0))$ の近くで，C が関数 $y = h(x)$ のグラフになっていれば，

$$h'(a) = \frac{g'(t_0)}{f'(t_0)}$$

が成り立つ．

C 上の点 $(a, b) = (f(t_0), g(t_0))$ における C の**曲率** ρ は，

―――――――――――――――――――――― 平面曲線の曲率 ――
$$\rho = \frac{|f'(t_0)f''(t_0) - g'(t_0)g''(t_0)|}{\{f'(t_0)^2 + g'(t_0)^2\}^{3/2}}$$

で定義される (分子の絶対値をとらずに, 符号付きで, 左に曲がる場合を正, 右に曲がる場合を負として定義する場合もある). その逆数 $r = \dfrac{1}{\rho}$ を**曲率半径**という. 点 (a, b) で C に接する半径 r の円を適切な方向に描けば, この円が他の半径のどの円より, もっともぴったりと C に接する. この円を**曲率円**という.

次に, (x, y, z)-空間内で媒介変数表示 $x = f(t), y = g(t), z = h(t)$ で定まる曲線
$$C = \{(f(t), g(t), h(t)) \in \mathbb{R}^3 \mid t \in I\}$$
を考える. t を時刻と考え, 点 P が C 上を移動する様子を $\mathbf{x}(t) = (f(t), g(t), h(t))$ が表すと考えれば, $\mathbf{x}'(t) = (f'(t), g'(t), h'(t))$ が**速度ベクトル**, $\mathbf{x}''(t) = (f''(t), g''(t), h''(t))$ が**加速度ベクトル**である. 点 P $= \mathbf{x}(t)$ を通り, $\mathbf{x}'(t)$ と $\mathbf{x}''(t)$ に平行な平面は, 点 P で C に接する平面で, これを**接触平面**という.

―――――――――――――――― 空間曲線の曲率とねじれ率 ――
$$\frac{1}{r} = \frac{|\mathbf{x}'(t) \times \mathbf{x}''(t)|^2}{|\mathbf{x}'(t)|^3}, \quad \frac{1}{\tau} = \frac{(\det(\mathbf{x}'(t), \mathbf{x}''(t), \mathbf{x}'''(t)))^2}{|\mathbf{x}'(t) \times \mathbf{x}''(t)|^2}$$

とするとき, $1/r$ を**曲率**, r を**曲率半径**, $1/\tau$ を**ねじれ率**とか**捩率** (れいりつ), τ を**ねじれ率半径**という.

例えば, $x = a\cos t, y = a\sin t, z = ct$ で定まる曲線, つまり, 半径 a の円筒の表面に, 間隔 $2\pi c$ でまきついている「つるまきバネ」(螺旋) の曲率とねじれ率は,
$$\frac{1}{r} = \frac{a}{a^2 + c^2}, \quad \frac{1}{\tau} = \frac{c}{a^2 + c^2}$$
である.

5.4 重積分

　重積分の計算は，変数が多くなるとコンピュータを利用しても結構計算時間がかかるし，積分領域の形状の指定が面倒な場合もある．コンピュータより手計算のほうが，早く答が得られることもあり，数学的知識がものをいう分野である．本書では，4 重以上の積分をも扱うため，測度の説明から始める．

5.4.1 リーマン測度

　数直線 $\mathbb{R}^1$ における閉区間 $I = [a, b]$ の長さを $\mu_1(I) = b - a$ と書く．また，座標平面 $\mathbb{R}^2$ における (有界で面積が確定できる) 平面図形 D の面積を $\mu_2(D)$ と書き，3 次元ユークリッド空間 $\mathbb{R}^3$ における (有界で体積が確定できる) 立体図形 D の体積を $\mu_3(D)$ と書くことにする．この，$\mathbb{R}^1$ における「長さ」，$\mathbb{R}^2$ における「面積」，$\mathbb{R}^3$ における「体積」の概念を，n 次元ユークリッド空間 $\mathbb{R}^n$ に一般化した概念を，n 次元の**リーマン測度**という．
　もう少し正確にいうと，n 次元のリーマン測度は以下のように定義される．
　一般に，$\mathbb{R}^n$ 内の図形の呼称は，$\mathbb{R}^3$ 内の立体の呼称の頭に「超」の 1 文字を付け加えて表される．例えば，$\mathbb{R}^2$ 内の「正方形」，$\mathbb{R}^3$ 内の「立方体」の概念を $\mathbb{R}^n$ に一般化した概念を n 次元「超立方体」とよぶ．また，集合

$$A = \{(x_1, \ldots, x_n) \in \mathbb{R}^n \mid a_i \leqq x_i \leqq b_i \ (i = 1, \ldots, n)\}$$

を n 次元**超直方体**とよぶ．この超直方体 A の n 次元リーマン測度 $\mu_n(A)$ は，長方形の面積，直方体の体積の公式の類推から，

$$\mu_n(A) = (b_1 - a_1)(b_2 - a_2) \cdots (b_n - a_n)$$

と定義される．
　さて，一般に，D は $\mathbb{R}^n$ 内の有界閉集合とする．m を正の整数として，しばらく固定する．整数の組 $\mathbf{k} = (k_1, \ldots, k_n) \in \mathbb{Z}^n$ に対し，

$$C_{\mathbf{k}} = \{(x_1, \ldots, x_n) \in \mathbb{R}^n \mid k_i < 2^m x_i \leqq 1 + k_i \ (i = 1, \ldots, n)\}$$

とおく．各 $C_\mathbf{k}$ は 1 辺の長さが $1/2^m$ の n 次元超立方体で，$\mathbf{k} \in \mathbb{Z}^n$ を動かすとき，n 次元ユークリッド空間 $\mathbb{R}^n$ は $C_\mathbf{k}$ 達で埋め尽くされ，$\mathbf{k} \neq \mathbf{l}$ のとき，$C_\mathbf{k} \cap C_\mathbf{l} = \phi$ である．上に説明したように，$\mu_n(C_\mathbf{k}) = (1/2^m)^n = 1/2^{mn}$ である．

今，$C_\mathbf{k} \subset D$ となるような $\mathbf{k} \in \mathbb{Z}^n$ の個数を $P(m)$ とし，$C_\mathbf{k} \cap D \neq \phi$ となるような $\mathbf{k} \in \mathbb{Z}^n$ の個数を $Q(m)$ とする．$C_\mathbf{k} \subset D$ ならば $C_\mathbf{k} \cap D \neq \phi$ であるから，$P(m) \leqq Q(m)$ である．そして，$P(m)/2^{mn}$ は D に含まれる超立方体全体の測度，$Q(m)/2^{mn}$ は D と共有点を持つ超立方体全体の測度であるので，

$$\frac{P(m)}{2^{mn}} \leqq \mu_n(D) \leqq \frac{Q(m)}{2^{mn}}$$

と考えるのが当然である．ところで，各 $C_\mathbf{k}$ をその各辺の中点で 2 分し，2^n 等分することを考えると，

$$\frac{P(m)}{2^{mn}} \leq \frac{P(m+1)}{2^{(m+1)n}} \leq \frac{Q(m+1)}{2^{(m+1)n}} \leq \frac{Q(m)}{2^{mn}}$$

が成り立つ．そこで，もし，

$$\lim_{m \to \infty} \frac{P(m)}{2^{mn}} = \lim_{m \to \infty} \frac{Q(m)}{2^{mn}}$$

が成り立つとき，D は **(リーマン) 可測**であるといい，この極限値を D の n 次元リーマン測度 $\mu_n(D)$ と定義する．

5.4.2 リーマン測度の性質

$\mathbb{R}^n$ においては，「2 つの図形が合同である」という概念も，直感的に自明な概念ではないので，きちんと定義をする必要がある．

ある $\mathbf{a} = (a_1,\ldots, a_n) \in \mathbb{R}^n$ によって，$f(x_1,\ldots, x_n) = (x_1 + a_1,\ldots, x_n + a_n)$ で定義される写像 $f\colon \mathbb{R}^n \to \mathbb{R}^n$ を，ベクトル $\mathbf{a}$ による**平行移動**という．次に，$\mathbb{R}^n$ の元 $(x_1,\ldots, x_n)$ を列ベクトル $\mathbf{x}$ で表したとき，$\det A = 1$, ${}^tA = A^{-1}$ を満たすある実行列 A によって，$g(\mathbf{x}) = A\mathbf{x}$ で表される写像 $g\colon \mathbb{R}^n \to \mathbb{R}^n$ を行列 A による**正の直交変換** (原点を固定する回転移動) という．ここで，$\det A = 1$, ${}^tA = A^{-1}$ を満たす行列 A のかわりに，

$\det A = -1$, ${}^t A = A^{-1}$ を満たす行列 A を利用して，$h(\mathbf{x}) = A\mathbf{x}$ と表される写像 $h\colon \mathbb{R}^n \to \mathbb{R}^n$ を行列 A による**負の直交変換**という．

$\mathbb{R}^n$ 内の 2 つの集合 D, E について，上のような平行移動 $f\colon \mathbb{R}^n \to \mathbb{R}^n$ と，上のような正の直交変換 $g\colon \mathbb{R}^n \to \mathbb{R}^n$ をうまく選べば，$E = g(f(D))$ となるとき，図形 D と E は**正の合同**であるという．上のような平行移動 $f\colon \mathbb{R}^n \to \mathbb{R}^n$ と，上のような負の直交変換 $h\colon \mathbb{R}^n \to \mathbb{R}^n$ をうまく選べば，$E = h(f(D))$ となるとき，図形 D と E は**負の合同**であるという．図形 D と E が正の合同または負の合同であるとき，D と E は**合同**であるという．(2 つの図形が，正の合同かつ負の合同である，という場合もあるので注意すること．)

定理．$D, E \subset \mathbb{R}^n$ とする．もし，D が可測で，D と E が合同ならば，E も可測で，$\mu_n(D) = \mu_n(E)$ が成り立つ．

合同な図形の面積や体積が等しいという経験的に自明な事実も，$\mathbb{R}^n$ では決して自明な性質ではなく，上の定理は，もっと一般的な次の定理を用いて証明される．

―――――― 線形変換による測度の変化 ――――――

定理．D は $\mathbb{R}^n$ 内の可測な有界集合で，A は n 次実正方行列，写像 $f\colon \mathbb{R}^n \to \mathbb{R}^n$ は行列 A が定める 1 次変換とする．そして，$E = f(D)$ とする．すると，E も $\mathbb{R}^n$ 内の可測な有界集合で，
$$\mu_n(E) = |\det A| \cdot \mu_n(D)$$
が成り立つ．

例えば，$n = 2$ の場合，上の定理は，$(0, 0), (a, b), (a+c, b+d), (c, d)$ を頂点とする平行四辺形の面積は $|ad - bc|$ である，という結果を含んでおり，いろいろな応用をもった定理である．

5.4.3 一般化された測度

上で定義した $\mathbb{R}^n$ 内の図形に対する n 次元のリーマン測度以外に，以下

のような様々な測度がある．

(1) **曲線上の測度**. C が曲線で，I が C 上の区間のとき，曲線の長さとしての I の長さ $\mu(I)$ も，測度の 1 つである．

(2) **曲面上の測度**. S が曲面で，D が S 上の有界な集合のとき，曲面の面積として D の面積が測定可能ならば，その面積 $\mu(D)$ も，測度の 1 つである．

(3) **確率論的測度**. Ω は確率論の意味での標本空間であるとき，事象とよばれる Ω の部分集合 X に対し，事象 X の起こる確率 $P(X)$ が定まるが，この確率 P は Ω 上の測度である．

純粋数学では，リーマン測度を一般化したルベーグ測度とよばれるものがあるが，抽象的で難解なので，ここでは説明を割愛する．

5.4.4 領域の分割とその細分

X は $\mathbb{R}^n$ 内の有界な閉集合で，X 上で定義された測度 μ があるとする．$\Delta = \{D_1, \ldots, D_r\}$ が X の**分割**であるとは，以下の条件を満たすことである．

(1) $D_1, \ldots, D_r$ は測度 μ に関して可測な有界閉集合である．
(2) $X = D_1 \cup D_2 \cup \cdots \cup D_r$.
(3) $1 \leq i < j \leq r$ ならば $\mu(D_i \cap D_j) = 0$.

$\Delta = \{D_1, \ldots, D_r\}$ と $\Delta' = \{D'_1, \ldots, D'_s\}$ が X の分割であるとき，Δ' が Δ の**細分**であるとは，各 $D'_i \in \Delta'$ に対し，$D'_i \subset D_j$ を満たすような $D_j \in \Delta$ が存在することをいう．

有界な集合 $D \subset \mathbb{R}^n$ に対し，D を含むような n 次元超球体の直径の最小値をここでは $\delta(D)$ と書くことにする．分割 $\Delta = \{D_1, \ldots, D_r\}$ に対し，$\delta(D_1), \ldots, \delta(D_r)$ の最大値を $\delta(\Delta)$ と書く．Δ' が Δ の細分ならば，$\delta(\Delta') \leq \delta(\Delta)$ である．

定理. もし X が $\mathbb{R}^n$ 内の有界な閉集合で，X 上で測度 μ が与えられているとき，X の分割 Δ は必ず存在する．また，正の実数 ε をどれだけ 0 に近く選んでも，$\delta(\Delta') < \varepsilon$ を満たすような Δ の細分 Δ' が存在する．

5.4.5 重積分の定義

X は $\mathbb{R}^n$ 内の有界閉集合で,X 上で測度 μ が定義されているとする.$y = f(\mathbf{x}) = f(x_1,\ldots, x_n)$ は X 上で定義された連続関数とする.$\Delta = \{D_1,\ldots, D_r\}$ は X の分割であるとする.有界閉集合 D_k 上での関数 f の最大値を M_k,最小値を m_k とし,

$$I(\Delta) = \sum_{k=1}^r m_k \cdot \mu(D_k), \quad J(\Delta) = \sum_{k=1}^r M_k \cdot \mu(D_k)$$

とおく.$I(\Delta) \leqq J(\Delta)$ である.各自然数 m に対し X の分割 Δ_m が与えられていて,Δ_{m+1} は Δ_m の細分であって,$\lim_{m\to\infty} \delta(\Delta_m) = 0$ であると仮定する.

$$I(\Delta_m) \leqq I(\Delta_{m+1}) \leqq J(\Delta_{m+1}) \leqq J(\Delta_m)$$

が成立する.このとき,もし,

$$\lim_{m\to\infty} I(\Delta_m) = \lim_{m\to\infty} J(\Delta_m)$$

が成り立つとき,この極限値を $\int_X f\,d\mu$ と書き,X 上での測度 μ に関する関数 f の**積分**という.

特に,μ が $\mathbb{R}^n$ の n 次元リーマン測度 μ_n であるとき,$\int_X f\,d\mu_n$ を

$$\int_X f(x_1,\ldots, x_n)\,dx_1\,dx_2\cdots dx_n$$

とか

$$\underbrace{\int\int\cdots\int}_{X} f(x_1,\ldots, x_n)\,dx_1\,dx_2\cdots dx_n$$

(後者の書き方では $\int$ を n 個書く) と書き,n **重積分**という.

また,X が $\mathbb{R}^n$ 内の曲線 C で,μ が曲線 C 上の長さから定まる測度のとき,$\int_C f\,d\mu$ を

$$\int_C f\,ds$$

などと書き，C 上での f の**線積分**という．この場合，

$$ds^2 = dx_1^2 + dx_2^2 + \cdots + dx_n^2$$

などと書き，ds の意味を明示する．

また，S が $\mathbb{R}^n$ 内の曲面で，μ が曲面 S 上の面積から定まる測度のとき，$\int_S f\,d\mu$ を

$$\int_S f\,d\sigma \quad \text{とか} \quad \int_S f\,dS$$

などと書き，S 上での f の**面積分**という．この場合，

$$d\sigma^2 = \sum_{1 \leqq i < j \leqq n} (dx_i \wedge dx_j)^2$$

などと書き，$d\sigma$ の意味を明示する．

5.4.6 重積分の線形性

X, Y は $\mathbb{R}^n$ 内の有界閉集合で，測度 μ が定義されているとする．また，f, g は X または $X \cup Y$ 上の連続関数で，c は定数とする．このとき，以下が成り立つ．

重積分の線形性

$$\int_X (f+g)\,d\mu = \int_X f\,d\mu + \int_X g\,d\mu$$

$$\int_X cf\,d\mu = c\int_X f\,d\mu$$

$$\int_{(X \cup Y)} f\,d\mu = \int_X f\,d\mu + \int_Y f\,d\mu - \int_{(X \cap Y)} f\,d\mu$$

特に，$\mu(X \cap Y) = 0$ の場合は，

$$\int_{(X \cup Y)} f\,d\mu = \int_X f\,d\mu + \int_Y f\,d\mu$$

5.4.7　重積分の計算方法

定数関数 $f(x_1,\ldots,x_n) = 1$ の n 重積分について，
$$\int_X dx_1\,dx_2\cdots dx_n = \int_X f\,dx_1\,dx_2\cdots dx_n = \mu_n(X)$$
なので，重積分の計算では，被積分関数の複雑さ以外に，積分領域 X の形状の複雑さが，積分の計算の複雑さに寄与する．以下，積分領域 X が単純な図形の場合から順に考えていく．

(I)　$n=2$ で，辺が座標軸に平行な長方形の場合．

$$X = \left\{(x,y) \in \mathbb{R}^2 \mid a_1 \leqq x \leqq b_1, a_2 \leqq y \leqq b_2\right\}$$
とする．このとき，
$$\int_X f(x,y)\,dx\,dy = \int_{a_2}^{b_2}\left(\int_{a_1}^{b_1} f(x,y)\,dx\right)dy$$
$$= \int_{a_1}^{b_1}\left(\int_{a_2}^{b_2} f(x,y)\,dy\right)dx$$

が成り立つ．ここで，例えば，$\int_{a_1}^{b_1} f(x,y)\,dx$ というのは，関数 $f(x,y)$ において，y を定数とみなし，x のみの関数と考えて $f(x,y)$ を積分することを意味する．$\int_{a_2}^{b_2}\left(\int_{a_1}^{b_1} f(x,y)\,dx\right)dy$ を

$$\int_{a_2}^{b_2} dy \int_{a_1}^{b_1} f(x,y)\,dx \quad \text{とか} \quad \int_{a_2}^{b_2} dy \int_{a_1}^{b_1} dx\,f(x,y)$$

とも書く．

特に，$f(x,y) = g(x)h(y)$ と書ける場合には，
$$\int_X f(x,y)\,dx\,dy = \left(\int_{a_1}^{b_1} g(x)\,dx\right)\left(\int_{a_2}^{b_2} h(y)\,dy\right)$$
によって，1 変数関数の定積分の計算に帰着される．

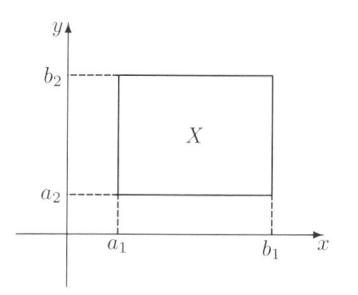

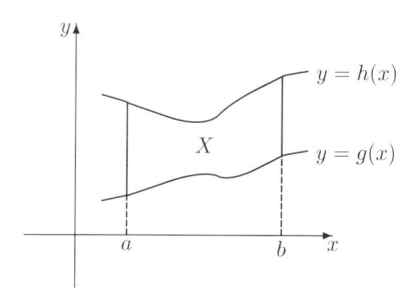

(II) $n=2$ で，2つのグラフで囲まれる領域の場合．

$y = g(x)$ と $y = h(x)$ は閉区間 $[a,b]$ 上の連続関数で，$[a,b]$ 上でつねに $g(x) \leqq h(x)$ が成り立つと仮定する．このとき，次が成り立つ．

グラフで囲まれる領域上での重積分

$$X = \left\{ (x,y) \in \mathbb{R}^2 \mid a \leqq x \leqq b,\ g(x) \leqq y \leqq h(x) \right\}$$
とする．このとき，
$$\int_X f(x,y)\,dx\,dy = \int_a^b \left(\int_{g(x)}^{h(x)} f(x,y)\,dy \right) dx$$

(III) 辺が座標軸に平行な超直方体の場合．

$$X = \left\{ (x_1, \ldots, x_n) \in \mathbb{R}^n \mid a_i \leqq x_i \leqq b_i\ (i = 1, \ldots, n) \right\}$$
とする．このとき，
$$\int_X f(x_1, \ldots, x_n)\,dx_1 \cdots dx_n$$
$$= \int_{a_n}^{b_n} \left(\cdots \left(\int_{a_2}^{b_2} \left(\int_{a_1}^{b_1} f(x_1, \ldots, x_n)\,dx_1 \right) dx_2 \right) \cdots \right) dx_n$$

が成り立つ．積分の順序は，変数 $x_1, \ldots, x_n$ の順に積分しなくても，任意の順で積分を実行してよい．ただし，積分を行う区間は，その変数に対応する区間で行うこと．

(IV) ふたつの超曲面で囲まれる領域の場合．

Y は $(x_1, \ldots, x_{n-1})$-空間内の有界閉領域で，$g(x_1, \ldots, x_{n-1})$ と $h(x_1, \ldots,$

$x_{n-1})$ は Y 上で定義された連続関数で, Y 上でつねに, $g(x_1,\ldots,x_{n-1}) \leqq h(x_1,\ldots,x_{n-1})$ が成り立つと仮定する.

$$X = \left\{ (x_1,\ldots,x_n) \in \mathbb{R}^n \;\middle|\; \begin{array}{l} (x_1,\ldots,x_{n-1}) \in Y, \\ g(x_1,\ldots,x_{n-1}) \leqq x_n \leqq h(x_1,\ldots,x_{n-1}) \end{array} \right\}$$
とする. このとき,
$$\int_X f(x_1,\ldots,x_n)\,dx_1\cdots dx_n$$
$$= \int_Y \left(\int_{g(x_1,\ldots,x_{n-1})}^{h(x_1,\ldots,x_{n-1})} f(x_1,\ldots,x_n)\,dx_n \right) dx_1\cdots dx_{n-1}$$

が成り立つ.

(V) ファイバー構造をもつ領域の場合.

H は $(x_1,\ldots,x_n)$-空間 $\mathbb{R}^n$ 内で $x_1 = \cdots = x_k = 0$ で定まる $(x_{k+1},\ldots,x_n)$-空間とする. H 内の点 $(0,\ldots,0,x_{k+1},\ldots,x_n)$ と, $(x_{k+1},\ldots,x_n) \in \mathbb{R}^{n-k}$ を同一視することにより, $H = \mathbb{R}^{n-k}$ と考える. また, X は $\mathbb{R}^n$ 内の有界閉集合で, Y は X の H への正射影とする. $\mathbf{t} = (t_{k+1},\ldots,t_n) \in \mathbb{R}^{n-k} = H$ に対し,

$$X_{\mathbf{t}} = \{(x_1,\ldots,x_n) \in X \mid (x_{k+1},\ldots,x_n) = (t_{k+1},\ldots,t_n)\}$$

とおく. つまり, $X_{\mathbf{t}}$ は X 内の点 $\mathbf{x}$ で, $\mathbf{x}$ の Y への正射影が $\mathbf{t}$ に一致するような点 $\mathbf{x}$ 全体の集合であり, $X_{\mathbf{t}}$ は k 次元空間内の有界閉集合とみなせる. このとき,

$$\int_X f(x_1,\ldots,x_n)\,dx_1\cdots dx_n$$
$$= \int_Y \left(\int_{X_{\mathbf{t}}} f(x_1,\ldots,x_k,t_{k+1},\ldots,t_n)\,dx_1\cdots dx_k \right) dt_{k+1}\cdots dt_n$$

が成り立つ.

5.4.8 重積分の変数変換公式

T は $(t_1,\ldots, t_n)$-空間内の連結な有界閉領域，$x_i = g_i(t_1,\ldots, t_n)$ $(i = 1,\ldots, n)$ は T の近傍で微分可能であるとする．今，

$$(x_1,\ldots, x_n) = (g_1(t_1,\ldots, t_n),\ldots, g_n(t_1,\ldots, t_n))$$

で定まる写像を $g: T \to \mathbb{R}^n$ とする．このとき，$\dfrac{\partial x_i}{\partial t_j}$ を (i, j)-成分とする n 次正方行列を

$$J(t_1,\ldots, t_n) = \begin{pmatrix} \dfrac{\partial x_1}{\partial t_1} & \cdots & \dfrac{\partial x_1}{\partial t_n} \\ \vdots & & \vdots \\ \dfrac{\partial x_n}{\partial t_1} & \cdots & \dfrac{\partial x_n}{\partial t_n} \end{pmatrix}$$

などと書き，写像 $g = (g_1,\ldots, g_n)$ の **ヤコビ行列** という．また，その行列式を

ヤコビアン

$$\frac{\partial(x_1,\ldots, x_n)}{\partial(t_1,\ldots, t_n)} = \begin{vmatrix} \dfrac{\partial x_1}{\partial t_1} & \cdots & \dfrac{\partial x_1}{\partial t_n} \\ \vdots & & \vdots \\ \dfrac{\partial x_n}{\partial t_1} & \cdots & \dfrac{\partial x_n}{\partial t_n} \end{vmatrix}$$

とか，$\dfrac{D(x_1,\ldots, x_n)}{D(t_1,\ldots, t_n)}$ などと書き，g の **ヤコビアン** という．

$\mu_n(T_0) = 0$ であるような T の部分集合 T_0 を除けば，差集合 $T_1 = T - T_0$ 上では，$\dfrac{\partial(x_1,\ldots, x_n)}{\partial(t_1,\ldots, t_n)} \neq 0$ であると仮定する．さらに，T_1 が連結ならば，$X_1 = g(T_1)$ とするとき，$g: T_1 \to X_1$ の逆写像 $g^{-1}: X_1 \to T_1$ が存在し，g^{-1} の各成分は微分可能である．この仮定のもと，写像 g による T の像を $X = g(T)$ とする．このとき，$y = f(x_1,\ldots, x_n)$ が X 上の連続関数ならば，次が成り立つ．

```
━━━━━━━━━━━━━━━━━━━━━━━━━ 重積分の変数変換公式 ━━━
$$\int_X f(x_1, \ldots, x_n)\, dx_1 \cdots dx_n$$
$$= \int_T f\bigl(g_1(t_1, \ldots, t_n), \ldots, g_n(t_1, \ldots, t_n)\bigr) \cdot \left| \frac{\partial(x_1, \ldots, x_n)}{\partial(t_1, \ldots, t_n)} \right| dt_1 \cdots dt_n$$
━━━━━━━━━━━━━━━━━━━━━━━━━━━━━━━━━━━━━━━━━━━━━━━
```

この変数変換公式の特殊な場合として，以下の公式が成り立つ．

(I) **円板上での極座標を用いた重積分**

平面上の点 (a, b) を中心とする半径 R の閉円板

$$X = \{(x, y) \in \mathbb{R}^2 \mid (x - a)^2 + (y - b)^2 \leqq R^2\}$$

を考える．X 上の点は，(a, b) からの距離 r と偏角 θ により，

$$x = a + r\cos\theta, \quad y = b + r\sin\theta$$
$$(\text{ただし，}0 \leqq r \leqq R,\, 0 \leqq \theta < 2\pi)$$

と表される．(x, y) を (r, θ) の関数と考えたとき，そのヤコビ行列とヤコビアンは，

$$J(r, \theta) = \begin{pmatrix} \cos\theta & -r\sin\theta \\ \sin\theta & r\cos\theta \end{pmatrix}, \quad \frac{\partial(x, y)}{\partial(r, \theta)} = r$$

となる．$T = \{(r, \theta) \in \mathbb{R}^2 \mid 0 \leqq r \leqq R,\, 0 \leqq \theta \leqq 2\pi\}$ とし，$r = 0$ または $\theta = 2\pi$ で定まる T の部分集合を T_0 とおけば，上の変数変換の公式が適用でき，

```
━━━━━━━━━━━━━━━━━━━━━━━━━━━━━━━ 円板上での重積分 ━━━
$$\int_X f(x, y)\, dx\, dy = \int_0^{2\pi} \left( \int_0^R f(a + r\cos\theta,\, b + r\sin\theta) \cdot r\, dr \right) d\theta$$
━━━━━━━━━━━━━━━━━━━━━━━━━━━━━━━━━━━━━━━━━━━━━━━
```

が成り立つ．

平面極座標　　　　　　　空間極座標

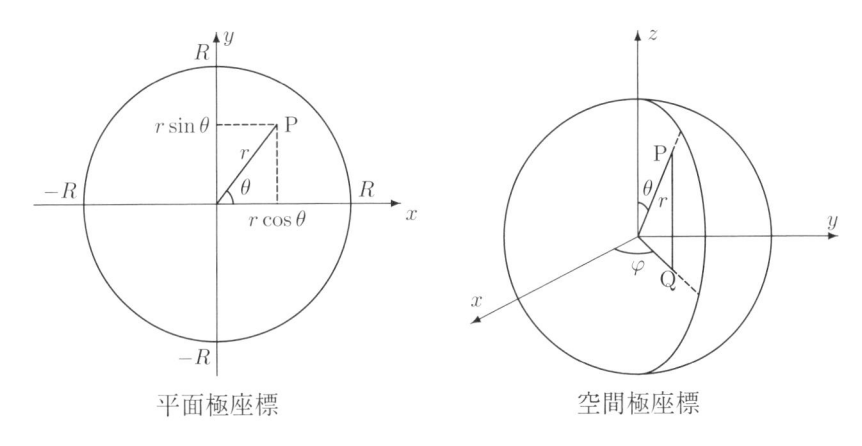

(II) 球体内での極座標を用いた 3 重積分

空間内の点 $O' = (a, b, c)$ を中心とする半径 R の球体

$$X = \{(x, y, z) \in \mathbb{R}^3 \mid (x-a)^2 + (y-b)^2 + (z-c)^2 \leqq R^2\}$$

を考える．X 上の点 $P = (x, y, z)$ は，(a, b, c) からの距離 r, z 軸の正の方向と半直線 $O'P$ のなす角 θ, $O'P$ の (x, y)-平面への正射影の偏角 φ によって，

$$x = a + r\sin\theta\cos\varphi, \quad y = b + r\sin\theta\sin\varphi, \quad z = c + r\cos\theta$$
$$(0 \leqq r \leqq R,\, 0 \leqq \theta \leqq \pi,\, 0 \leqq \varphi < 2\pi)$$

と表すことができ，これを**空間極座標**という．このヤコビアンは，

$$\frac{\partial(x, y, z)}{\partial(r, \theta, \varphi)} = r^2 \sin\theta$$

である．したがって，次が成り立つ．

球体内での 3 重積分

$$\int_X f(x, y, z)\, dx\, dy\, dz$$
$$= \int_0^{2\pi} \int_0^{\pi} \int_0^R f(a + r\sin\theta\cos\varphi,\, b + r\sin\theta\sin\varphi,\, c + r\cos\theta)$$
$$\cdot r^2 \sin\theta\, dr\, d\theta\, d\varphi$$

(III) 輪環体内での 3 重積分

$0 < a < b$ とする．(x, z)-平面内の点 $(b, 0)$ を中心とする半径 a の閉円板

を z 軸を中心に 1 回転してできる回転体 (と合同な立体) を**輪環体**といい，その表面を**トーラス**という．上のような輪環体の中の点 $\mathrm{P} = (x, y, z)$ は，
$$x = (b + r\cos\varphi)\cos\theta, \quad y = (b + r\cos\varphi)\sin\theta, \quad z = r\sin\varphi$$
$$(0 \leqq r \leqq a, 0 \leqq \theta < 2\pi, 0 \leqq \varphi < 2\pi)$$
と表すことができる．このヤコビアンは，
$$\frac{\partial(x, y, z)}{\partial(r, \theta, \varphi)} = r(b + r\cos\varphi)$$
である．

5.4.9 線積分

線積分の定義は第 5.4.5 項で説明した通りである．ここでは，線積分の計算方法を説明する．$\mathbb{R}^n$ 内の曲線 C は媒介変数表示
$$x_1 = g_1(t),\ x_2 = g_2(t), \ldots,\ x_n = g_n(t) \qquad (a \leqq t \leqq b)$$
で定義されていると仮定する．また，各 g_i は微分可能と仮定する．$y = f(x_1, \ldots, x_n)$ が曲線 C 上で定義された連続関数のとき，線積分は

線積分の計算方法
$$\int_C f\,ds = \int_a^b f(g_1(t), \ldots, g_n(t))\,\sqrt{g_1'(t)^2 + \cdots + g_n'(t)^2}\,dt$$

によって計算できる．特に，$(g_1, \ldots, g_n)$ が定める写像が単射ならば，曲線 C の長さは，$\int_C ds$ で与えられる．形式的に，
$$ds = \sqrt{g_1'(t)^2 + \cdots + g_n'(t)^2}\,dt = \sqrt{\left(\frac{dx_1}{dt}\right)^2 + \cdots + \left(\frac{dx_n}{dt}\right)^2}\,dt$$
$$ds^2 = \left\{\left(\frac{dx_1}{dt}\right)^2 + \cdots + \left(\frac{dx_n}{dt}\right)^2\right\}dt^2 = dx_1^2 + \cdots + dx_n^2$$
のような表示をする．これは，数学的には微分形式の等式として正当化できる．

なお，線積分とよく似た記号で書かれるが，本質的に異なる積分として，

$$\int_C f\,dx_i = \int_a^b f(g_1(t),\ldots,g_n(t))\,g_i'(t)\,dt$$

というものもある．ただし，この積分においては，曲線 C は点 $(g_1(a),\ldots,g_n(a))$ が始点，点 $(g_1(b),\ldots,g_n(b))$ が終点になるように向きが定まっていると仮定する．この積分は，後で説明する複素積分や，ガウスの定理で大切である．

5.4.10 複素積分

複素数を $z = x + iy$ (x, y は実数で $i^2 = -1$) と，実部，虚部に分解して書く．複素関数 $w = f(z)$ は $\mathbb{C}$ 内の領域 D で正則 (5.5.1 参照) であると仮定する．$f(z)$ の実部を $f_1(z)$, 虚部を $f_2(z)$ とし，$f(z) = f_1(z) + i f_2(z)$ と表す．また，C は領域 D 内の曲線で，実関数として 1 回微分可能な関数により

$$x = g_1(t),\ y = g_2(t) \qquad (a \leqq t \leqq b)$$

つまり，$z = z(t) = g_1(t) + i g_2(t)$ と媒介変数表示されているとする．このとき，

―― 複素積分の定義 ――

$$\begin{aligned}
\int_C f(z)\,dz &= \int_a^b f(z(t))\frac{dz}{dt}\,dt \\
&= \int_a^b f\bigl(g_1(t)+ig_2(t)\bigr)\bigl(g_1'(t)+ig_2'(t)\bigr)dt \\
&= \int_a^b \bigl\{f_1\bigl(g_1(t)+ig_2(t)\bigr)g_1'(t) - f_2\bigl(g_1(t)+ig_2(t)\bigr)g_2'(t)\bigr\}\,dt \\
&\quad + i\int_a^b \bigl\{f_1\bigl(g_1(t)+ig_2(t)\bigr)g_2'(t) + f_2\bigl(g_1(t)+ig_2(t)\bigr)g_1'(t)\bigr\}\,dt
\end{aligned}$$

と定義し，C に沿った $f(z)$ の **複素積分** という．

特に，C が実軸上の閉区間 $[a, b]$ である場合には，$g_1(t) = t$, $g_2(t) = 0$ と選べるので，

$$\int_C f(z)\,dz = \int_a^b f(t)\,dt$$

が成り立つ．

5.4.11 面積分

ここでは，3次元空間内の曲面だけを扱う．今，D は (s,t)-平面内の有界閉領域で，D 上で定義された微分可能関数 $g_1(s,t), g_2(s,t), g_3(s,t)$ によって，
$$S = \{(g_1(s,t), g_2(s,t), g_3(s,t)) \mid (s,t) \in D\}$$
という媒介変数表示によって定義された曲面 S を考える．D のある面積が 0 の部分集合 D_0 を除けば，$x = g_1(s,t), y = g_2(s,t), z = g_3(s,t)$ で定まる写像 $g\colon (D - D_0) \to S$ は単射であると仮定する．$w = f(x,y,z)$ が S 上の連続関数のとき，S 上での f の面積分は，

---- 面積分の計算公式 ----
$$\int_S f\,d\sigma = \int_D f(g_1(s,t), g_2(s,t), g_3(s,t))$$
$$\cdot \sqrt{\left(\frac{\partial(x,y)}{\partial(s,t)}\right)^2 + \left(\frac{\partial(y,z)}{\partial(s,t)}\right)^2 + \left(\frac{\partial(z,x)}{\partial(s,t)}\right)^2}\,ds\,dt$$

によって計算できる．ここで，$d\sigma$ は，以下のようにして計算することもできる．
$$\mathbf{x} = \mathbf{x}(s,t) = (g_1(s,t), g_2(s,t), g_3(s,t))$$
とおき，その各成分を s, t で偏微分して得られる列ベクトル (関数) を，それぞれ，$\dfrac{\partial \mathbf{x}}{\partial s}, \dfrac{\partial \mathbf{x}}{\partial t}$ と書く．このとき，

---- 面積要素のいろいろな計算方法 ----
$$d\sigma = \sqrt{\left(\frac{\partial(x,y)}{\partial(s,t)}\right)^2 + \left(\frac{\partial(y,z)}{\partial(s,t)}\right)^2 + \left(\frac{\partial(z,x)}{\partial(s,t)}\right)^2}\,ds\,dt$$
$$= \sqrt{\left|\frac{\partial \mathbf{x}}{\partial s}\right|^2 \left|\frac{\partial \mathbf{x}}{\partial t}\right|^2 - \left(\frac{\partial \mathbf{x}}{\partial s} \cdot \frac{\partial \mathbf{x}}{\partial t}\right)^2}\,ds\,dt$$
$$= \left|\frac{\partial \mathbf{x}}{\partial s} \times \frac{\partial \mathbf{x}}{\partial t}\right|\,ds\,dt$$

が成り立つ．ここで，・は内積，×はベクトル積である．

5.4.12 ベクトル場・スカラー場

ベクトル場の概念は，電磁気学や流体力学で重要である．

$\mathbb{R}^n$ の部分集合 A を定義域とし，$\mathbb{R}^n$ を値域とする写像を A 上の**ベクトル場**といい，それに対し，A を定義域，$\mathbb{R}$ を値域とする写像 (関数) を A 上の**スカラー場**という．

以下，ベクトル場 $\mathbf{v}(\mathbf{x}) = \bigl(v_1(\mathbf{x}),\ldots, v_n(\mathbf{x})\bigr)$ の各成分 $v_i(\mathbf{x}) = v_i(x_1,\ldots, x_n)$ は微分可能であると仮定する．このようなベクトル場 $\mathbf{v}$ に対し，

---- ベクトル場の発散 ----
$$\mathrm{div}\,\mathbf{v} = \sum_{i=1}^n \frac{\partial}{\partial x_i} v_i(x_1,\ldots, x_n)$$

と定め，これを $\mathbf{v}$ の**発散**という．

また，微分可能なスカラー場 $f(\mathbf{x}) = f(x_1,\ldots, x_n)$ に対し，

---- スカラー場の勾配 ----
$$\mathrm{grad}\, f = \left(\frac{\partial f}{\partial x_1},\ldots, \frac{\partial f}{\partial x_n}\right)$$

を f の**勾配**という．勾配はベクトル場である．

3次元のベクトル場 $\mathbf{v} = \bigl(v_1(\mathbf{x}), v_2(\mathbf{x}), v_3(\mathbf{x})\bigr)$ $(\mathbf{x} = (x, y, z))$ に対し，

---- ベクトル場の回転 ----
$$\mathrm{rot}\,\mathbf{v} = \left(\frac{\partial v_3}{\partial y} - \frac{\partial v_2}{\partial z},\, \frac{\partial v_1}{\partial z} - \frac{\partial v_3}{\partial x},\, \frac{\partial v_2}{\partial x} - \frac{\partial v_1}{\partial y}\right)$$

を $\mathbf{v}$ の**回転**という．

3次元の場合，微分演算子のベクトル場「**ナブラ**」

微分演算子ナブラ

$$\nabla = \left(\frac{\partial}{\partial x}, \frac{\partial}{\partial y}, \frac{\partial}{\partial z}\right)$$

によって，形式的に，

$$\text{div}\,\mathbf{v} = \nabla \cdot \mathbf{v}, \quad \text{grad}\,f = \nabla f, \quad \text{rot}\,\mathbf{v} = \nabla \times \mathbf{v}$$

と書き表すことができる．

5.4.13 平面上のガウスの定理

D は平面 $\mathbb{R}^2$ 内の有界な閉領域で，D の境界は有限個の滑らかな曲線の和集合であるとする．D の境界を ∂D という記号で表す．境界 ∂D 上の滑らかな点 $P = (x, y)$ に対し，点 P で ∂D に直交する 2 つの単位ベクトルのうち，D の外部を向いたベクトルを $\mathbf{n} = \mathbf{n}(x, y)$ とし，点 P における D の**単位法線ベクトル**という．

平面上のガウスの定理

定理． D の近傍で 1 回微分可能なベクトル場 $\mathbf{v} = \mathbf{v}(x, y)$ に対し，

$$\int_D (\text{div}\,\mathbf{v})\,dx\,dy = \int_{\partial D} (\mathbf{v} \cdot \mathbf{n})\,ds$$

が成り立つ．ここで，$(\mathbf{v} \cdot \mathbf{n})$ は内積である．

なお，上の定理は，数学的には以下のように書くことができる．D の境界 ∂D 上を進む場合には必ず，D の外部が右側，内部が左側に見える方向に進むことにし，これを ∂D の向きと定める．このとき，次が成り立つ．

$$\int_{\partial D} f(x,y)\,dx + \int_{\partial D} g(x,y)\,dy = \int_D \left(-\frac{\partial}{\partial y}f(x,y) + \frac{\partial}{\partial x}g(x,y)\right)dx\,dy$$

5.4.14 空間のガウス定理

D は空間 $\mathbb{R}^3$ 内の有界な閉領域で，D の境界は有限個の滑らかな曲面の和集合であるとする．D の境界を ∂D という記号で表す．境界 ∂D 上の点 $P = (x, y, z)$ に対し，点 P で ∂D に直交する 2 つの単位ベクトルのうち，

D の外部を向いたベクトルを $\mathbf{n} = \mathbf{n}(x, y, z)$ とし，点 P における D の**単位法線ベクトル**という．

> **空間のガウスの定理**
> **定理.** D の近傍で 1 回微分可能なベクトル場 $\mathbf{v} = \mathbf{v}(x, y, z)$ に対し，
> $$\int_D (\text{div } \mathbf{v}) \, dx \, dy \, dz = \int_{\partial D} (\mathbf{v} \cdot \mathbf{n}) \, d\sigma$$
> が成り立つ．

なお，上の定理は，数学的には以下のように書くことができる．D の境界 ∂D は，D の外部が表，内部が裏となるように向きを定める．このとき，

$$\int_{\partial D} f(x, y, z) \, dy \, dz + \int_{\partial D} g(x, y, z) \, dz \, dx + \int_{\partial D} h(x, y, z) \, dx \, dy$$
$$= \int_D \left(\frac{\partial}{\partial x} f(x, y, z) + \frac{\partial}{\partial y} g(x, y, z) + \frac{\partial}{\partial z} h(x, y, z) \right) dx \, dy \, dz$$

5.4.15 空間曲面のストークスの定理

(x, y, z)-空間内に有界で滑らかな曲面 S があり，S の境界 ∂S は何本かの滑らかな曲線の和集合であると仮定する．ただし，∂S は空集合でもよい．さらに，曲面 S には表裏の区別があると仮定する．S 上の点 P に対し，点 P における S の単位法線ベクトル $\mathbf{n}$ は S の裏から表へ向かう方向を向いているものを選ぶ．また，S の境界 ∂S を進む時には，S の表側から見たとき，進行方向の左側に S が見えるような方向に進むものとし，これを ∂S の正の方向と定める．∂S 上の点 P における ∂S の単位接線ベクトル $\mathbf{t}$ は，∂S の正の方向を向いたものを選ぶ．このとき，S の近傍で定義された微分可能なベクトル場 $\mathbf{v}$ に対し，

> **空間曲面のストークスの定理**
> $$\int_S (\mathbf{v} \cdot \mathbf{n}) \, d\sigma = \int_{\partial S} (\mathbf{v} \cdot \mathbf{t}) \, ds$$

が成り立つ．

なお，上の定理は，数学的には以下のように書くことができる．

$$\int_{\partial S} f(x,y,z)\,dx + \int_{\partial S} g(x,y,z)\,dy + \int_{\partial S} h(x,y,z)\,dz$$
$$= \int_S \left(-\frac{\partial}{\partial y}f(x,y,z) + \frac{\partial}{\partial x}g(x,y,z)\right) dx\,dy$$
$$+ \int_S \left(-\frac{\partial}{\partial z}g(x,y,z) + \frac{\partial}{\partial y}h(x,y,z)\right) dy\,dz$$
$$+ \int_S \left(-\frac{\partial}{\partial x}h(x,y,z) + \frac{\partial}{\partial z}f(x,y,z)\right) dz\,dx$$

5.4.16 多様体上の積分

n, N は自然数で $n \leqq N$ とし，$\mathbb{R}^n$ の座標を $(t_1,\ldots,t_n)$, $\mathbb{R}^N$ の座標を $(x_1,\ldots,x_N)$ で表そう．D は $\mathbb{R}^n$ 内の有界閉領域で，$x_i = g_i(t_1,\ldots,t_n)$ $(i=1,\ldots,N)$ で定まる写像 $g: D \to \mathbb{R}^N$ は D の内部で単射であり，各 g_i は微分可能であるとする．g の像 $M = g(D)$ は n 次元**多様体**とよばれるものの特殊なものである．なお，1 次元多様体が曲線，2 次元多様体が曲面である．$f(x_1,\ldots,x_N)$ が M 上の連続関数のとき，M 上での f の積分を，

―― 多様体上での積分 ――

$$\int_M f\,d\mu$$
$$= \int_D f \circ g(t_1,\ldots,t_n) \sqrt{\sum_{1 \leqq i_1 < \ldots < i_n \leqq N} \left(\frac{\partial(x_{i_1},\ldots,x_{i_n})}{\partial(t_1,\ldots,t_n)}\right)^2}\,dt_1 \cdots dt_n$$

によって定義する．しかし，多様体上での積分は，微分形式の言葉で記述するほうが便利である．

$1 \leqq r \leqq n$ を満たす自然数 r を固定する．

―― 微分形式 ――

$$\omega = \sum_{1 \leqq i_1 < \cdots < i_r \leqq N} f_{i_1 i_2 \cdots i_r}(x_1,\ldots,x_N)\,dx_{i_1} \wedge dx_{i_2} \wedge \cdots \wedge dx_{i_r}$$

を r 次微分形式という．ここで，$dx_{i_1} \wedge \cdots \wedge dx_{i_r}$ は，$dx_{i_1} \cdots dx_{i_r}$ と似た

ものであるが，変数の並べ変えに関して以下の交代性を仮定したものである．

── 交代性規則 ──
写像 $\sigma\colon\{1,2,\ldots,r\} \to \{1,2,\ldots,r\}$ に対し，σ が全単射のときは σ を置換と考えその符号を $\mathrm{sign}(\sigma) \in \{-1,+1\}$ とし，σ が全単射でないときは $\mathrm{sign}(\sigma) = 0$ とおく．このとき，
$$dx_{i_{\sigma(1)}} \wedge dx_{i_{\sigma(2)}} \wedge \cdots \wedge dx_{i_{\sigma(r)}} = \mathrm{sign}(\sigma) dx_{i_1} \wedge dx_{i_2} \wedge \cdots \wedge dx_{i_r}$$

ただし，線形性の法則は，$dx_{i_1} \cdots dx_{i_r}$ と同じである．

── 線形性規則 ──
$$\left(\sum_{k=1}^N f_k dx_k\right) \wedge dx_{i_2} \wedge dx_{i_3} \wedge \cdots \wedge dx_{i_r} = \sum_{k=1}^N f_k dx_k \wedge dx_{i_2} \wedge dx_{i_3} \wedge \cdots \wedge dx_{i_r}$$

また，変数変換は以下の規則に従う．

── 変数変換規則 ──
$$dy_{k_1} \wedge dy_{k_2} \wedge \cdots \wedge dy_{k_r}$$
$$= \sum_{1 \leqq i_1 < \ldots < i_r \leqq N} \frac{\partial(y_{k_1}, \cdots, y_{k_r})}{\partial(x_{i_1}, \cdots, x_{i_r})} dx_{i_1} \wedge dx_{i_2} \wedge \cdots \wedge dx_{i_r}$$

この変数変換規則により，そこで，n 次元多様体 M 上での n 次微分形式 ω の積分の値 $\int_M \omega$ が座標系の選び方に依存せずに定まる．

さて，$\mathbb{R}^N$ の開集合 U 上で C^∞ 級な関数 f に対し，

── 関数の外微分 ──
$$df = \sum_{i=1}^N \frac{\partial f}{\partial x_i} dx_i$$

と定義し，df を関数 f の**外微分**という．次に，U 上の C^∞ 級 r 次微分形式

―― 微分形式の外微分 ――

$$\omega = \sum_{1 \leq i_1 < ... < i_r \leq N} f_{i_1 i_2 \cdots i_r} dx_{i_1} \wedge dx_{i_2} \wedge \cdots \wedge dx_{i_r}$$

に対し，

$$d\omega = \sum_{1 \leq i_1 < ... < i_r \leq N} (df_{i_1 i_2 \cdots i_r}) \wedge dx_{i_1} \wedge dx_{i_2} \wedge \cdots \wedge dx_{i_r}$$

と定義すると，$d\omega$ は $(r+1)$ 次微分形式になる．$d\omega$ を r 次微分形式 ω の**外微分**という．$\mathbb{R}^N$ 内の n 次元多様体 M が向きづけ可能で，その境界 ∂M が何個かの $(n-1)$ 次元向きづけ可能多様体の和集合で表せるとき，次の定理が成り立つ．

―― ストークスの定理 ――

ω が M のある近傍で定義された $(n-1)$ 次微分形式ならば，

$$\int_M d\omega = \int_{\partial M} \omega$$

これは，平面や空間のガウスの定理，曲面のストークスの定理の一般化である．

5.5 複素関数

初等関数 $\sin x, \cos x, e^x, \log x$ は，変数 x を複素数まで拡張して複素関数と考えると，オイラーの関係式 $e^{ix} = \cos x + i \sin x$ をはじめ，関数の性質が明解に理解できる．このような話題を含めて，以下に述べる複素関数論は，数学史上でもっとも成功した理論である．この世のものでない複素数が，とんでもなく役に立つところがおもしろい．

5.5.1 正則関数

a は複素数とする．複素関数 $f(z)$ が，

(1) ある十分小さい正の実数 r を選べば，$|z-a| < r$ を満たす任意の複素数 z に対し $f(z)$ の値が複素数として定まっていて，

(2) ある複素数 c_0 が存在し，任意の正の実数 ε に対し，十分小さい正の実数 δ をうまく選べば，$|z-a| < \delta$ を満たす任意の複素数 z に対し，$\left| \dfrac{f(z) - f(a)}{z - a} - c_0 \right| < \varepsilon$ が成り立つ

という 2 条件を満たすとき，$f(z)$ は複素関数として点 $z = a$ で微分可能であるといい，$f'(a) = c_0$ と書く．

D が $\mathbb{C}$ 内の開集合で，複素関数 $f(z)$ が D 内のすべての点で微分可能であるとき，$f(z)$ は D 上で**正則**であるという．また，1 点 a のある近傍で $f(z)$ が正則なとき，$f(z)$ は $z = a$ で**正則**であるという．

実関数として微分可能であっても，複素関数として微分可能であるとは限らない．複素関数として正則であることは，大変強い条件であって，実関数の場合とは異なり，以下のことが成立する．

$f(z)$ が $z = a$ で正則であれば，$f(z)$ は $z = a$ で複素関数として無限回微分可能であり，$f(z)$ の n 次導関数を $f^{(n)}(z)$ とするとき，ある正の実数 r が存在して，$|z-a| < r$ を満たすすべての複素数 z に対し

$$f(z) = \sum_{n=0}^{\infty} \frac{f^{(n)}(a)}{n!} (z-a)^n$$

が成り立つ．これを，$z = a$ における $f(z)$ の**テーラー展開**とか，**巾級数展開**という．

多項式や，$f(z) = e^z, \sin z, \cos z$ は $\mathbb{C}$ 上のすべての点で正則な関数である．他方，$f(z) = |z|, \bar{z}, \mathrm{Re}\, z, \mathrm{Im}\, z$ は正則関数でない．

理工学で登場する多くの関数は，ある領域上の正則関数であるのが普通だが，フーリエ級数で表される関数には，ノコギリ波など，正則関数でないものも登場する (6.2.4 項参照)．

$f(z)$ が正則関数であれば，導関数の計算方法や，テーラー展開の計算方法は，実関数の場合とまったく同じである．

5.5.2 コーシーの積分定理

$\mathbb{C}$ 内の連結な開集合を $\mathbb{C}$ 内の**領域**という．

S^1 を円周とし，連続写像 $\varphi: S^1 \to D$ が単射であるとき，円周 S^1 の像 $C = \varphi(S^1)$ を D 内の**単純閉曲線**という．つまり，自己交叉しない輪になった曲線が，単純閉曲線である．単純閉曲線 C 上を進むとき，C で囲まれる内部の領域が左手側に見えるように進むとき，つまり，反時計回りに C 上を進むとき，正の向きに C 上を進むといい，その反対向きに C 上を進むとき，負の向きに C 上を進むという．

D 内の任意の単純閉曲線 C に対し，C で囲まれる領域のすべての点が D に属するとき，D は**単連結**であるという．つまり，D の中に穴が空いていたり，抜けている点がない状態である．

コーシーの積分定理

D は単連結な領域で，C は D 内の単純閉曲線であり，$f(z)$ は D 上で正則であると仮定する．このとき，
$$\int_C f(z)\,dz = 0$$

が成立する．ただし，左辺の積分は，C を正の向きに 1 周する複素積分 (5.4.10 参照) とする．これを**コーシーの積分定理**という．

5.5.3 孤立特異点

$f(z)$ は複素関数で，点 $z=a$ を含む十分小さい開集合 $U \subset \mathbb{C}$ を選べば，$f(z)$ は $z=a$ 以外のすべての U の点で正則であり，$z=a$ では $f(z)$ は定義されていないか，正則でないとする．このとき，$z=a$ は $f(z)$ の**孤立特異点**であるという．

ただし，極限値 $\lim_{z \to a} f(z)$ が有限の値として存在するときは，この極限値を $f(a)$ の値として定めれば，$f(z)$ は $z=a$ でも正則になる．このような特異点を**除去可能特異点**といい，通常，除去可能特異点はこの方法で取り除いて，$f(z)$ の孤立特異点に含めない．

$z=a$ が $f(z)$ の除去可能特異点でない孤立特異点で，ある自然数 n を選ぶと，
$$\lim_{z \to a}(z-a)^n f(z)$$
が 0 でない有限の値として確定するとき，$z=a$ は $f(z)$ の n 位の**極**であるという．

極でも除去可能特異点でもない孤立特異点を**真性特異点**という．

$z=a$ で $f(z)$ が正則であるか，あるいは $z=a$ が $f(z)$ の真性特異点以外の孤立特異点であるとき，$z=a$ は $f(z)$ の**高々極**であるという．

なお，$z=a$ を含む十分小さい開集合上では $z=a$ 以外の点で $f(z)$ が多価関数として定義できるが，$z=a$ を含むどんなに小さい開集合上でも 1 価正則関数としては定義できないとき，$z=a$ は $f(z)$ の**分岐点**であるという．特に，$f(z)=\sqrt[m]{z}\,(m \geqq 2)$ や，$f(z)=\log_e z$ において，$z=0$ は $f(z)$ の分岐点であり，孤立特異点ではない．

$f(z)$ が $z=a$ で正則で，$f(a)=0$ であるが，a の近くで $f(z)$ は恒等的には 0 ではないとき，$z=a$ は $f(z)$ の (孤立)**零点**であるという．このとき，
$$\lim_{z \to a} \frac{f(z)}{(z-a)^n}$$
が 0 でない有限の値として確定するような自然数 n がただ 1 つだけ存在する．このとき，$z=a$ は $f(z)$ の n 位の零点であるという．

$z=a$ が $f(z)$ の n 位の零点のとき $z=a$ は $1/f(z)$ の n 位の極であり，逆に，$z=a$ が $f(z)$ の n 位の極ならば $z=a$ は $1/f(z)$ の n 位の零点である．

もし，$z=a$ が $f(z)$ の真性特異点ならば，$z=a$ は $1/f(z)$ の真性特異点である．

D は $\mathbb{C}$ 内の領域で，D からある有限個の点 $z_1, z_2, \ldots, z_n$ を除いた集合 $D - \{z_1, z_2, \ldots, z_n\}$ 上で $f(z)$ は正則であり，$z = z_1, z_2, \ldots, z_n$ は $f(z)$ の高々極であるとき，f は D 上の**有理型関数**であるという．

例えば，$f(z) = \dfrac{(z-2)^3}{z^2(z-1)}$ は $z = 0$ を 2 位の極，$z = 1$ を 1 位の極，$z = 2$ を 3 位の零点に持つ $\mathbb{C}$ 上の有理関数である．一般に，z の有理式 (有理関数) は $\mathbb{C}$ 上の有理型関数である．また，$\tan z, \cot z, \sec z, \operatorname{cosec} z$ は $\mathbb{C}$ 上の有理型関数である．他方，$f(z) = \sin\dfrac{1}{z}$ において，$z = 0$ は $f(z)$ の真性特異点であり，これは，$\mathbb{C}$ 上の有理型関数ではない．

$\log_e z$ と 6 個の逆三角関数 ($\sin^{-1} z$ など) は $\mathbb{C}$ 全体では多価関数であるが，定義域を適当に，少し狭い領域に制限して考えれば有理型関数と考えることができる．

$\mathbb{C}$ 全体で正則な関数を**整関数**という．例えば，z の多項式や，$e^z, \sin z, \cos z$ は整関数である．

5.5.4 ローラン展開

D は単連結領域で，C は D 内の単純閉曲線であり，$z = a$ は C で囲まれる領域の内部の点であるとする．$f(z)$ は a 以外の D の各点で正則であると仮定する．整数 n (負の整数も含む) に対し，

$$c_n = \frac{1}{2\pi i} \int_C \frac{f(z)}{(z-a)^{n+1}} \, dz$$

とおく．ただし，右辺の積分は，C を正の向きに 1 周するものとする．c_n は C の選び方に依存せずに有限の複素数値として必ず確定する．このとき，ある正の実数 r が存在して，$0 < |z - a| < r$ を満たすすべての複素数 z に

対し

$$f(z) = \sum_{n=-\infty}^{\infty} c_n (z-a)^n$$

が成り立つ．これを，$z = a$ における $f(z)$ の**ローラン展開**という．

$z = a$ が $f(z)$ の m 位の極のときは，

$$f(z) = \sum_{n=-m}^{\infty} c_n (z-a)^n \qquad (c_{-m} \neq 0)$$

とローラン展開できる．また，$z = a$ が $f(z)$ の真性特異点の場合は，どんなに小さい負の整数 $-m$ を選んでも，$c_k \neq 0, k < -m$ を満たすような整数 k が存在する．

$z = a$ で $f(z)$ が正則なときは，

$$f(z) = \sum_{n=0}^{\infty} c_n (z-a)^n$$

とローラン展開でき，これはテーラー展開と一致する．

$z = a$ が $f(z)$ の m 位の零点のときは，

$$f(z) = \sum_{n=m}^{\infty} c_n (z-a)^n \qquad (c_m \neq 0)$$

とテーラー展開され，これがローラン展開でもある．

$z = a$ が $f(z)$ の m 位の零点のとき $\operatorname{ord}_a f(z) = m$，$z = a$ が $f(z)$ の m 位の極のとき $\operatorname{ord}_a f(z) = -m$，$z = a$ で $f(z)$ が正則で $f(a) \neq 0$ のとき $\operatorname{ord}_a f(z) = 0$ と書く．また，$z = a$ が真性特異点のときは $\operatorname{ord}_a f(z) = \infty$ (p.5 参照) と約束する．$\operatorname{ord}_a f(z)$ を $\operatorname{ord}_{z=a} f(z)$ などとも書く．

$$\operatorname{ord}_a \bigl(f(z) g(z) \bigr) = \operatorname{ord}_a f(z) + \operatorname{ord}_a g(z), \quad \operatorname{ord}_a \frac{1}{f(z)} = -\operatorname{ord}_a f(z)$$

が成り立つ．

5.5.5 収束半径と特異点

$f(z)$ は点 $z = a$ を中心とする半径 R の開円板

$$D = \{z \in \mathbb{C} \mid |z - a| < R\}$$

上で何個かの特異点 (正則でない点) を持ち，それ以外の点では正則な関数で，$z = a$ では $f(z)$ は正則であるとする．$z = a$ からもっとも近くにある D 内の $f(z)$ の特異点の 1 つを z_1 とし，$r = |z_1 - a|$ とおく．このとき，巾級数

$$\sum_{n=0}^{\infty} \frac{f^{(n)}(a)}{n!}(z - a)^n \qquad ①$$

は，$|z - a| < r$ ならば収束し，$|z - a| > r$ ならば発散する．r を ① の**収束半径**という．

つまり，有理型関数 $f(z)$ を正則点 a の回りでテーラー展開したとき，その収束半径は a からもっとも近い $f(z)$ の特異点までの距離に等しい．

例えば，$f(z) = \dfrac{1}{1-z}$ は，$z = 0$ の回りで

$$f(z) = \sum_{n=0}^{\infty} z^n$$

とテーラー展開でき，右辺の収束半径は 1 であるが，$z = 0$ のもっとも近くにある $f(z)$ の孤立特異点は $z = 1$ で，これは $z = 0$ から距離 1 だけ離れた点である．

5.5.6 留数

$f(z)$ は有理型関数，$z = a$ はその孤立特異点で，

$$f(z) = \sum_{n=-\infty}^{\infty} c_n(z - a)^n$$

とローラン展開できると仮定する．このとき，(-1) 次の項 $\dfrac{c_{-1}}{z-a}$ の係数を，

───── 留数の定義 ─────
$$\operatorname{Res}_a f(z) = c_{-1}$$

と書き，$z=a$ における $f(z)$ の**留数**という．$\mathrm{Res}_a f(z)$ を $\mathrm{Res}_{z=a} f(z)$ とか，その他類似の記号で表すことも多い．

$z=a$ が $f(z)$ の 1 位の極の場合には，
$$\mathrm{Res}_a f(z) = \lim_{z \to a}(z-a)f(z)$$
によって留数が計算できる．

5.5.7 留数定理

D は単連結な領域で，C は D 内の単純閉曲線であるとする．$f(z)$ は D 上の有理型関数で，C で囲まれた領域内にある $f(z)$ の孤立特異点全体を $z_1, z_2, \ldots, z_n$ とする．このとき，

――――――――――――――――――――――――― 留数定理 ―
$$\int_C f(z)\,dz = 2\pi i \sum_{k=1}^{n} \mathrm{Res}_{z_k} f(z)$$

が成り立つ．ただし，上式の左辺の積分は，C を正の向きに 1 周するものとする．これを**留数定理**という．

この留数定理は，実関数の定積分を計算するときにもよく利用されるが，使いこなすためには，積分路 C の選び方や，計算の細かい技術について，多少の職人芸的な熟練を要する．

5.5.8 一致の原理

A は $\mathbb{C}$ 内の連結な開集合で，$f(z)$ と $g(z)$ は A 上の正則関数であるとする．また，$B \subset A$ は非可算無限集合 (または A 内に集積点を持つ可算無限集合) であるとする．もし，B 上で $f(z) = g(z)$ が成り立てば，A 上でも $f(z) = g(z)$ が成り立つ．この定理を，**一致の原理**という．

この性質は，$f(z), g(z)$ が正則関数でない場合は，たとえ (実関数として) 無限回微分可能であっても成立しない．

例えば，$f(x) = 2\sum_{n=1}^{\infty} \dfrac{(-1)^{n+1}}{n} \sin nx$ (6.2.4 項 (2) 参照) は正則関数でな

いので，$g(x) = x$ とおくとき，$-\pi < x < \pi$ では $f(x) = g(x)$ が成り立つが，$x \leqq -\pi$ や $x \geqq \pi$ では $f(x) \neq g(x)$ となってしまう．

$\mathbb{C}$ 上の有理型関数 $f(z), g(z)$ は，それらのすべての零点とすべての極と $z = \infty$ における様子が一致すれば，$f(z)/g(z)$ は $\mathbb{C}$ 上の定数関数になる．この性質から，次の等式が得られる．

部分分数展開

$$\cot z = \frac{1}{z} + \sum_{n=1}^{\infty}\left(\frac{1}{z-n\pi} + \frac{1}{z+n\pi}\right)$$

$$\tan z = -\sum_{n=0}^{\infty}\left(\frac{1}{z+\left(n+\frac{1}{2}\right)\pi} + \frac{1}{z-\left(n+\frac{1}{2}\right)\pi}\right)$$

$$\operatorname{cosec} z = \sum_{n=-\infty}^{\infty}\frac{(-1)^n}{z-n\pi}$$

$$\sec z = \sum_{n=0}^{\infty}(-1)^n\left(\frac{1}{z+\left(n+\frac{1}{2}\right)\pi} - \frac{1}{z-\left(n+\frac{1}{2}\right)\pi}\right)$$

5.5.9 解析接続

$f(z)$ は $\mathbb{C}$ 内のある連結開集合 A 上で正則な関数であるとする．もし，A を含む連結開集合 D と，D 上の正則関数 $g(z)$ が存在して，A 上では $f(z) = g(z)$ が成り立つとき，$g(z)$ は $f(z)$ を D まで**解析接続**して得られる正則関数であるといい，$f(z)$ は D まで**解析接続可能**であるという．

ところで，$f(z) = \sqrt[n]{z}$ や $f(z) = \log z$ の場合，これらは多価関数であるので，分岐点 $z = 0$ を含まないある単連結開集合 A 上での正則関数として $f(z)$ を定義するには，たくさんある関数の値の候補の中から A 上での連続関数となるように 1 つの値を選択しないといけない．この選んだ 1 つの値を**分枝**という．$f(z)$ を A の外部にまで解析接続しようとした場合，$f(z)$ の多価性のために，解析接続する経路の選び方によって $f(z)$ の値が異なってくる．逆三角関数などの多価関数でも同様である．

5.6 いろいろな複素関数

本節で紹介する関数は，主に 18〜19 世紀に詳しく研究された関数である．

5.6.1 ガンマ関数

正の実数 x に対し，

ガンマ関数の定義
$$\Gamma(x) = \int_0^\infty t^{x-1} e^{-t}\, dt = \frac{1}{x} \prod_{n=1}^\infty \left(1 + \frac{1}{n}\right)^x \left(1 + \frac{x}{n}\right)^{-1}$$

で定まる関数を**ガンマ関数**という．$\Gamma(x)$ は $x = 0, -1, -2, -3, \ldots$ 以外のすべての複素数で正則な関数として解析接続でき，複素数 z に対して，

$$\Gamma(z) = \frac{\exp(-Cz)}{z} \prod_{n=1}^\infty \left(1 + \frac{z}{n}\right)^{-1} \exp\left(\frac{z}{n}\right)$$

(C はオイラー定数 $C = 0.5772156649015328606065512090082\cdots$)

が成り立つ．関数 $\Gamma(z)$ は，

ガンマ関数の基本性質
$$\Gamma(z+1) = z\Gamma(z)$$

(z は複素数) を満たす．$\Gamma(1) = 1$ なので，特に，n が自然数のときには，

ガンマ関数の自然数に対する値
$$\Gamma(n) = (n-1)!$$

が成り立つ．また，
$$\Gamma(1/2) = \sqrt{\pi}$$

である．$\Gamma(x)$ は $x = 0, -1, -2, \ldots$ を 1 位の極に持ち，そこでの留数は，

$$\mathrm{Res}_{z=-n}\, \Gamma(z) = \frac{(-1)^n}{n!}$$

である.また,z が整数でない複素数のとき,
$$\Gamma(z)\Gamma(1-z) = \frac{\pi}{\sin \pi z}$$
が成り立つ.さらに,z も $z + \frac{1}{2}$ も $0, -1, -2, \ldots$ に等しくなければ,
$$\Gamma(2z) = \frac{4^z}{2\sqrt{\pi}} \Gamma(z) \Gamma\left(z + \frac{1}{2}\right)$$
が成り立つ.

5.6.2 楕円関数

τ を虚数 (実数でない複素数) とし,
$$L = \{m + n\tau \in \mathbb{C} \mid m, n \text{ は整数}\}$$
とする.また,L から原点 0 を除いた集合を $L' = L - \{0\}$ とする.複素数 $z \in \mathbb{C}$ に対し,

---
ワイエルシュトラス $\wp$-関数の定義
$$\wp_\tau(z) = \frac{1}{z^2} + \sum_{\omega \in L'} \left(\frac{1}{(z-\omega)^2} - \frac{1}{\omega^2}\right)$$

とおくと,右辺は $z \notin L$ である任意の複素数 z に対して収束する.$\wp_\tau(z)$ を**ワイエルシュトラス $\wp$-関数** (ぺーかんすう) という.z が実数であっても $\wp_\tau(z)$ の値は一般には実数にならないので,$\wp_\tau(z)$ を実関数として扱うことはできない.

$\wp_\tau(z)$ の導関数は,
$$\wp'_\tau(z) = \sum_{\omega \in L} \frac{-2}{(z-\omega)^3}$$
で,これも $z \in \mathbb{C} - L$ で収束する.よって,$\wp_\tau(z), \wp'_\tau(z)$ は $\mathbb{C} - L$ で正則である.定義式より,$z \in L$ では $\wp_\tau(z)$ は 2 位の極を持ち,$\wp'_\tau(z)$ は 3 位の極を持つ.定義から,m, n が整数のとき,
$$\wp_\tau(z + m + n\tau) = \wp_\tau(z), \quad \wp'_\tau(z + m + n\tau) = \wp'_\tau(z)$$
が成り立つ.さらに,

$$g_2 = 60 \sum_{\omega \in L'} \frac{1}{\omega^4}, \quad g_3 = 140 \sum_{\omega \in L'} \frac{1}{\omega^6}$$

とおくと，
$$\left(\mathfrak{P}'_\tau(z)\right)^2 = 4\left(\mathfrak{P}_\tau(z)\right)^3 - g_2 \mathfrak{P}_\tau(z) - g_3$$

が成り立つ．じつは，この関係式が，座標平面上の 3 次曲線を扱うときの基本となる．$\mathbb{C}^2$ 上の滑らか (非特異) な既約 3 次曲線は適当な 1 次変換により，

$$y^2 = 4x^3 - g_2 x - g_3$$

の形に変形でき，ワイエルシュトラス $\mathfrak{P}$-関数が 3 次曲線の性質に大きくかかわる．

一般に，τ_1 と τ_2 を $\mathbb{R}$ 上線形独立な複素数とし，任意の整数 m, n と (極以外の) 任意の複素数 z に対し，

$$f(z + m\tau_1 + n\tau_2) = f(z)$$

を満たす $\mathbb{C}$ 上の有理型関数を，τ_1, τ_2 を周期とする**楕円関数**という．$\mathfrak{P}_\tau(z)$，$\mathfrak{P}'_\tau(z)$ は $1, \tau$ を周期とする楕円関数である．

$$\zeta_i(z) = \frac{1}{z} + \sum_{\omega \in L'} \left(\frac{1}{z - \omega} + \frac{z}{\omega^2} + \frac{1}{\omega} \right)$$

を (楕円)ζ-**関数**という (8.1.10 で登場するリーマン・ゼータ関数とは別の関数である)．

$$\zeta'_i(z) = -\mathfrak{P}_\tau(z)$$

を満たすが，$\zeta_i(z)$ は楕円関数ではない．

$$\sigma_i(z) = z \prod_{\omega \in L'} \left(1 - \frac{z}{\omega}\right) \exp\left(\frac{z}{\omega} + \frac{z^2}{2\omega^2}\right)$$

を σ-**関数**といい，

$$\zeta_i(z) = \frac{\sigma'_i(z)}{\sigma_i(z)}$$

を満たす．

5.6.3 テータ関数

τ は虚数で，虚部は正 ($\mathrm{Im}\,\tau > 0$) であると仮定する．複素数 z に対し，

$$\vartheta_0(z,\tau) = 1 + 2\sum_{n=1}^{\infty} (-1)^n \left(e^{\pi i \tau}\right)^{n^2} \cos 2n\pi z$$

$$\vartheta_1(z,\tau) = 2\sum_{n=0}^{\infty} (-1)^n \left(e^{\pi i \tau}\right)^{(n+(1/2))^2} \sin(2n+1)\pi z$$

$$\vartheta_2(z,\tau) = 2\sum_{n=0}^{\infty} \left(e^{\pi i \tau}\right)^{(n+(1/2))^2} \cos(2n+1)\pi z$$

$$\vartheta_3(z,\tau) = 1 + 2\sum_{n=1}^{\infty} \left(e^{\pi i \tau}\right)^{n^2} \cos 2n\pi z$$

とおき，この 4 つの関数を**テータ関数**という．これらは，ヤコビ (1804-1851) によって導入された．テータ関数も一般には実関数にはならないが，級数の収束が早いので，諸公式と組み合わせて数値計算にしばしば利用される．

τ を定数として固定するとき，τ を省略して $\vartheta_i(z,\tau)$ を単に $\vartheta_i(z)$ と書くことが多い．この 4 つの関数は，いずれも次の熱伝導型の微分方程式を満たす．

$$\frac{\partial^2 \vartheta(z,\tau)}{\partial z^2} = 4\pi i \frac{\partial \vartheta(z,\tau)}{\partial \tau}$$

$k = \dfrac{\vartheta_2^2(0)}{\vartheta_3^2(0)}, k' = \dfrac{\vartheta_0^2(0)}{\vartheta_3^2(0)}$ とおく ($k^2 + k'^2 = 1$) とき，次の関係式が成り立つ．

$$\vartheta_1\left(z \pm \frac{1}{2}\right) = \pm\vartheta_2(z), \quad \vartheta_2\left(z \pm \frac{1}{2}\right) = \mp\vartheta_1(z),$$

$$\vartheta_3\left(z \pm \frac{1}{2}\right) = \vartheta_0(z), \quad \vartheta_0\left(z \pm \frac{1}{2}\right) = \vartheta_3(z),$$

$$\vartheta_0^2(z) = k\vartheta_1^2(z) + k'\vartheta_3^2(z), \quad \vartheta_1^2(z) = k\vartheta_0^2(z) - k'\vartheta_2^2(z),$$

$$\vartheta_2^2(z) = k\vartheta_3^2(z) - k'\vartheta_1^2(z), \quad \vartheta_0^4(z) + \vartheta_2^4(z) = \vartheta_1^4(z) + \vartheta_3^4(z)$$

また，$c = -\dfrac{\vartheta_1'''(0)}{6\vartheta_1'(0)} = \zeta_i(1/2)$ とおくと，次の関係式が成立する．

$$\zeta_i(z) = -2cz + \frac{d\log_e \vartheta_1(z)}{dz}, \quad \sigma_i(z) = \exp(cz^2) \cdot \frac{\vartheta_1(z)}{\vartheta_1'(0)}$$

テータ関数に関するその他の諸公式や，諸性質については専門書を参照されたい．

5.6.4　ヤコビの楕円関数

前項と同じ記号を用いる．すなわち，虚数 τ を固定して，
$$k = \frac{\vartheta_2^2(0)}{\vartheta_3^2(0)}, \quad k' = \frac{\vartheta_0^2(0)}{\vartheta_3^2(0)}, \quad K = \frac{\pi}{2}\vartheta_3^2(0), \quad K' = -i\tau K$$
とおく．
$$\operatorname{sn} z = \frac{1}{\sqrt{k}} \cdot \frac{\vartheta_1(z/2K)}{\vartheta_0(z/2K)}, \quad \operatorname{cn} z = \sqrt{\frac{k'}{k}} \cdot \frac{\vartheta_2(z/2K)}{\vartheta_0(z/2K)}, \quad \operatorname{dn} z = \sqrt{k'} \cdot \frac{\vartheta_3(z/2K)}{\vartheta_0(z/2K)}$$
とおき，これらを **sn 関数**, **cn 関数**, **dn 関数**という．

$\operatorname{sn}(z)$ は $4K, 2iK$ を基本周期とする楕円関数，$\operatorname{cn}(z)$ は $4K, 2K+2iK$ を基本周期とする楕円関数，$\operatorname{dn}(z)$ は $2K, 4iK$ を基本周期とする楕円関数である．また，k が実数で $0 < k < 1$ の場合，これらは実関数になる．

$\operatorname{sn}(z)$ の逆関数は，$z = \sin\varphi$ とするとき，

---
sn 関数の逆関数
$$\operatorname{sn}^{-1} z = \int_0^z \frac{dt}{\sqrt{(1-t^2)(1-k^2 t^2)}} = \int_0^\varphi \frac{d\varphi}{\sqrt{1-k^2 \sin^2 \varphi^2}}$$

であり，これは楕円の周の長さを計算するときに登場する楕円積分である．また，$y = \operatorname{sn} x$ は 2 つの微分方程式
$$y'' + (1+k^2)y - 2k^2 y^3 = 0, \quad (y')^2 = (1-y^2)(1-k^2 y^2)$$
を満たす．$\operatorname{sn} z, \operatorname{cn} z, \operatorname{dn} z$ の間には，
$$\operatorname{sn}^2 z + \operatorname{cn}^2 z = 1, \quad \operatorname{dn}^2 z + k^2 \operatorname{sn}^2 z = 1, \quad \operatorname{dn}^2 z - k^2 \operatorname{cn}^2 z = k'^2$$
$$\frac{d}{dz}\operatorname{sn} z = \operatorname{cn} z \operatorname{dn} z, \quad \frac{d}{dz}\operatorname{cn} z = -\operatorname{sn} z \operatorname{dn} z, \quad \frac{d}{dz}\operatorname{dn} z = -k^2 \operatorname{sn} z \operatorname{cn} z$$
$$\operatorname{sn}(-z) = \operatorname{sn} z, \quad \operatorname{cn}(-z) = \operatorname{cn} z, \quad \operatorname{dn}(-z) = \operatorname{dn} z$$
という関係がある．さらに，加法定理
$$\operatorname{sn}(x+y) = \frac{\operatorname{sn} x \operatorname{cn} y \operatorname{dn} y + \operatorname{sn} y \operatorname{cn} x \operatorname{dn} x}{1 - k^2 \operatorname{sn}^2 x \operatorname{sn}^2 y}$$

$$\operatorname{cn}(x+y) = \frac{\operatorname{cn} x \operatorname{cn} y - \operatorname{sn} x \operatorname{dn} x \operatorname{sn} y \operatorname{dn} y}{1 - k^2 \operatorname{sn}^2 x \operatorname{sn}^2 y}$$

$$\operatorname{dn}(x+y) = \frac{\operatorname{dn} x \operatorname{dn} y - k^2 \operatorname{sn} x \operatorname{cn} x \operatorname{sn} y \operatorname{cn} y}{1 - k^2 \operatorname{sn}^2 x \operatorname{sn}^2 y}$$

が成り立つ．また，$e_1 = \mathfrak{P}_\tau(1/2)$, $e_3 = \mathfrak{P}_\tau(\tau/2)$ とおくとき，

$$\mathfrak{P}_\tau\left(\frac{z}{\sqrt{e_1 - e_3}}\right) = e_3 + \frac{e_1 - e_3}{\operatorname{sn}^2 z}$$

$$k = \sqrt{\frac{-e_1 - 2e_3}{e_1 - e_3}}, \quad K = \frac{1}{2}\sqrt{e_1 - e_3}$$

という関係がある．これらは，19 世紀にさかんに研究された関数で，上のように美しい関係式をたくさん持つが，理工学では，振り子の振動や，楕円が関係する力学などでときどき現れる他は，あまり利用されていない．

第6章
数列と級数

　数列の総和を求める，という興味は数学の発祥と同時におこり，例えば，$1^2+2^2+3^2+\cdots+n^2=\dfrac{1}{6}n(n+1)(2n+1)$ という公式は，アルキメデス (BC287頃-BC212頃) の本に登場するが，もっと以前から知られていたらしい．

　本章の後半は，フーリエ級数をはじめとする直交関数系の説明にあてられる．これらは通信，化学をはじめ，さまざまな理工学の分野で重要であるが，現在でも研究途上の部分もあり，結構難解な数学である．

6.1 数列

数列 $\{a_n\}$ を考察する基本手段は,漸化式と,母関数 $f(x) = \sum_{n=1}^{\infty} a_n x^n$ である.しかし,母関数を使いこなすことは,プロの数学者の職人芸であり,非常に難しい.本書では,後者は軽く触れるにとどめる.

6.1.1 漸化式

純粋数学では,無秩序に数が並んだ数列も考察する必要があるが,応用的場面では,ある規則に従って並んだ数列を考える場合が多い.

特に,第 $(n+1)$ 項 a_{n+1} が $a_n, a_{n-1}, a_{n-2}, \ldots, a_1$ の値から定まる法則が数式で与えられた場合,その数式を**漸化式**という.

漸化式が与えられれば,コンピュータを利用して,第 n 項の値が計算できるのだから,ある意味でそれで十分であるが,高校数学で経験したように,漸化式をもとに数列の第 n 項を n の式で表すことも興味あることである.このことを,「数列の一般項を求める」などともいう.

以下に,代表的な漸化式から一般項を求める方法を解説する.

6.1.2 $a_{n+1} = ra_n + f(n)$ という形の漸化式

表題のような
$$a_{n+1} = ra_n + f(n) \qquad ①$$
という形の漸化式は,
$$a_{n+1} - g(n+1) = r\{a_n - g(n)\} \qquad ②$$
の形に変形して解くのが基本である.すると,② において,$b_n = a_n - g(n)$ とおくと,$\{b_n\}$ は公比 r の等比数列だから,$b_n = b_1 r^{n-1}$ となり,
$$a_n = r^{n-1}\{a_1 - g(1)\} + g(n)$$
が得られる.(ただし,$r = -1$ のときだけは,偶数項と奇数項に分け,ケースバイケースに考えた方がよいことも多い.)

以下，$g(n)$ の見つけ方について，具体例をあげて解説する．

もし②の形に変形できたとしたら，
$$g(n+1) - rg(n) = f(n) \qquad ③$$
が成り立つ．$r = 1$ の場合は，$f(n)$ が $g(n)$ の差分であったから，それを $g(n)$ の微分と近似的に考えれば，$f(n)$ の積分を考えることが $g(n)$ を見つけるヒントである．しかし，$r \neq 1$ の場合はもっと単純で，仮に $n \gg 0$ のとき，近似的に $g(n+1) \fallingdotseq g(n)$ であるとみなせば，③から，近似的に
$$g(n) \fallingdotseq \frac{1}{1-r} f(n)$$
が得られる．したがって，例えば $f(n)$ が n に関する m 次多項式であれば，$g(m)$ も n に関する m 次多項式であることが予想できる．いつでも，この大胆な仮説が成立するわけではないが，問題を解く過程では，この作業仮説は表に表れないので，その数学的正当性が問題になることはない．

例 1. $a_{n+1} = 2a_n + n^2$ は，$g(n)$ が n の 2 次式になると推定できるから，試しに，$g(n) = an^2 + bn + c$ とおいて，$a_{n+1} - g(n+1) = 2(a_n - g(n))$ から係数比較で a, b, c で求めると，$a = -1, b = -2, c = -3$ が得られる．つまり，与式を変形すると，
$$a_{n+1} + (n+1)^2 + 2(n+1) + 3 = 2(a_n + n^2 + 2n + 3)$$
であり，これより，
$$a_n = 2^{n-1}(a_1 + 6) - (n^2 + 2n + 3)$$
が得られる．

○ $f(n) = p^n$ の場合は，$g(n+1) \fallingdotseq g(n)$ とはみなせないから，上の説明は，そのままでは成立しないが，それでも，同じような扱いができる．

$p \neq r$ であれば，$g(n) = cp^n$ と置いてみる．$p = r$ の場合は，$g(n) = cnr^n$ と置いてみる．

例 2. $a_{n+1} = 3a_n + 2^n$ は
$$a_{n+1} - c \cdot 2^{n+1} = 3(a_n - c \cdot 2^n)$$

という形に変形できる．係数 c は $-3c+2c=1$ を解いて $c=-1$ と決まる．

例 3. $a_{n+1}=2a_n+2^n$ は
$$a_{n+1}-c(n+1)\cdot 2^{n+1}=2(a_n-cn\cdot 2^n)$$
の形に変形する．$c=\dfrac{1}{2}$ である．なお，両辺を 2^{n+1} で割って，
$$\frac{a_{n+1}}{2^{n+1}}=\frac{a_n}{2^n}+\frac{1}{2}$$
と変形してもよい．

○ $h(n)$ が n に関する m 次多項式で，$f(n)=p^n h(n)$ の場合は，もし $p\neq r$ であれば適当な m 次多項式 $H(n)$ によって，もし $p=r$ であれば適当な $m+1$ 次多項式 $H(n)$ (この場合定数項は 0 としてよい) によって，
$$a_{n+1}-p^{n+1}H(n+1)=r\{a_n-p^n H(n)\}$$
の形に変形できる．

例 4. $a_{n+1}=3a_n+2^n n^2$ は
$$\begin{aligned}&a_{n+1}-2^{n+1}\{a(n+1)^2+b(n+1)+c\}\\&=3\{a_n-2^n(an^2+bn+c)\}\end{aligned}$$
という形に変形できる．係数は，$-a=1, 4a-b=2a+2b-c=0$ を解いて，$a=-1, b=-4, c=-10$ と決まる．

例 5. $a_{n+1}=2a_n+2^n n^2$ は，上の説明にかかわらず，両辺を 2^{n+1} で割って，
$$\frac{a_{n+1}}{2^{n+1}}=\frac{a_n}{2^n}+\frac{n^2}{2}$$
と変形して，n^2 の和の公式を使う方が簡単である．このあたりは，臨機応変に考えないといけない．

6.1.3 その他の漸化式

○ $a_{n+2}=\alpha a_{n+1}+\beta a_n$ の形の漸化式は，$t^2-\alpha t-\beta=0$ の解を $t=\lambda, \mu$ とすると，
$$(a_{n+2}-\mu a_{n+1})=\lambda(a_{n+1}-\mu a_n)$$

と変形できるから，$a_{n+1} - \mu a_n = \lambda^{n-1}(a_2 - \mu a_1)$ となり，前に説明した方法で一般項が求められる．または，

$$\begin{pmatrix} a_{n+2} \\ a_{n+1} \end{pmatrix} = \begin{pmatrix} \alpha & \beta \\ 1 & 0 \end{pmatrix} \begin{pmatrix} a_{n+1} \\ a_n \end{pmatrix}$$

と表して，行列の n 乗の公式を用いる．

○ $a_{n+1} = p + \dfrac{q}{a_n}$ は，両辺に $a_1 a_2 a_3 \cdots a_n$ を掛けると，

$$a_1 a_2 \cdots a_{n+1} = p a_1 a_2 \cdots a_n + q a_1 a_2 \cdots a_{n-1}$$

と変形できるから，$b_n = a_1 a_2 \cdots a_n$ とおけば，

$$b_{n+1} = p b_n + q b_{n-1}$$

となり，上の方法で b_n が求められる．そして，$a_n = \dfrac{b_n}{b_{n-1}}$ により一般項が求められる．

○ $a_{n+1} = \dfrac{\alpha a_n + \beta}{a_n + \gamma}$．この 1 次分数式は，$b_n = a_n + \gamma$ とおくと，$b_{n+1} = p + \dfrac{q}{b_n}$ の形になるので，上で説明した方法で一般項が求められる．

ただし，$\beta = 0$ の場合は，両辺の逆数をとり，

$$\dfrac{1}{a_{n+1}} = \dfrac{\gamma}{\alpha} \cdot \dfrac{1}{a_n} + \dfrac{1}{\alpha}$$

と変形するほうがよい．

なお，1 次分数変換の持つ幾何学的性質から，問題によっては $\{a_n\}$ が周期数列になることがある．

○ $n a_{n+1} = (n+1) a_n + 1$ は，$n(a_{n+1} + 1) = (n+1)(a_n + 1)$ と変形してから，両辺を $n(n+1)$ で割り，

$$\dfrac{a_{n+1} + 1}{n+1} = \dfrac{a_n + 1}{n}$$

と変形する．

○ $a_{n+1} = ca_n^r$. この漸化式は，両辺の対数をとり，$b_n = \log a_n$ とおくと，$b_{n+1} = rb_n + \log c$ となり，上で扱った形になる．

○ $a_{n+1} = a_1 a_2 a_3 \cdots a_n$. この漸化式は $b_n = a_1 a_2 a_3 \cdots a_n$ とおくと，$\dfrac{b_{n+1}}{b_n} = b_n$, すなわち，$b_{n+1} = b_n^2$ となり，上で述べた形になる．

○ $a_1 = a_2 = 1, a_n = a_{n-1} + a_{n-2}\ (n \geqq 3)$ という漸化式で定まる数列 $1, 1, 2, 3, 5, 8, 13, 21, \ldots$ を**フィボナッチ数列**という．フィボナッチ数列の一般項を，上で解説した方法を使って，

$$a_n = \frac{1}{\sqrt{5}}\left\{\left(\frac{1+\sqrt{5}}{2}\right)^n - \left(\frac{1-\sqrt{5}}{2}\right)^n\right\}$$

と記述しても，あまり意味はない．やみくもに一般項を求めることに意味がない典型的な例である．

6.1.4 総和公式

以下に，代表的な総和公式を列挙する．もっと詳しくいろいろな公式を知りたい方は，『数学公式 1～3』岩波，を参照せよ．

$$\sum_{k=1}^{n} r^k = \frac{r^{n+1} - r}{r - 1} \qquad\qquad (\text{ただし}\ r \neq 1)$$

$$\sum_{k=1}^{n} k = \frac{1}{2}n(n+1)$$

$$\sum_{k=1}^{n} k^2 = \frac{1}{6}n(n+1)(2n+1)$$

$$\sum_{k=1}^{n} k^3 = \frac{1}{4}n^2(n+1)^2$$

$$\sum_{k=1}^{n} k^4 = \frac{1}{30}n(n+1)(2n+1)(3n^2 + 3n - 1)$$

$$\sum_{k=1}^{n} k^5 = \frac{1}{12}n^2(n+1)^2(2n^2 + 2n - 1)$$

$$\sum_{k=1}^{n} k^6 = \frac{1}{42} n(n+1)(2n+1)(3n^4 + 6n^3 - 3n + 1)$$

$$\sum_{k=1}^{n} k^7 = \frac{1}{24} n^2(n+1)^2(3n^4 + 6n^3 - n^2 - 4n + 2)$$

$$\sum_{k=1}^{n} k^8 = \frac{1}{90} n(n+1)(2n+1)(5n^6 + 15n^5 + 5n^4 - 15n^3 - n^2 + 9n - 3)$$

$$\sum_{k=1}^{n} k^9 = \frac{1}{20} n^2(n+1)^2(n^2 + n - 1)(2n^4 + 4n^3 - n^2 - 3n + 3)$$

$$\sum_{k=1}^{n} k(k+1)(k+2) \cdots (k+m) = \frac{n(n+1)(n+2) \cdots (n+m)(n+m+1)}{m+2}$$

これは, $\displaystyle\sum_{r=m}^{n} \binom{r}{m} = \binom{n+1}{m+1}$ と同値である.

6.1.5 ベルヌーイ多項式

ベルヌーイ多項式は,

ベルヌーイ多項式の定義

$$\frac{ze^{xz}}{e^z - 1} = \sum_{r=0}^{\infty} \frac{B_r(x)}{r!} z^r \qquad (|z| < 2\pi)$$

で定義される多項式 $B_r(x)$ (r は非負整数) で, 漸化式

ベルヌーイ多項式の基本性質

$$B_0(x) = 1, \quad B_1(x) = x - \frac{1}{2}$$
$$\frac{d}{dx} B_r(x) = r B_{r-1}(x)$$
$$B_r(1-x) = (-1)^r B_r(x)$$

によって, $B_r(x)$ を計算できる. また,

―― ベルヌーイ数の定義 ――

$$\frac{z}{e^z-1} = 1 - \frac{z}{2} + \sum_{r=1}^{\infty}(-1)^{r-1}\frac{b_r z^{2r}}{(2r)!} \qquad (|z| < 2\pi)$$

によって**ベルヌーイ数** b_r を定めれば，$r \geqq 2$ のとき

$$B_r(x) = x^r - \frac{r}{2}x^{r-1} - \sum_{k=1}^{\lfloor r/2 \rfloor}(-1)^k \binom{r}{2k} b_k x^{r-2k}$$

と書ける．ベルヌーイ数の最初のほうの項は，

$b_1 = \dfrac{1}{6}$ $\qquad b_2 = \dfrac{1}{30}$ $\qquad b_3 = \dfrac{1}{42}$
$b_4 = \dfrac{1}{30}$ $\qquad b_5 = \dfrac{5}{66}$ $\qquad b_6 = \dfrac{691}{2730}$
$b_7 = \dfrac{7}{6}$ $\qquad b_8 = \dfrac{3617}{510}$ $\qquad b_9 = \dfrac{43867}{798}$
$b_{10} = \dfrac{174611}{330}$ $\qquad b_{11} = \dfrac{854513}{138}$ $\qquad b_{12} = \dfrac{236364091}{2730}$
$b_{13} = \dfrac{8553103}{6}$ $\qquad b_{14} = \dfrac{23749461029}{870}$ $\qquad b_{15} = \dfrac{8615841276005}{14322}$

である．

ベルヌーイ多項式 $B_r(x)$ を用いれば，k^n の和の公式は，

―― k^n の総和公式 ――

$$\sum_{k=1}^{n} k^r = \frac{1}{r+1}(B_{r+1}(n+1) - B_{r+1}(0))$$

と表せる．また，

> **$\tan x$, $\cot x$, $\operatorname{cosec} x$ のローラン展開**
>
> $$\tan x = \sum_{n=1}^{\infty} \frac{2^{2n}(2^{2n}-1)b_{2n}}{(2n)!}\, x^{2n-1} \qquad (|x| < \frac{\pi}{2})$$
>
> $$\cot x = \frac{1}{x} - \sum_{n=1}^{\infty} \frac{2^{2n} b_{2n}}{(2n)!}\, x^{2n-1} \qquad (0 < |x| < \frac{\pi}{2})$$
>
> $$\operatorname{cosec} x = \frac{1}{x} + \sum_{n=1}^{\infty} \frac{(2^{2n}-2)b_{2n}}{(2n)!}\, x^{2n-1} \quad (0 < |x| < \frac{\pi}{2})$$

である.

6.2 フーリエ級数

フーリエ級数は，応用面では，電波をはじめ様々な種類の波や，熱の伝導や流体の拡散を扱う場合に基本となる概念である．数学的には，フーリエ級数の登場により，正則 (複素解析的) でない多くの関数が出現した，という点で，関数の理論の転換点であった．フーリエ級数は，フランスの数学者フーリエ (1768-1830) が，熱伝導を研究中に発見したもので，彼はそれが波動にも応用できることも発見している．ただし，フーリエ級数が収束することは，ディリクレ (1805-59) が証明した．

6.2.1 有界変動関数

関数 $f(x)$ が**有界**であるとは，定数 M を十分大きく選んでおけば，$f(x)$ の定義域に属する任意の実数 x に対し，$|f(x)| \leqq M$ が成立することをいう．

例えば，$\cos x$ や $3\sin x$ は $|\cos x| \leqq 1, |3\sin x| \leqq 3$ なので有界であるが，$\tan x$ や $\cot x$ は有界でない．

有界変動関数の定義は，少し抽象的で理解しずらいかもしれないが，一応書いておく．$f(x)$ は区間 $[a, b]$ 上で定義された関数であると仮定する．区間 $[a, b]$ の分割 $\Delta : a = x_0 < x_1 < x_2 < \cdots < x_n = b$ に対し，

$$V(\Delta) = \sum_{i=1}^{n} |f(x_i) - f(x_{i-1})|$$

とおく．ある正の実数 M が存在して，$[a, b]$ の任意の分割 Δ に対し $V(\Delta) \leqq M$ が成り立つとき，$f(x)$ は区間 $[a, b]$ で**有界変動**であるという．

例えば，$f(x)$ が有界で，$[a, b]$ 内で有限個の極大値と極小値しか持たず，不連続点も有限個しか持たないないならば，$f(x)$ は $[a, b]$ で有界変動である．

$f(x)$ が周期 p の周期関数の場合には，区間 $[0, p]$ で $f(x)$ が有界変動であるとき，単に $f(x)$ は有界変動であるという．

有界変動関数は有界であるが，逆は成立しない．

6.2.2 フーリエ級数

今, $a_n \ (n \geqq 0), b_n \ (n \geqq 1)$ を勝手な定数として,

$$f(x) = a_0 + \sum_{n=1}^{\infty} \left(a_n \cos nx + b_n \sin nx \right) \qquad ①$$

で定義される関数 $f(x)$ を考える. ただし, $f(x)$ の定義域は, 上の定義式の右辺が収束する点全体とする. $\cos nx, \sin nx$ はすべて周期 2π の周期関数だから, $f(x)$ も周期 2π の周期関数である.

今, 区間 $[0, 2\pi)$ の中に, ① の右辺が収束しないような点は有限個しかなく, かつ, $f(x)$ は有界変動関数であると仮定する. m, n が正の整数のとき,

$$\int_{-\pi}^{\pi} \cos mx \cos nx \, dx = \begin{cases} 0 & (m \neq n \text{ の場合}) \\ \pi & (m = n \text{ の場合}) \end{cases}$$

$$\int_{-\pi}^{\pi} \sin mx \sin nx \, dx = \begin{cases} 0 & (m \neq n \text{ の場合}) \\ \pi & (m = n \text{ の場合}) \end{cases}$$

$$\int_{-\pi}^{\pi} \cos mx \sin nx \, dx = 0$$

であることに注意する. これより,

$$a_0 = \frac{1}{2\pi} \int_{-\pi}^{\pi} f(x) \, dx$$

$$a_n = \frac{1}{\pi} \int_{-\pi}^{\pi} f(x) \cos nx \, dx \qquad (n \geqq 1)$$

$$b_n = \frac{1}{\pi} \int_{-\pi}^{\pi} f(x) \sin nx \, dx$$

が成り立つことがわかる. ($f(x)$ が奇関数ならば $a_n = 0$, 偶関数ならば $b_n = 0$ である.)

そこで, 一般に, 2π を周期とする有界変動な周期関数 $f(x)$ に対し, 上式で $a_n \ (n \geqq 0), b_n \ (n \geqq 1)$ を定め,

$$F(x) = a_0 + \sum_{n=1}^{\infty} \left(a_n \cos nx + b_n \sin nx \right)$$

とおいて，$F(x)$ を $f(x)$ の**フーリエ級数**という．フーリエの定理は，雑にいうと，$f(x)$ がある程度連続な関数ならば，$F(x)$ はほとんどの点で $f(x)$ と一致する，というものである．

また，正の実数 p を周期とする周期関数 $f(x)$ に対しては，$g(x) = f(2\pi x/p)$ は周期 2π の周期関数になる．このことを念頭において，次の基本定理を理解するとよい．

6.2.3　フーリエの基本定理

p は正の実数とし，$f(x)$ は p を周期とする周期関数であり，$f(x)$ は有界変動であると仮定する．c は勝手な実数とする．そして，

フーリエ級数

$$a_0 = \frac{1}{p}\int_c^{c+p} f(x)\,dx$$

$$a_n = \frac{2}{p}\int_c^{c+p} f(x)\cos\frac{2\pi nx}{p}\,dx \qquad (n \geqq 1)$$

$$b_n = \frac{2}{p}\int_c^{c+p} f(x)\sin\frac{2\pi nx}{p}\,dx$$

$$F(x) = a_0 + \sum_{n=1}^{\infty}\left(a_n\cos\frac{2\pi nx}{p} + b_n\sin\frac{2\pi nx}{p}\right)$$

とおく．$F(x)$ を $f(x)$ の**フーリエ級数**という．また，$F(x)$ を求めることを，$f(x)$ を**フーリエ展開**するという．このとき，$x = x_0$ で $f(x)$ が連続であれば，

$$F(x_0) = f(x_0)$$

が成り立つ．また，$x = x_0$ で $f(x)$ が不連続であるか，$f(x)$ が定義されていない場合には，

$$F(x_0) = \frac{1}{2}\left(\lim_{x \to x_0+0} f(x) + \lim_{x \to x_0-0} f(x)\right)$$

が成り立つ．ここで，$\displaystyle\lim_{x \to x_0+0} f(x)$ は，x を正の方向から x_0 に近づけた場

合の極限 (右極限), $\lim_{x \to x_0 - 0} f(x)$ は, x を負の方向から x_0 に近づけた場合の極限 (左極限) である.

なお,「$f(x)$ は有界変動な周期関数である」という定理の仮定をジョルダンの**収束条件**という. 他にも, フーリエ級数が収束するための十分条件がいろいろ知られているが, 数学的になりすぎるので説明は割愛する.

6.2.4 主な関数のフーリエ展開

以下の等式は, 関数の連続点において成立する. 不連続点での値については, 前項を参照せよ.

(1) 周期 $2p$ の階段関数 $f(x)$ で,

$$f(x) = \begin{cases} 1 & (2np < x < (2n+1)p \text{ のとき}) \\ -1 & ((2n+1)p < x < (2n+2)p \text{ のとき}) \end{cases}$$

(n はすべての整数を動く) を満たす関数のフーリエ展開は,

$$f(x) = \frac{4}{\pi} \sum_{n=1}^{\infty} \frac{1}{2n-1} \sin \frac{(2n-1)\pi x}{p}$$

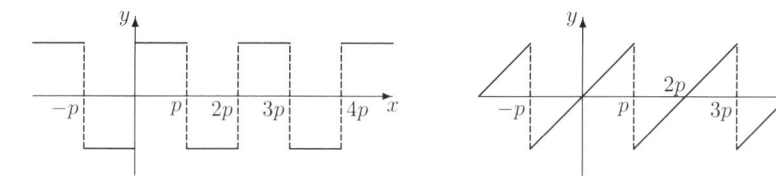

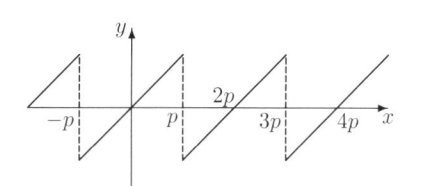

(2) $-p < x < p$ において $f(x) = x$ を満たす周期 $2p$ のノコギリ波関数 $f(x)$ のフーリエ展開は,

$$f(x) = \frac{2p}{\pi} \sum_{n=1}^{\infty} \frac{(-1)^{n+1}}{n} \sin \frac{n\pi x}{p}$$

(3) $-p \leqq x \leqq p$ において $f(x) = |x|$ を満たす周期 $2p$ のギザギザ波関数 $f(x)$ のフーリエ展開は,

$$f(x) = \frac{p}{2} - \frac{4p}{\pi^2} \sum_{n=1}^{\infty} \frac{1}{(2n-1)^2} \cos \frac{(2n-1)\pi x}{p}$$

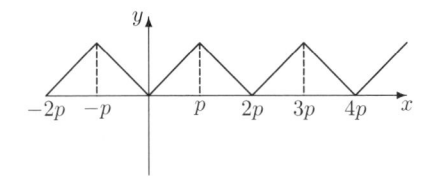

以上 (1)〜(3) の $f(x)$ はいずれも正則関数ではない．

6.2.5 複素型フーリエ級数

$f(x)$ は有界変動な周期 2π の周期関数とし，$i = \sqrt{-1}$ とする．オイラーの関係式 $e^{ix} = \cos x + i \sin x$ を用いて考えると，6.2.3 項で定めた a_n, b_n に対し，$n > 0$ のとき $c_n = \dfrac{1}{2}(a_n - ib_n), c_0 = a_0, c_{-n} = \dfrac{1}{2}(a_n + ib_n)$ とおけば，

――――――――――――――――――― フーリエ級数の複素型 ―――
$$c_n = \frac{1}{2\pi}\int_{-\pi}^{\pi} f(x)e^{-inx}\,dx \qquad (n \text{ は任意の整数})$$
$$F(x) = \sum_{n=-\infty}^{\infty} c_n e^{inx}$$
――――――――――――――――――――――――――――――

と表すことができる．これを，フーリエ級数の複素型表示という．

$F(x) = \displaystyle\sum_{n=-\infty}^{\infty} c_n e^{inx}, \ G(x) = \displaystyle\sum_{n=-\infty}^{\infty} d_n e^{inx}$ に対し，

$$\sum_{n=-\infty}^{\infty} c_n d_n e^{inx} = \frac{1}{2\pi}\int_{-\pi}^{\pi} F(x-t)G(t)\,dt$$

が成り立つ．この右辺を $(F*G)(x)$ と書き，F と G の**畳み込み** (convolution) という．

6.2.6 病的関数

フーリエ級数で表される関数は，正則関数にならないものも多く，6.2.4 項で紹介した 3 つの関数もいずれも正則ではなかった．フーリエ級数で表される関数の中にはもっと病的な性質を示すものもある．

例えば，ワイエルシュトラスは，
$$f(x) = \sum_{n=0}^{\infty} \frac{1}{2^n} \cos(13^n \pi x)$$
はあらゆる点で連続であるが，いかなる点でも微分不可能な関数であることを証明した．

また，リーマンは，1861 年頃，
$$f(x) = \sum_{n=1}^{\infty} \frac{\sin n^2 x}{n^2}$$
は，微分不可能な点が孤立していない連続関数であることを指摘している．

その他，原始関数と不定積分がともに存在するが，両者が一致しない不連続関数など，いろいろな病的関数が次々と発見された．

このような病的な関数が発見されたことによって，それまでの直感的な解析学の危険性が認識され，ε-δ 論法を用いた厳密な解析学へと発展していった．幸い，理工学では，こういう病的な関数はめったに登場しないようである．

6.3 直交関数系

本節では，波動や熱伝導を記述するのに必要な様々な関数を説明する．以下に説明する関数は，$\cos nx$ や $\sin nx$ のように，ある種の内積に関する直交条件を満たすので，**直交関数系**であるといわれる．

6.3.1 ベッセル関数

ν を実数の定数とする．非負実数 x に対し

ベッセル関数の定義
$$J_\nu(x) = \left(\frac{x}{2}\right)^\nu \sum_{n=0}^{\infty} \frac{(-1)^n}{n!\,\Gamma(n+\nu+1)} \left(\frac{x}{2}\right)^{2n}$$

で定まる関数 $J_\nu(x)$ を (狭義の) ν 次ベッセル関数とか，**第 1 種円柱関数**とか，**第 1 種円筒関数**という．x が複素数でも上の定義式は有効であるが，x^ν のために ν が整数でないと $J_\nu(x)$ は多価関数になる．

この関数 $y = J_\nu(x)$ は**ベッセル方程式**とよばれる微分方程式

ベッセル方程式
$$x^2 y'' + xy' + (x^2 - \nu^2)y = 0$$

を満たす (6.3.3 参照).

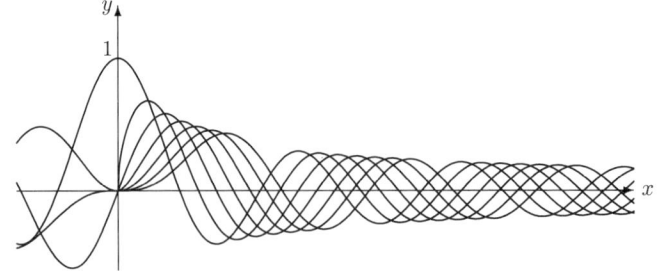

山が高いほうから順に
$J_0(x),\ J_{\frac{1}{2}}(x),\ J_1(x),\ J_{\frac{3}{2}}(x),\ J_2(x),\ J_{\frac{5}{2}}(x),\ J_3(x)$

一般に，$i = \sqrt{-1}$ として，

$$J_\nu(e^{im\pi}x) = e^{im\nu\pi}J_\nu(x)$$

$$\frac{d}{dx}J_\nu(x) = J_{\nu-1}(x) - \frac{\nu}{x}J_\nu(x) = -J_{\nu+1}(x) + \frac{\nu}{x}J_\nu(x)$$

$$\frac{d}{dx}\left(x^\nu J_\nu(x)\right) = x^\nu J_{\nu-1}(x)$$

$$\frac{d}{dx}\left(\frac{J_\nu(x)}{x^\nu}\right) = -\frac{J_{\nu+1}(x)}{x^\nu}$$

$$J_{\nu+1}(x) - \frac{2\nu}{x}J_\nu(x) + J_{\nu-1}(x) = 0$$

が成り立つ．さらに，x が十分大きい正の実数のとき，近似式

$$J_\nu(x) \fallingdotseq \sqrt{\frac{2}{\pi x}}\cos\left(x - \frac{\pi}{2}\nu - \frac{\pi}{4}\right)$$

(Hankel の漸近級数) が成り立つ．また，x が 0 に十分近い正の実数のときには，近似式

$$J_\nu(x) \fallingdotseq \frac{x^\nu}{2^\nu \Gamma(\nu+1)}$$

が成り立つ．

ν が整数 $\nu = n$ のときは，以下が成り立つ．

$$J_{-n}(x) = (-1)^n J_n(x)$$

$$J_n(x) = \frac{1}{\pi}\int_0^\pi \cos(n\theta - x\sin\theta)d\theta \qquad \text{(Hansen-Bessel の公式)}$$

$$J_n(x) = \frac{1}{2\pi}\int_{-\pi}^\pi \exp(ix\cos t)\exp\left(in\left(t - \frac{\pi}{2}\right)\right)dt$$

$$\exp\left(\frac{x}{2}\left(t - \frac{1}{t}\right)\right) = \sum_{n=-\infty}^\infty J_n(x)t^n$$

$$\exp(ix\sin\theta) = \sum_{n=-\infty}^\infty J_n(x)\exp(in\theta)$$

$$\exp(ix\cos\theta) = \sum_{n=-\infty}^\infty i^n J_n(x)\exp(in\theta)$$

$$\cos(x\sin\theta) = J_0(x) + \sum_{n=1}^\infty \left(J_n(x) + J_{-n}(x)\right)\cos n\theta$$

$$\sin(x\sin\theta) = \sum_{n=1}^{\infty} \bigl(J_n(x) - J_{-n}(x)\bigr)\sin n\theta$$

半整数 $\nu = n + \dfrac{1}{2}$ に対しては，$J_\nu(x)$ は以下のように三角関数で表せる (ただし，n は非負整数).

$$J_{1/2}(x) = \sqrt{\frac{2}{\pi x}}\sin x, \quad J_{-1/2}(x) = \sqrt{\frac{2}{\pi x}}\cos x$$

$$J_{n+\frac{1}{2}}(x) = \sqrt{\frac{2}{\pi x}}\Biggl\{\sin\left(x - \frac{n\pi}{2}\right)\sum_{k=0}^{\lfloor n/2 \rfloor}\frac{(-1)^k(n+2k)!}{(2k)!(n-2k)!(2x)^{2k}}$$
$$+ \cos\left(x - \frac{n\pi}{2}\right)\sum_{k=0}^{\lfloor (n-1)/2 \rfloor}\frac{(-1)^k(n+2k+1)!}{(2k+1)!(n-2k-1)!(2x)^{2k+1}}\Biggr\}$$

$$J_{-n-\frac{1}{2}}(x) = \sqrt{\frac{2}{\pi x}}\Biggl\{\cos\left(x + \frac{n\pi}{2}\right)\sum_{k=0}^{\lfloor n/2 \rfloor}\frac{(-1)^k(n+2k)!}{(2k)!(n-2k)!(2x)^{2k}}$$
$$- \sin\left(x + \frac{n\pi}{2}\right)\sum_{k=0}^{\lfloor (n-1)/2 \rfloor}\frac{(-1)^k(n+2k+1)!}{(2k+1)!(n-2k-1)!(2x)^{2k+1}}\Biggr\}$$

6.3.2 ベッセル関数の零点

$\nu > -1$ のとき，ベッセル関数 $J_\nu(x)$ の零点はすべて実数である (つまり，$J_\nu(z) = 0$ を満たす虚数 z は存在しない). そこで，$J_\nu(x) = 0$ を満たす正の実数 x を小さいほうから順に $\mu_1^{(\nu)}, \mu_2^{(\nu)}, \mu_3^{(\nu)}, \ldots$ とおく. すると，$J_\nu(x) = 0$ を満たす負の実数は存在したとしても $-\mu_1^{(\nu)}, -\mu_2^{(\nu)}, -\mu_3^{(\nu)}, \ldots$ のみである. また, 大きい自然数 n に対しては，近似式

$$\mu_n^{(\nu)} \fallingdotseq \left(n + \frac{\nu}{2} - \frac{1}{4}\right)\pi$$

が成り立つ．最初の何個かの近似値は，

$\mu_1^{(0)} \fallingdotseq 2.40483, \quad \mu_2^{(0)} \fallingdotseq 5.52008, \quad \mu_3^{(0)} \fallingdotseq 8.65373, \quad \mu_4^{(0)} \fallingdotseq 11.79153,$

$\mu_1^{(1)} \fallingdotseq 3.83171, \quad \mu_2^{(1)} \fallingdotseq 7.01559, \quad \mu_3^{(1)} \fallingdotseq 10.17347, \quad \mu_4^{(1)} \fallingdotseq 13.32369,$

$\mu_1^{(2)} \fallingdotseq 5.13562, \quad \mu_2^{(2)} \fallingdotseq 8.41724, \quad \mu_3^{(2)} \fallingdotseq 11.61984, \quad \mu_4^{(2)} \fallingdotseq 14.79595,$

$\mu_1^{(3)} \fallingdotseq 6.38016, \quad \mu_2^{(3)} \fallingdotseq 9.76102, \quad \mu_3^{(3)} \fallingdotseq 13.01520, \quad \mu_4^{(3)} \fallingdotseq 16.22346.$

である．この記号のもと，次の無限乗積展開が成り立つ．

$$J_\nu(x) = \frac{x^\nu}{2^\nu \Gamma(\nu+1)} \prod_{n=1}^{\infty} \left(1 - \left(\frac{x}{\mu_n^{(\nu)}}\right)^2\right)$$

6.3.3 円柱関数

ν を実数として，**ベッセル方程式**とよばれる常微分方程式

$$x^2 y'' + xy' + (x^2 - \nu^2)y = 0 \qquad \text{①}$$

の 0 でない解を**円柱関数**とか，**円筒関数**とか，**広義のベッセル関数**という．①は 2 次元の波動や熱伝導を記述するときなどに登場する．

①の解は，ベッセル関数 $J_\nu(x)$ 以外に，**ノイマン関数** (第 2 種ベッセル関数)

ノイマン関数の定義

$$N_\nu(x) = \frac{1}{\sin \nu\pi} \left(J_\nu(x) \cos \nu\pi - J_{-\nu}(x)\right)$$

($N_\nu(x)$ は $Y_\nu(x)$ と書くことも多い) があり，①の一般解は，

$$y = C_1 J_\nu(x) + C_2 N_\nu(x)$$

と表せる．複素型では，**ハンケル関数** (第 3 種ベッセル関数)

$$H_\nu^{(1)}(z) = J_\nu(z) + iN_\nu(z), \quad H_\nu^{(2)}(z) = J_\nu(z) - iN_\nu(z)$$

を基本解として選ぶ．

$y = f_\nu(x)$ が①の解であるとき，次が成り立つ．

$$f_{\nu-1}(x) + f_{\nu+1}(x) = \frac{2\nu}{x} f_\nu(x)$$

$$f_{\nu-1}(x) - f_{\nu+1}(x) = 2\frac{d}{dx} f_\nu(x)$$

$$\frac{d}{dx}\left(x^\nu f_\nu(x)\right) = x^\nu f_{\nu-1}(x)$$

$$\frac{d}{dx}\left(\frac{f_\nu(x)}{x^\nu}\right) = -\frac{f_{\nu+1}(x)}{x^\nu}$$

6.3.4 球ベッセル関数

3次元の波動や熱伝導では，次の常微分方程式が登場する (第 6.4.7 項参照).
$$x^2 y'' + 2xy' + \left(x^2 - n(n+1)\right) y = 0 \qquad ①$$
(ただし，n は非負整数) この方程式の一般解は，

球ベッセル関数

$$y = C_1 j_n(x) + C_2 n_n(x) \qquad (C_1, C_2 \text{ は任意定数})$$

$$j_n(x) = \sqrt{\frac{\pi}{2x}} J_{n+\frac{1}{2}}(x) \qquad (\text{第 1 種球ベッセル関数})$$

$$n_n(x) = (-1)^{n+1} \sqrt{\frac{\pi}{2x}} J_{-n-\frac{1}{2}}(x) \quad (\text{球ノイマン関数})$$

である．第 6.3.1 項で述べたように，$j_n(x), n_n(x)$ は三角関数を用いて記述でき，最初の何項は以下の通りである．

$$j_0(x) = x^{-1} \sin x, \qquad n_0(x) = -x^{-1} \cos x,$$
$$j_1(x) = x^{-2}(\sin x - x \cos x), \quad n_1(x) = -x^{-2}(\cos x - x \sin x),$$
$$j_2(x) = x^{-3}\left\{(3-x^2)\sin x - 3x \cos x\right\},$$
$$n_2(x) = -x^{-3}\left\{(3-x^2)\cos x - 3x \sin x\right\},$$
$$j_3(x) = x^{-4}\left\{(105 - 45x^2 + x^4)\sin x - x(105 - x^2)\cos x\right\},$$
$$n_3(x) = -x^{-4}\left\{(105 - 45x^2 + x^4)\cos x - x(105 - x^2)\sin x\right\}$$

6.3.5 ルジャンドル多項式

n を非負整数として，

ルジャンドル多項式の定義

$$P_n(x) = \frac{1}{2^n n!} \cdot \frac{d^n}{dx^n}(x^2 - 1)^n$$
$$= \frac{1}{2^n} \sum_{k=0}^{\lfloor n/2 \rfloor} (-1)^k \frac{(2n-2k)!}{k!(n-k)!(n-2k)!} x^{n-2k}$$
$$= \sum_{k=0}^{\lfloor n/2 \rfloor} \frac{(-1)^k}{2^k} \cdot \frac{(2n-2k-1)!!}{k!(n-2k)!} x^{n-2k}$$

を n 次のルジャンドル多項式 (Legendre polynomial) という．$P_n(x)$ は n 次多項式で，最初のいくつかは，

$$P_0(x) = 1, \quad P_1(x) = x, \quad P_2(x) = \frac{3x^2 - 1}{2}, \quad P_3(x) = \frac{5x^3 - 3x}{2},$$

$$P_4(x) = \frac{35x^4 - 30x^2 + 3}{8}, \quad P_5(x) = \frac{63x^5 - 70x^3 + 15x}{8},$$

$$P_6(x) = \frac{231x^6 - 315x^4 + 105x^2 - 5}{16},$$

$$P_7(x) = \frac{429x^7 - 693x^5 + 315x^3 - 35x}{16}$$

である．ルジャンドル多項式は，以下の性質を満たす．

ルジャンドル多項式の基本性質

$$(x^2 - 1)P_n''(x) + 2xP_n'(x) - n(n+1)P_n(x) = 0$$

$$(n+1)P_{n+1}(x) - (2n+1)xP_n(x) + nP_{n-1}(x) = 0$$

$$\sum_{n=0}^{\infty} t^n P_n(x) = (x^2 - 2tx + 1)^{-1/2} \quad \text{(母関数)}$$

$$\int_{-1}^{1} P_m(x)P_n(x)\,dx = \begin{cases} \dfrac{2}{2n+1} & (m = n \text{ の場合}) \\ 0 & (m \neq n \text{ の場合}) \end{cases}$$

6.3.6 ルジャンドル陪関数

$P_n(x)$ は n 次のルジャンドル多項式，m は $0 \leqq m \leqq n$ を満たす整数として，

ルジャンドル陪関数の定義

$$P_n^{(m)}(x) = (-1)^m (1-x^2)^{m/2} \frac{d^m}{dx^m} P_n(x)$$

$$P_n^{(-m)}(x) = (-1)^m \frac{(n-m)!}{(n+m)!} P_n^{(m)}$$

$(P_n^{(0)}(x) = P_n(x))$ で定まる関数 $P_n^{(m)}$ を**ルジャンドル陪関数**という．ただし，符号 $(-1)^m$ をつけないで定義している文献も多いので注意すること．

m が正の偶数のときには $P_n^{(m)}$ は n 次多項式であり，m が正の奇数のときには $P_n^{(m)}$ は $(n-1)$ 次多項式と $\sqrt{1-x^2}$ の積である．最初のいくつ

かは，

$$P_1^{(1)}(x) = -\sqrt{1-x^2}, \qquad P_2^{(1)}(x) = -3x\sqrt{1-x^2},$$
$$P_2^{(2)}(x) = 3(1-x^2), \qquad P_3^{(1)}(x) = \tfrac{3}{2}(1-5x^2)\sqrt{1-x^2},$$
$$P_3^{(2)}(x) = 15x(1-x^2), \qquad P_3^{(3)}(x) = -15(1-x^2)^{3/2},$$
$$P_4^{(1)}(x) = \tfrac{5}{2}(3x-7x^3)\sqrt{1-x^2}, \quad P_4^{(2)}(x) = \tfrac{15}{2}(7x^2-1)(1-x^2),$$
$$P_4^{(3)}(x) = -105x(1-x^2)^{3/2}, \quad P_4^{(4)}(x) = 105(1-x^2)^2$$

である．ルジャンドル陪関数は，以下の性質を満たす．

$$(x^2-1)\left(P_n^{(m)}(x)\right)'' + 2x\left(P_n^{(m)}(x)\right)'$$
$$+ \left(\frac{m^2}{1-x^2} - n(n+1)\right)P_n^{(m)}(x) = 0$$

$$\int_{-1}^{1} P_k^{(m)}(x) P_l^{(m)}(x)\,dx = \frac{2(l+m)!}{(2l+1)!(l-m)!}\delta_{k,l} \qquad (m \geqq 0)$$

$$\int_{-1}^{1} \frac{P_n^{(l)}(x) P_n^{(m)}(x)}{1-x^2}\,dx = \frac{(l+n)!}{l(n-l)!}\delta_{l,m} \qquad (l \geqq 1, m \geqq 1)$$

$$(n-m+1)P_{n+1}^{(m)}(x) - (2n+1)xP_n^{(m)}(x) + (m+n)P_{n-1}^{(m)}(x) = 0$$

$$P_{n+1}^{(m)}(x) + (2n+1)\sqrt{1-x^2}\,P_n^{(m)}(x) - P_{n-1}^{(m)}(x) = 0$$

$$\sqrt{1-x^2}\,P_n^{(m+1)}(x) = (n-m)xP_n^{(m)}(x) - (n+m)P_{n-1}^{(m)}(x)$$

$$(x^2-1)\left(P_n^{(m)}(x)\right)' = nxP_n^{(m)}(x) - (n+m)P_{n-1}^{(m)}(x)$$

(ただし，$k=l$ のとき $\delta_{k,l}=1$, $k \neq l$ のとき $\delta_{k,l}=0$.)

6.3.7 ラゲール多項式

非負整数 n に対し，

― ラゲール多項式の定義 ―

$$L_n(x) = \frac{e^x}{n!} \cdot \frac{d^n}{dx^n}(x^n e^{-x})$$

で定まる関数 $L_n(x)$ は n 次多項式になり，これを n 次ラゲール多項式 (Laguerre polynomial) という．最初の何個かは，

$$L_0(x) = 1, \quad L_1(x) = -x + 1, \quad L_2(x) = \frac{x^2 - 4x + 2}{2},$$
$$L_3(x) = \frac{-x^3 + 9x^2 - 18x + 6}{6}, \quad L_4(x) = \frac{x^4 - 16x^3 + 72x^2 - 96x + 24}{24}$$

である．ラゲール多項式は，以下の性質を満たす．

$$L_n(x) = \sum_{k=0}^{n} (-1)^k \frac{n!}{(k!)^2 (n-k)!} x^k$$
$$xL_n''(x) + (1-x)L_n'(x) + nL_n(x) = 0$$
$$\int_0^\infty L_m(x) L_n(x) e^{-x} \, dx = \delta_{m,n}$$
$$(n+1)L_{n+1}(x) - (2n+1-x)L_n(x) + nL_{n-1}(x) = 0$$

6.3.8 ラゲール陪多項式

非負整数 n と実数 α に対し，

ラゲール陪多項式の定義

$$L_n^{(\alpha)}(x) = \frac{x^{-\alpha} e^x}{n!} \cdot \frac{d^n}{dx^n}(x^{n+\alpha} e^{-x})$$

で定まる関数 $L_n^{(\alpha)}(x)$ は n 次多項式になり，これを n 次ラゲール陪多項式 (associated Laguerre polynomial) という．

ラゲール陪多項式は，以下の性質を満たす．

$$L_n^{(0)}(x) = L_n(x)$$
$$L_n^{(\alpha)}(x) = \sum_{k=0}^{n} (-1)^k \binom{\alpha+n}{n-k} \cdot \frac{x^k}{k!}$$
$$x\left(L_n^{(\alpha)}(x)\right)'' + (\alpha + 1 - x)\left(L_n^{(\alpha)}(x)\right)' + nL_n^{(\alpha)}(x) = 0$$
$$\int_0^\infty L_m^{(\alpha)}(x) L_n^{(\alpha)}(x) x^\alpha e^{-x} \, dx = \frac{\Gamma(n+\alpha+1)}{n!} \delta_{m,n}$$
$$(n+1)L_{n+1}^{(\alpha)}(x) - (2n+\alpha+1-x)L_n^{(\alpha)}(x) + (n+\alpha)L_{n-1}^{(\alpha)}(x) = 0$$
$$\frac{d^k}{dx^k} L_n^{(\alpha)}(x) = (-1)^k L_{n-k}^{(\alpha+k)}(x)$$

6.3.9 エルミート多項式

非負整数 n に対し，

> **─── エルミート多項式の定義 ───**
> $$H_n(x) = (-1)^n e^{x^2} \frac{d^n}{dx^n} e^{-x^2}$$

で定まる関数 $H_n(x)$ は n 次多項式になり，これを n 次**エルミート多項式** (Hermite polynomial) という．ただし，確率論では，$2^{-n/2} H_n(x/\sqrt{2})$ をエルミート多項式とよぶことが多い．最初の何個かは，

$H_0(x) = 1, \quad H_1(x) = 2x, \quad H_2(x) = 4x^2 - 2, \quad H_3(x) = 8x^3 - 12x,$
$H_4(x) = 16x^4 - 48x^2 + 12, \quad H_5(x) = 32x^5 - 160x^3 + 120x$

である．エルミート多項式は，以下の性質を満たす．

$$H_n''(x) - 2xH_n'(x) + 2nH_n(x) = 0$$

$$\int_{-\infty}^{\infty} H_m(x) H_n(x) e^{-x^2}\, dx = 2^n n! \sqrt{\pi} \delta_{m,n}$$

$$H_n'(x) = 2n H_{n-1}(x)$$

$$H_{n+1}(x) - 2x H_n(x) + 2n H_{n-1}(x) = 0$$

$$\exp(2xt - t^2) = \sum_{n=0}^{\infty} H_n(x) \frac{t^n}{n!} \qquad \text{(母関数)}$$

$$H_{2n}(x) = (-4)^n n! L_n^{(-1/2)}(x^2)$$

$$H_{2n+1}(x) = 2(-4)^n n! L_n^{(1/2)}(x^2)$$

6.4　級数による偏微分方程式の解法

　偏微分方程式の理論は多岐にわたり，とても解説しきれないが，ここでは，波動方程式や熱伝導方程式などについて，変数分離法による固有解を利用して，フーリエ級数などの直交関数系を用いた級数によって解ける場合だけを述べる．

6.4.1　1次元波動方程式

　例えば，細長い棒や弦の振動を考える．棒や弦を数直線と考え，その上の座標系を x で表し，時刻を t で表すと，棒や弦の上の点 x における時刻 t の振幅の大きさ $u = u(x,t)$ は，摩擦を無視すれば，

―― 1次元波動方程式 ――
$$\frac{\partial^2 u}{\partial t^2} = c^2 \frac{\partial^2 u}{\partial x^2} \qquad ①$$

(c は波の伝播速度とよばれる定数で，$c > 0$) という形の偏微分方程式を満たす．微分方程式 ① を **1 次元波動方程式**という．

　$g(x), h(x)$ を 2 回微分可能な任意の 1 変数関数とするとき，

―― 1次元波動方程式の一般解 ――
$$u(x,t) = g(x+ct) + h(x-ct) \qquad ②$$

は ① を満たすが，逆に ① を満たす任意の関数 $u(x,t)$ は ② の形に表すことができる．この形の一般解は形が一般的すぎて，実用上あまり役に立たない．次の例のように，何かの追加条件を与えて ① を解くことが，理工学では大切になる．

　○ **固定端振動**．両端を固定された長さ l の弦の振動においては，座標系を $0 \leqq x \leqq l$ と設定して，$u(0,t) = u(l,t) = 0$ という条件下に ① を解くことになる．この条件 $u(0,t) = u(l,t) = 0$ を**境界条件**という．この場合，① の解は，

> **固定端振動**
> $$u(x,t) = \sum_{n=1}^{\infty} a_n \sin\frac{n\pi x}{l} \cos\frac{cn\pi(t-t_n)}{l}$$

(a_n, t_n は任意定数) と表すことができる.

上の解をさがすには，① の解が $u(x, t) = g(x)h(t)$ と，x のみの関数 $g(x)$ と t のみの関数 $h(t)$ の積に表されたと仮定して，① を，

$$g(x)h''(t) = c^2 g''(x)h(t),$$

すなわち，

$$\frac{h''(t)}{h(x)} = c^2 \frac{g''(x)}{g(x)} = (\text{定数})$$

と変形して $g(x), h(t)$ を求める．このような解法を**変数分離法**といい，この方法で得られる解

$$g(x)h(t) = \sin\frac{n\pi x}{l} \cos\frac{cn\pi(t-t_n)}{l}$$

(n は自然数) を**固有解**という．この解は n **倍弦振動**とよばれるが，一般に，固有解は物理学的に特別の意味を持つ解である場合が多い．① の一般解は，このような固有解の線形結合で表すことができるが，このような場合，この固有解全体の集合は，$u(0, t) = u(l, t) = 0$ という境界条件下での ① の一般解の解空間の，**完備基底**であるとか**完全基底**をなすという.

その他，① はいろいろな境界条件や初期条件のもとでの解の求め方が知られている．例えば，自由端振動や，輪環体状の棒の振動なども，三角関数の級数を用いて解を表すことができる.

6.4.2 1 次元熱伝導方程式

細長い一様な棒の温度の分布の時間変化を考える．棒を数直線と考え，その上の座標系を x で表し，時刻を t で表すと，棒上の点 x における時刻 t の温度 $u = u(x, t)$ は，

--- 1次元熱伝導 (拡散) 方程式 ---
$$\frac{\partial u}{\partial t} = c^2 \frac{\partial^2 u}{\partial x^2} \qquad ①$$

(c は定数で，$c > 0$．c^2 は熱伝導率とよばれる) という形の偏微分方程式を満たす．微分方程式①を 1 次元**熱 (伝導) 方程式**とか，1 次元**拡散方程式**という．

今，棒の長さが l であって，両端の温度が 0 度に固定されている場合の解を考える．つまり，$0 \leqq x \leqq l$ で，$u(0, t) = u(l, t) = 0$ と境界条件を設定する．さらに，時刻 $t = 0$ における温度分布は $u(x, 0) = f(x)$ で与えられていると仮定する．このとき①の解は，

--- 有限長の棒の熱伝導 ---
$$u(x, t) = \sum_{n=1}^{\infty} a_n \sin \frac{n\pi x}{l} \exp \left\{ -\left(\frac{n\pi c}{l}\right)^2 t \right\}$$
$$a_n = \frac{2}{l} \int_0^l f(x) \sin \frac{n\pi x}{l} dx$$

で与えられる．

その他，①はいろいろな境界条件や初期条件のもとでの解の求め方が知られていて，例えば，無限に長い棒 ($-\infty < x < \infty$) の場合には，フーリエ変換を利用して解くことができる．

6.4.3 ラプラシアン

2 変数関数 $u = u(x, y)$ に対し，

--- 2 次元のラプラシアン ---
$$\Delta u = \left(\frac{\partial^2}{\partial x^2} + \frac{\partial^2}{\partial y^2}\right) u = \frac{\partial^2 u}{\partial x^2} + \frac{\partial^2 u}{\partial y^2}$$

と書き，Δ を 2 次元の**ラプラシアン**という．また，3 変数関数 $u = u(x, y, z)$ に対し，

━━━━━━━━━━━━━━━━━ 3 次元のラプラシアン ━━━━━━━━━━━
$$\Delta u = \left(\frac{\partial^2}{\partial x^2} + \frac{\partial^2}{\partial y^2} + \frac{\partial^2}{\partial z^2}\right)u = \frac{\partial^2 u}{\partial x^2} + \frac{\partial^2 u}{\partial y^2} + \frac{\partial^2 u}{\partial z^2}$$

と書き，Δ を 3 次元の**ラプラシアン**という．

$u = u(x, y, t)$ や $u = u(x, y, z, t)$ のように u が時刻変数 t を含む場合も，t は無視して上のようにラプラシアンを定める．

一般に，$\Delta u = 0$ を満たす関数 u を**調和関数**という．例えば，

$$u(x, y) = \log_e(x^2 + y^2)$$

は 2 次元の調和関数，

$$u(x, y, z) = \frac{1}{\sqrt{x^2 + y^2 + z^2}}$$

は 3 次元の調和関数である．

6.4.4　ラプラシアンの極座標表示

極座標表示 $(x, y) = (r\cos\theta, r\sin\theta)$ によって (x, y) を (r, θ) に変数変換すると，2 次元のラプラシアンは

━━━━━━━━━━━━━━ 2 次元ラプラシアンの極座標表示 ━━━━━━━━━
$$\Delta u = \frac{\partial^2 u}{\partial r^2} + \frac{1}{r} \cdot \frac{\partial u}{\partial r} + \frac{1}{r^2} \cdot \frac{\partial^2 u}{\partial \theta^2}$$
$$= \frac{1}{r}\frac{\partial}{\partial r}\left(r\frac{\partial u}{\partial r}\right) + \frac{1}{r^2} \cdot \frac{\partial^2 u}{\partial \theta^2}$$

と書ける．

3 次元のラプラシアンは，極座標表示 (5.4.8 参照)

$$(x, y, z) = (r\sin\theta\cos\varphi, r\sin\theta\sin\varphi, r\cos\theta)$$

を用いると，

―――――――――――――― 3次元ラプラシアンの極座標表示 ――――――――――――――
$$\Delta u = \frac{\partial^2 u}{\partial r^2} + \frac{2}{r}\frac{\partial u}{\partial r} + \frac{1}{r^2}\frac{\partial^2 u}{\partial \theta^2} + \frac{\cot\theta}{r^2}\frac{\partial u}{\partial \theta} + \frac{1}{r^2 \sin^2\theta}\frac{\partial^2 u}{\partial \varphi^2}$$
$$= \frac{1}{r^2}\frac{\partial}{\partial r}\left(r^2 \frac{\partial u}{\partial r}\right) + \frac{1}{r^2 \sin\theta}\frac{\partial}{\partial \theta}\left(\sin\theta \frac{\partial u}{\partial \theta}\right) + \frac{1}{r^2 \sin^2\theta}\frac{\partial^2 u}{\partial \varphi^2}$$

と書ける.

6.4.5　2次元波動方程式

例えば，膜の振動を考える．膜の上に座標系を (x, y) を設定し，時刻を t で表すと，点 (x, y) における時刻 t の振幅の大きさ $u = u(x, y, t)$ は，摩擦を無視すれば，

―――――――――――――― 2次元波動方程式 ――――――――――――――
$$\frac{\partial^2 u}{\partial t^2} = c^2 \Delta u, \quad \Delta = \frac{\partial^2}{\partial x^2} + \frac{\partial^2}{\partial y^2} \qquad ①$$

という形の偏微分法定を満たす．ここで，c は波の伝播速度を表す正の定数である．微分方程式①を **2次元波動方程式**という．

理工学的には，いろいろな境界条件下に①を解くことが課題になる．ここでは，以下の2つの場合だけ述べる．

○ **長方形膜の振動**. 端を固定された縦 a, 横 b の長方形の膜の振動を考える．$u(0, y, t) = u(a, y, t) = 0, u(x, 0, t) = u(x, b, t) = 0$ という境界条件下に①を解く．$u(x, y, t) = f_1(x) f_2(y) f_3(t)$ と書けると仮定して変数分離法で固有解を捜すと，弦の固定端振動の場合と同様な計算で，一般解

―――――――――――――― 長方形膜の振動 ――――――――――――――
$$u(x, y, t) = \sum_{m=1}^{\infty} \sum_{n=1}^{\infty} a_{m,n} \sin\frac{m\pi x}{a} \sin\frac{n\pi y}{b} \cos\frac{c\sqrt{m^2+n^2}\pi(t - t_{m,n})}{\sqrt{a^2+b^2}}$$

($a_{m,n}, t_n$ は任意定数) が得られる．この解は音楽的な和音になった音色をなさない．

○ **円板状の膜の振動.** 太鼓のように，端を固定された半径 R の円板状の膜の振動を考える．円板の中心を原点として極座標 (r, θ) を設定し，$u = u_1(r)u_2(\theta)u_3(t)$ とおいて固有解を求める．すると，①は，

$$\frac{1}{u_1}\left(u_1'' + \frac{u_1'}{r}\right) + \frac{1}{r^2}\frac{u_2''}{u_2} = \frac{1}{c^2}\frac{u_3''}{u_3}$$

と変形できるので，右辺を定数 $-\lambda$, u_2''/u_2 を定数 $-\mu$ として，

$$r^2 u_1''(r) + r u_1'(r) + (\lambda r^2 - \mu)u_1(r) = 0 \qquad ②$$

$$u_2''(\theta) + \mu u_2(\theta) = 0, \quad u_2(\theta + 2\pi) = u_2(\theta) \qquad ③$$

$$u_3'' + \frac{\lambda}{c^2} u_3 = 0 \qquad ④$$

という常微分方程式に帰着する．③は $\mu = n^2$ (n は自然数) のときに限り，解 $u_2(\theta) = a \cos n(\theta - \theta_0)$ を持つ．①はベッセル方程式 (6.3.2-3 項参照) に帰着され，ベッセル関数 $u_1(r) = J_n(\sqrt{\lambda} r)$ を解に持つ (ノイマン関数は解として適さない)．ただし，$u_1(R) = 0$ だから，第 6.3.2 項のように，ベッセル関数 $J_n(x)$ の正の零点を小さいほうから順に $\mu_1^{(n)}, \mu_2^{(n)}, \mu_3^{(n)}, \ldots$ とおくとき，$\lambda = \left(\mu_k^{(n)}\right)^2$ でなければならない．したがって，①の解は

円板膜の振動

$$u = \sum_{k=1}^{\infty} \sum_{n=0}^{\infty} a_{k,n} J_n\left(\frac{\mu_k^{(n)} r}{R}\right) \cos n(\theta - b_{k,n}) \cos \frac{\mu_k^{(n)} c(t - c_{k,n})}{R}$$

($a_{k,n}, b_{k,n}, c_{k,n}$ は任意定数) と表せる．

6.4.6 3 次元波動方程式

空間を伝わる電磁波などは，Δ を 3 次元のラプラシアンとして

---

3 次元波動方程式

$$\frac{\partial^2 u}{\partial t^2} = c^2 \Delta u \qquad ①$$

という形の偏微分法定を満たす．ここで，c は波の伝播速度を表す正の定数である．微分方程式①を **3 次元波動方程式** という．

理工学的関心からは，$u(u, y, z, 0) = \delta(x, y, z)$ (ディラックのデルタ関数) という初期条件を満たす超関数解 u が基本になり，この解は $x^2+y^2+z^2 = c^2t^2$ で定まる球面上でのみ 0 でない超関数となる．他方，2 次元波動方程式では，円板 $x^2 + y^2 \leqq c^2t^2$ 内に 0 にならない点が一面に分布する．つまり，空間では，時刻 t には波源から距離 ct だけ離れた点にのみ，最初の波が伝わるが，平面では距離 ct 以内のところすべてに最初の波の痕跡が残る．このように，空間と平面では波の伝わり方に根本的な相違がある．

級数で表すことのできる ① の解には，次のような**定常波**がある．

$$u(x, y, z, t) = u_0(x, y, z)f(t)$$

という形の ① の解は，$\dfrac{1}{u_0}\Delta u_0 = \dfrac{1}{c^2}\dfrac{f''}{f}$ を満たすので，この値を定数 $-k^2$ とおけば，① は 2 つの微分方程式

$$f'' + (ck)^2 f = 0, \quad (\Delta + k^2)u_0 = 0$$

を解くことに帰着される．$f = a\cos ck(t - t_0)$ なので，このような形の解は次のように書ける．

$$u(x, y, z, t) = u_0(x, y, z)\cos ck(t - t_0)$$

これを定常波という．また，u_0 が満たす方程式をヘルムホルツ方程式といい，次の項で説明する．

6.4.7 ヘルムホルツ方程式

次の楕円型偏微分方程式を**ヘルムホルツ方程式**という．

ヘルムホルツ方程式
$$(\Delta + c^2)u = 0 \qquad ①$$

この方程式の解のうち，空間極座標 (5.4.8 参照)

$$(x, y, z) = (r\sin\theta\cos\varphi, \ r\sin\theta\sin\varphi, \ r\cos\theta)$$

を用いて，$u = u_1(r)u_2(\theta)u_3(\varphi)$ と書けるような固有解を求める．これを ① に代入して整理すると，第 6.4.4 項で述べたラプラシアンの極座標表示から，

$$r^2 u_1'' + 2r u_1' + (c^2 r^2 - \lambda)u_1 = 0 \qquad ②$$

$$u_2'' + u_2' \cot\theta + \left(\lambda - \frac{\mu^2}{\sin^2\theta}\right)u_2 = 0, \quad u_2(\theta+2\pi) = u_2(\theta) \qquad ③$$

$$u_3'' + \mu^2 u_3 = 0 \qquad\qquad\qquad\qquad\qquad\qquad\qquad\qquad\qquad ④$$

(λ, μ は適当な定数) が得られる．④ が $\varphi = \pm\pi/2$ で微分可能であるためには，$\mu = m$ (m は非負整数) でなくてはならず，④ の一般解は，

$$u_3 = A\cos m(\varphi - \varphi_0) = Be^{im\varphi} + Ce^{-im\varphi}$$

である．$\mu = m$ のとき，③ は $\lambda = n(n+1)$ (n は整数で $n \geqq m$) の場合に限って原点で微分可能な固有解 $u_3 = P_n^{(m)}(\cos\theta)$ を持つ．ここで $P_n^{(m)}$ はルジャンドル陪関数である．

② の解は球ベッセル関数 $j_n(x), n_n(x)$ (第 6.3.4 項参照) を用いて記述でき，$\lambda = n(n+1)$ とすると，$u_1(r) = C_1 j_n(cr) + C_2 n_n(cr)$ が一般解である．

以上をまとめると，① の 1 つの解として次が得られる．

ヘルムホルツ方程式のある種の解

$$u = \sum_{n=0}^{\infty} j_n(cr)\left\{a_n P_n(\cos\theta) + \sum_{m=1}^{n} a_{nm}\cos m(\varphi - \varphi_{nm}) P_n^{(m)}(\cos\theta)\right\}$$
$$+ \sum_{n=0}^{\infty} n_n(cr)\left\{b_n P_n(\cos\theta) + \sum_{m=1}^{n} b_{nm}\cos m(\varphi - \varphi'_{nm}) P_n^{(m)}(\cos\theta)\right\}$$

($a_n, b_n, a_{nm}, b_{nm}, \varphi_{nm}, \varphi'_{nm}$ は任意定数)

この解は，複素型で次のように表示できる．

$$u = \sum_{n=0}^{\infty}\sum_{m=-n}^{n} (a'_{nm} j_n(cr) + b'_{nm} n_n(cr)) e^{im(\varphi - \varphi''_{nm})} P_n^{(m)}(\cos\theta)$$

($a'_{nm}, b'_{nm}, \varphi''_{nm}$ は任意定数)

6.4.8 シュレジンガー方程式

電子の質量を m_0，プランク定数を $\hbar = h/2\pi$，ポテンシャルを $U = U(x, y, z)$ とおくと，電子の波動関数 $\psi = \psi(x, y, z, t)$ は**シュレジンガー方程式**とよばれる微分方程式

―――――――――――――――― シュレジンガー方程式 ――
$$\frac{\hbar^2}{2m_0}\Delta\psi + i\hbar\frac{\partial}{\partial t}\psi - U\psi = 0 \qquad ①$$

を満たす．ただし，Δ は 3 次元のラプラシアンである．この微分方程式の解のうち，

$$\psi(x,y,z,t) = u(x,y,z)\exp\left(-\frac{i}{\hbar}Et\right) \qquad ②$$

(E はエネルギーとよばれる定数) という形の解を**定常状態**といい，以下，この形の解を求める．②の形の解は，**定常シュレジンガー方程式**

―――――――――――――――― 定常シュレジュンガー方程式 ――
$$\frac{\hbar^2}{2m_0}\Delta u + (E-U)u = 0 \qquad ③$$

を解いて，時間に依らない関数 $u = u(x,y,z)$ を求めることによって得られる．

$U = U(x,y,z)$ が定数関数の場合には，③はヘルムホルツ方程式になる．

化学では，1 つの原子核の回りの電子の波動関数のが基本になるので，この場合の③の解を説明する．

いま，原子核を原点にとり，空間極座標 (5.4.8 参照)

$$(x,y,z) = (r\sin\theta\cos\varphi,\ r\sin\theta\sin\varphi,\ r\cos\theta)$$

を用い，③の解のうち，$u = u_1(r)Y(\theta,\varphi)$ という形の解を求める．ここで，E は定数で，U は r のみの関数 $U = U(r)$ であると仮定する．すると，前項と同様な計算で，③は 2 つの微分方程式

$$r^2 u_1'' + 2r u_1' + \left(\frac{2m_0}{\hbar^2}(E-U(r))r^2 - \lambda\right)u_1 = 0 \qquad ④$$

$$\frac{1}{\sin\theta}\cdot\frac{\partial}{\partial\theta}\left(\sin\theta\frac{\partial Y}{\partial\theta}\right) + \frac{1}{\sin^2\theta}\cdot\frac{\partial^2 Y}{\partial\varphi^2} + \lambda Y = 0 \qquad ⑤$$

に帰着される．⑤は $Y(\theta,\varphi) = u_2(\theta)u_3(\varphi)$ とおくと，前項のヘルムホルツ方程式の場合の方程式③，④に帰着され，ヘルムホルツ方程式の場合と同じく，$\lambda = l(l+1)$ (l は非負整数) の場合に限って，次のような一般解を

持つ．

$$Y = P_l(\cos\theta) + \sum_{m=1}^{l} a_m \cos m(\varphi - \varphi_m) P_l^{(m)}(\cos\theta)$$

$$= \sum_{m=-l}^{l} b_m e^{im\varphi} P_n^{(m)}(\cos\theta)$$

ここで，$P_l(x)$ はルジャンドル多項式，$P_l^{(m)}(x)$ はルジャンドル陪関数である．量子力学では複素型で解を記述するようが自然なので，正規化して，

$$Y_l^m(\theta,\varphi) = (-1)^m \sqrt{\frac{(2l+1)(l-m)!}{4\pi(l+m)!}} e^{im\varphi} P_n^{(m)}(\cos\theta)$$

とおき (係数 $(-1)^m$ はつけない文献も多い)，

$$Y = \sum_{m=-l}^{m} c_m Y_l^m(\theta,\varphi)$$

と ⑤ の解を記述する．

④ を解きたいが，他の原子核の影響がない場合は，

$$U(r) = -\frac{Ze^2}{4\pi\varepsilon_0 r^2}$$

(Z は元素番号，e は電子の電荷，ε_0 は誘電率) と仮定できる．係数を簡単にするため，

$$\alpha = \frac{\sqrt{-8m_0 E}}{\hbar}, \quad \rho = \alpha r, \quad v(\rho) = u_1(r), \quad \nu = \frac{Zm_0 e^2}{2\pi\varepsilon_0 \hbar^2 \alpha}$$

とすると，④ は

$$\left(\frac{d^2}{d\rho^2} + \frac{2}{\rho}\frac{d}{d\rho} - \frac{l(l+1)}{\rho^2} + \frac{\nu}{\rho} - \frac{1}{4}\right) v(\rho) = 0$$

となる．この方程式は ν が整数で $\nu \geq l+1$ の場合に限って解を持ち，その解のうち $\lim_{\rho\to\infty} v(\rho) = 0$ を満たすものは，正規化して書くと，

$$v(\rho) = (-1)^{2l+1} \frac{(2l+1)!(\nu-l-1)!}{\{(\nu+l)!\}^2} \rho^l e^{-\rho/2} L_{\nu+l}^{(2l+1)}(\rho)$$

のみである．ここで，$L_n^{(m)}(x)$ はラゲール陪多項式 (第 6.3.8 項参照) である．ν が整数であるという条件から，エネルギーは

$$E = -\frac{Z^2 m_0 4^4}{32\pi^2 \varepsilon_0^2 \hbar^2} \cdot \frac{1}{\nu^2} \qquad (\nu \text{ は自然数})$$

という飛び飛びの値しかとれない．また，

$$\rho = \alpha r = \frac{Zm_0 e^2}{2\pi\varepsilon_0 \hbar^2} \cdot \frac{1}{\nu} r$$

である．化学では，$\nu = 1, 2, 3, 4$ のときの電子軌道をそれぞれ，K 殻，L 殻，M 殻，N 殻とよび，$l = 0, 1, 2, 3, 4$ のときの軌道をそれぞれ，s 軌道，p 軌道，d 軌道，f 軌道，g 軌道とよぶ．

6.4.9　超幾何級数

初等関数，ベッセル関数などを包括する関数として，ガウスの超幾何級数がある．今，複素数 a と自然数 n に対し，

$$(a)_n = \binom{a+n}{n} = a(a+1)(a+2)\cdots(a+n-1)$$

(ただし，$(a)_0 = 1$ と約束する) と書くことにして，自然数 p, q と複素数 $a_1, \ldots, a_p; b_1, \ldots, b_q; z$ に対し，

---一般超幾何級数---

$$_pF_q(a_1, \ldots, a_p; b_1, \ldots, b_q; z) = \sum_{n=0}^{\infty} \frac{(a_1)_n (a_2)_n \cdots (a_p)_n}{(b_1)_n (b_2)_n \cdots (b_q)_n} \cdot \frac{z^n}{n!}$$

と定義し，これを Barnes の**一般超幾何級数**という．特に，$p = 2, q = 1$ の場合が古くから使われているもので，$_2F_1(a, b; c; z)$ を単に $F(a, b, c; z)$ と書き，これをガウスの**超幾何級数**という．例えば，

$$F(-k, 1, 1; z) = (1-z)^k$$
$$F(1, 1, 2, z) = -\frac{1}{z}\log_e(1-z)$$
$$F\left(\frac{1}{2}, \frac{1}{2}, \frac{3}{2}; z^2\right) = \frac{1}{z}\sin^{-1} z$$

$$F\left(\frac{1}{2}, 1, \frac{3}{2}; -z^2\right) = \frac{1}{z}\tan^{-1} z$$
$$J_\nu(z) = \frac{(z/2)^\nu}{\Gamma(\nu+1)} \cdot {}_0F_1\left(\nu+1; -\frac{z^2}{4}\right)$$

である．

　ガウスの超幾何級数は，数学では非常に重要な関数であるが，いろいろ難解な理論に関連するので，本書では紹介にとどめる．

第7章
代数

　2次方程式の解の公式は4千年以上前には知られていたが，3次方程式の解の公式はシピーオーネ・デル・フェロ(1465-1526), 4次方程式の解の公式はルドヴィコ・フェラーリ(1522-1565頃)が発見し，5次以上の方程式については，一般的な解の代数的公式が存在しないことが，ヘンリック・アーベル(1802-1829)とエバリスト・ガロア(1811-1832)によって証明された．この後，代数学は整数論とともに，群・環・体という抽象代数学へと発展していった．

　本書では，抽象代数を必要とする部分は，ほとんど割愛させてもらう．

7.1　一変数多項式

本節では，4次以下の方程式の解の公式と，判別式などを簡単に解説する．5次以上の方程式を代数的に扱うには，ガロア理論が必要になり，本格的な抽象代数を勉強していないと理解が困難なので，本書では割愛した．

7.1.1　用語

$$f(x) = \sum_{k=0}^{n} a_k x^k = a_n x^n + a_{n-1} x^{n-1} + a_{n-2} x^{n-2} + \cdots + a_2 x^2 + a_1 x + a_0$$

($a_n \neq 0$) という形の式を，x についての n **次式**とか，n **次多項式** (polynomial) という．多項式のことを**整式**ともいう．x を $f(x)$ の**変数**とか**不定元**という．$a_k x^k$ を $f(x)$ の k **次の項**といい，a_k を x^k の**係数** (coefficient) という．特に，a_0 を $f(x)$ の**定数項**，$a_n x^n$ を $f(x)$ の**最高次項**という．最高次項の係数が $a_n = 1$ であるとき，$f(x)$ は**モニック** (monic) であるという．1個の項だけからなる多項式を**単項式** (monomial)，2個の項からなる多項式を **2項式** (binomial)，3個の項からなる多項式を **3項式** (trinomial) ともいう．

$f(x)$ の係数 $a_n, a_{n-1}, \ldots, a_0$ がすべて実数のとき $f(x)$ を**実係数多項式**，**実数係数多項式**，**実多項式**などとよぶ．同様に，$a_n, a_{n-1}, \ldots, a_0$ が複素数，有理数，整数である場合にそれぞれ，**複素数係数多項式**，**有理数係数多項式**，**整数係数多項式**とか，その省略形でよぶ．

$f(x)$ が n 次多項式のとき，$f(x) = 0$ という形の方程式を，x についての n **次方程式**という．このとき，$f(\alpha) = 0$ を満たす数 α を方程式 $f(x) = 0$ の**解** (solution) または**根** (root) とか，多項式 $f(x)$ の根という．

$f(x)$ が n 次多項式のとき，$\deg f(x) = n$ とか，$\deg_x f(x) = n$ と書く．定数項だけからなる多項式 $f(x) = a_0$ は**定数多項式**とよぶが，これについては

$$\deg a_0 = \begin{cases} 0 & (a_0 \neq 0 \text{ のとき}) \\ -\infty & (a_0 = 0 \text{ のとき}) \end{cases}$$

と約束する．このとき，

$$\deg\bigl(f(x)g(x)\bigr) = \deg f(x) + \deg g(x)$$

が成り立つ．

7.1.2　2次方程式

2次方程式 $ax^2 + bx + c = 0\ (a \neq 0)$ の解は，

2次方程式の解の公式
$$x = \frac{-b \pm \sqrt{b^2 - 4ac}}{2a}$$

で与えられる．実際，与えられた方程式は，

$$\left(x + \frac{b}{2a}\right)^2 = \frac{b^2 - 4ac}{(2a)^2}$$

と変形できるので，この両辺の平方根をとれば，解の公式が得られる．

上の2次方程式の解の公式は，a, b, c が複素数の場合でも成立するが，複素数 z に対する平方根 $\sqrt{z}$ を計算できないといけない．$z \neq 0$ のとき，$w^2 = z$ を満たす複素数 w は2つあり，その一方を w_1 とすれば他方は $-w_1$ である．$\sqrt{z}$ が w_1 か $-w_1$ のどちらを指すかという約束はない．

$$z = re^{i\theta} = r(\cos\theta + \sqrt{-1}\sin\theta)$$

と極座標表示するとき，

複素数の平方根
$$\sqrt{z} = \sqrt{r}e^{i\theta/2} = \sqrt{r}\left(\cos\frac{\theta}{2} + \sqrt{-1}\sin\frac{\theta}{2}\right)$$

と表される．ここで，θ は 2π の整数倍の任意性があるため，$\theta/2$ は π の整数倍の任意性を持つ．

7.1.3 3次方程式

3次方程式の解の公式は，**カルダノの公式**とよばれるが，その最初の発見者は，イタリアのシピーオーネ・フェロ (1465–1526) である．3次方程式の解の公式が発見されたという噂を聞いて，ニッコロ・タルターリア (1500-1557) は，自分自身で3次方程式の解法を見つけた．ジェロニモ・カルダノ (1501–1576) は，タルターリアに絶対公表しないという約束でその方法を教わったが，この約束を反故にして,『大なる術』という著書で世に公表した．

3次方程式 $ax^3 + bx^2 + cx + d = 0 \ (a \neq 0)$ の左辺は，

$$ax^3 + bx^2 + cx + d$$
$$= a\left\{\left(x + \frac{b}{3a}\right)^3 + \left(\frac{c}{a} - \frac{b^2}{9a^2}\right)\left(x + \frac{b}{3a}\right) + \left(\frac{d}{a} - \frac{bc}{3a^2}\right)\right\}$$

と変形できるので，

$$y = x + \frac{b}{3a}, \quad p = \frac{c}{3a} - \frac{b^2}{27a^2}, \quad q = \frac{d}{a} - \frac{bc}{3a^2}$$

とおけば，

───────────── 3次方程式の標準型 ─────────────
$$y^3 + 3py + q = 0 \qquad\qquad ①$$

と変形できる．この解を求めるには，次の因数分解の公式を利用する．

$$u^3 + v^3 + w^3 - 3uvw = (u + v + w)(u + \omega v + \omega^2 w)(u + \omega^2 v + \omega w)$$

$$(\omega = \frac{-1 + \sqrt{-3}}{2} \text{ は } 1 \text{ の原始3乗根})$$

上の公式で $u = y$ とおき，$-vw = p$, $v^3 + w^3 = q$ となるように v, w を定めれば，$y = -v - w, -\omega v - \omega^2 w, -\omega^2 v - \omega w$ が①の解になる．そこで，

$$\alpha = -v^3, \quad \beta = -w^3$$

とおくと，

$$\alpha + \beta = -(v^3 + w^3) = -q, \quad \alpha\beta = (vw)^3 = -p^3$$

だから，α, β は t の2次方程式

$$t^2 + qt - p^3 = 0$$

の 2 根である．よって，
$$\alpha, \beta = \frac{-q \pm \sqrt{q^2 + 4p^3}}{2}$$
となる．$-v = \sqrt[3]{\alpha}, -w = \sqrt[3]{\beta}$ だから，① の 3 根は

=== 3 次方程式の解の公式 (カルダノの公式) ===
$$y = \sqrt[3]{\alpha} + \sqrt[3]{\beta}, \quad \omega\sqrt[3]{\alpha} + \omega^2\sqrt[3]{\beta}, \quad \omega^2\sqrt[3]{\alpha} + \omega\sqrt[3]{\beta}$$

となる．ただし，α, β が虚数 (実数でない複素数) の場合には，3 乗根の偏角は上手に選んでおく必要がある．

　カルダノの公式は，3 次方程式が 3 個の実数解を持つ場合でも，途中の計算では必ず虚数が登場する．例えば，$x^3 - 7x + 6 = 0$ (根は $-3, 1, 2$) をカルダノの公式で解こうとすると，$\sqrt[3]{\alpha} = \sqrt[3]{-3 \pm \dfrac{10\sqrt{-3}}{9}}$ を計算するために，再び 3 次方程式を解かなければならないという循環に陥る．そういう理由で，カルダノの公式は，3 つの実数解を持つ 3 次方程式の数値解を求めるためには，ほとんど役に立たない．複素数解の近似値を求めたいなら，ニュートン法 (7.1.5 参照) による数値計算を行うほうがよい．

　なお，3 つの解がすべて実数であることがわかっている 3 次方程式を解く場合には，3 倍角の公式
$$\sin^3 \theta - \frac{3}{4}\sin\theta + \frac{1}{4}\sin 3\theta = 0$$
を利用する方法もある．例えば，
$$x^3 - px + q = 0 \qquad (p > 0)$$
を三角関数を用いて解くことを考える．$t = \sqrt{\dfrac{3}{4p}}x$ とおく．$x = 2\sqrt{\dfrac{p}{3}}t$ を $x^3 - px + q = 0$ に代入して整理すると，
$$t^3 - \frac{3}{4}t + \frac{3\sqrt{3}q}{8p^{\frac{3}{2}}} = 0$$
を得る．θ を複素数まで拡張して考えれば，$t = \sin\theta$ と書くことができる．すると，$\sin 3\theta = \dfrac{3\sqrt{3}q}{2p^{\frac{3}{2}}}$ が成り立つ．したがって，$x^3 - px + q = 0$ の解は，

以下のようにして得られる．

$$x = 2\sqrt{\frac{p}{3}} \sin\left(\frac{1}{3}\sin^{-1}\frac{3\sqrt{3}q}{2p^{\frac{3}{2}}}\right)$$

ただし，$\sin^{-1}$ は多価関数として処理しないといけない．$p < 0$ の場合は，三角関数の代わりに双曲線関数 $\sinh x$ を用いるとよい．

カルダノの公式のように，四則と根号のみを用いて方程式を解く方法を**方程式の代数的解法**，三角関数などの超越関数を用いて解く方法を**方程式の超越的解法**という．

7.1.4　4 次方程式

4 次方程式の解の公式を発見したのは，カルダノの執事のルドヴィコ・フェラーリ (1522-1565 頃) である．

$$ax^4 + bx^3 + cx^2 + dx + e = 0 \qquad (a \neq 0)$$

は $y = x + \dfrac{b}{4a}$ とおくことにより

$$\boxed{\text{4 次方程式の標準型}\\ y^4 + py^2 + qy + r = 0 \qquad\qquad ①}$$

と変形できる．① を

$$(y^2 + \alpha)^2 = (\beta y + \gamma)^2 \qquad\qquad ②$$

と平方完成してみよう．① と ② の係数比較により，

$$2\alpha - \beta^2 = p, \quad -2\beta\gamma = q, \quad \alpha^2 - \gamma^2 = r$$

である．$r = \alpha^2 - \gamma^2 = \alpha^2 - \dfrac{q^2}{4\beta^2}$ だから，$\beta^2 = \dfrac{q^2}{4(\alpha^2 - r)}$ である．これを，$2\alpha - \beta^2 = p$ に代入すると，α に関する 3 次方程式

$$8\alpha^3 - 4p\alpha^2 - 8r\alpha + (4pr - q^2) = 0$$

を得る．この 3 次方程式の解の 1 つを α とすると，β, γ は，

$$\beta = \sqrt{2\alpha - p}, \quad \gamma = -\frac{q}{2\beta} = -\frac{q}{2\sqrt{2\alpha - p}}$$

によって求められる．すると，②は，

---- フェラーリの公式 ----
$$y^2 + \alpha = \pm\left(\sqrt{2\alpha - p}\, y - \frac{q}{2\sqrt{2\alpha - p}}\right)$$

という2つの2次方程式になる．この4個の解が，②の解である．これをフェラーリの公式という．

7.1.5　5次以上の方程式

5次以上の方程式については，一般的な代数的解法の公式は存在しないことが，エバリスト・ガロア (1811-1832) によって証明されている．もちろん，代数的に解ける方程式もあり，代数的に解けるか否かはガロア理論を用いて決定できる．5次方程式については楕円関数を用いた超越的解法，一般のn次方程式については多変数の超幾何関数を用いた超越的解法はあるが，実用的ではない．方程式の解の近似値を求める，という意味では，3次方程式の根の公式は上で説明したようにすでに実用的でなく，コンピュータで解の近似値を計算するには，もっと初歩的な**ニュートン法**を用いるのがよい．

解きたい方程式を $f(x) = 0$ とし，$f(x)$ の導関数を $f'(x)$ とする．定数 c_1 を求めたい解に近い任意の値とし，

---- ニュートン法 ----
$$c_{n+1} = c_n - \frac{f(c_n)}{f'(c_n)} \qquad (n = 1, 2, \ldots)$$

によって数列 $\{c_n\}$ を定める．このとき，$c = \lim_{n \to \infty} c_n$ が方程式 $f(x) = 0$ の1つの解になる．

ただし，$\{c_n\}$ が振動して収束しない場合や，$f'(c_n) = 0$ かつ $f(c_n) \neq 0$ となった場合には，c_1 を別な値に取り替え得て，再び上の方法を行う必要がある．

方程式 $f(x) = 0$ の1つの解 $x = c$ が求まったら，$g(x) = f(x)/(x - c)$ を計算し，次に，方程式 $g(x) = 0$ の解を同じ方法で計算する．このことを

繰り返していけば，$f(x) = 0$ のすべての解が求まる．

　ニュートン法で，$f(x) = 0$ の虚数解も求められるが，$f(x)$ が実係数多項式の場合は c_1 を虚数 (実数でない複素数) として選ばないと，虚数解は得られない．(当然，複素数変数を扱えるプログラミング言語や処理系を利用すること．)

　ただし，上のニュートン法は，重根を求めるとき収束が遅くなったり，計算誤差のため精度が悪くなるので，以下に述べる方法で予め重根を取り除いておく．

　もし，$x = \alpha$ が $f(x) = 0$ の重根ならば，$x = \alpha$ は $f'(x) = 0$ の解でもある．そこで，$f(x)$ と $f'(x)$ の最大公約数を $q(x)$ とし，$g(x) = f(x)/q(x)$ とおけば $g(x)$ はもはや重根をもたず，$f(x) = 0$ の解全体の集合と $g(x) = 0$ の解全体の集合は一致する．

　$f(x)$ と $f'(x)$ の最大公約数 $q(x)$ を計算するには，第 8.1.4 項で説明するユークリッドの互除法を用いる．

7.1.6　終結式

2 つの多項式

$$f(x) = a_n x^n + a_{n-1} x^{n-1} + \cdots + a_1 x + a_0 \qquad (a_n \neq 0)$$
$$g(x) = b_m x^m + b_{m-1} x^{m-1} + \cdots + b_1 x + b_0 \qquad (b_m \neq 0)$$

に対し，次のように $f(x)$ の係数を m 行，$g(x)$ の係数を n 行並べてできる $(m+n)$ 次の行列式

$$D(f,g) = \begin{vmatrix} a_n & a_{n-1} & \cdots & \cdots & \cdots & a_1 & a_0 & 0 & \cdots & 0 \\ 0 & a_n & \cdots & \cdots & \cdots & a_2 & a_1 & a_0 & \cdots & 0 \\ \vdots & \vdots & \ddots & & & & & & & \vdots \\ 0 & 0 & \cdots & a_n & a_{n-1} & \cdots & \cdots & \cdots & a_1 & a_0 \\ b_m & b_{m-1} & \cdots & b_1 & b_0 & 0 & 0 & \cdots & \cdots & 0 \\ \vdots & \vdots & & & & & & & & \vdots \\ 0 & 0 & \cdots & 0 & 0 & b_m & b_{m-1} & \cdots & b_1 & b_0 \end{vmatrix} \begin{matrix} \left.\vphantom{\begin{matrix}1\\1\\1\\1\end{matrix}}\right\} m\text{ 個} \\ \\ \left.\vphantom{\begin{matrix}1\\1\\1\end{matrix}}\right\} n\text{ 個} \end{matrix}$$

を $f(x)$ と $g(x)$ の**終結式**という (上式の頭に，適当に符号をつけて終結式を定義することも多い．)

$f(x) = 0$ と $g(x) = 0$ が共通根を持つための必要十分条件は $D(f, g) = 0$ となることである．具体的に共通根を求める方法については，ユークリッドの互除法 (8.1.4) を参照せよ．

7.1.7 判別式

n 次方程式の判別式は，$f(x)$ とその導関数 $f'(x)$ の終結式を $f(x)$ の最高次の係数で割ったものを $(-1)^{n(n-1)/2}$ 倍したものとして定義される．今，$f(x)$ の最高次の項の係数を a_n とし，$f(x) = 0$ の根を $\alpha_1, \ldots, \alpha_n$ とすれば，$f(x)$ の判別式 D は，次のようになる．

判別式と解の関係
$$D = a_n^2 \prod_{i<j} (\alpha_i - \alpha_j)^2$$
---

2 次方程式 $f(x) = ax^2 + bx + c = 0$ については，その 2 根を α, β とすれば，その判別式 D は，次のようになる．

---
2 次方程式の判別式
$$D = a^2(\alpha - \beta)^2 = (-1)^{\frac{2(2-1)}{2}} \frac{1}{a} \begin{vmatrix} a & b & c \\ 2a & b & 0 \\ 0 & 2a & b \end{vmatrix}$$
$$= b^2 - 4ac$$
---

3 次方程式 $f(x) = ax^3 + bx^2 + cx + d = 0$ については，その 3 根を α, β, γ とすれば，判別式は，

---
3 次方程式の判別式
$$D = a^2(\alpha - \beta)^2(\beta - \gamma)^2(\alpha - \gamma)^2$$
$$= (-1)^{\frac{3(3-1)}{2}} \frac{1}{a} \begin{vmatrix} a & b & c & d & 0 \\ 0 & a & b & c & d \\ 3a & 2b & c & 0 & 0 \\ 0 & 3a & 2b & c & 0 \\ 0 & 0 & 3a & 2b & c \end{vmatrix}$$
$$= -27a^2d^2 + 18abcd - 4ac^3 - 4b^3d + b^2c^2$$

である．特に，3次方程式 $x^3 - 3px + q = 0$ の判別式は，$D = 4p^3 - q^2$ である．

同様に，4次方程式 $f(x) = ax^4 + bx^3 + cx^2 + dx + e = 0$ の判別式は，次のようになる．

4次方程式の判別式

$$D = (-1)^{\frac{4(4-1)}{2}} \frac{1}{a} \begin{vmatrix} a & b & c & d & e & 0 & 0 \\ 0 & a & b & c & d & e & 0 \\ 0 & 0 & a & b & c & d & e \\ 4a & 3b & 2c & d & 0 & 0 & 0 \\ 0 & 4a & 3b & 2c & d & 0 & 0 \\ 0 & 0 & 4a & 3b & 2c & d & 0 \\ 0 & 0 & 0 & 4a & 3b & 2c & d \end{vmatrix}$$

$$= -192a^2bde^2 - 128a^2c^2e^2 + 144a^2cd^2e - 27a^2d^4 + 256a^2e^3$$
$$+ 144ab^2ce^2 - 6ab^2d^2e - 80abc^2de + 18abcd^3 + 16ac^4e - 4ac^3d^2$$
$$- 27b^4e^2 + 18b^3cde - 4b^3d^3 - 4b^2c^3e + b^2c^2d^2$$

実数係数2次方程式については，$D > 0$ ならば相異なる2実根を持ち，$D = 0$ ならば重根を持ち，$D < 0$ ならば2つの虚根を持つ．

3次以上の方程式でも，$D = 0$ ならば $f(x)$ は重根を持つが，$D > 0$ か $D < 0$ かは，あまり意味を持たない．複素数係数方程式でも同様である．

7.1.8 根と係数の関係

n 次多項式

$$f(x) = a_n x^n + a_{n-1} x^{n-1} + \cdots + a_1 x + a_0 \qquad (a_n \neq 0)$$

の根を $\alpha_1, \alpha_2, \ldots, \alpha_n$ とするとき，

$$f(x) = a_n (x - \alpha_1)(x - \alpha_2) \cdots (x - \alpha_n)$$

であるので，この式を展開して x^k の各係数を比較すると，

---解と係数の関係---
$$-\frac{a_{n-1}}{a_n} = \alpha_1 + \alpha_2 + \cdots + \alpha_n$$
$$\frac{a_{n-2}}{a_n} = \sum_{i<j} \alpha_i \alpha_j$$
$$(-1)^k \frac{a_{n-k}}{a_n} = \sum_{i_1 < i_2 < \cdots < i_k} \alpha_{i_1} \alpha_{i_2} \cdots \alpha_{i_k}$$
$$(-1)^n \frac{a_0}{a_n} = \alpha_1 \alpha_2 \cdots \alpha_n$$

が成り立つことがわかる．これを，**解 (根) と係数の関係**という．

また，$\sum_{i_1 < i_2 < \cdots < i_k} \alpha_{i_1} \alpha_{i_2} \cdots \alpha_{i_k}$ を $\alpha_1, \alpha_2, \ldots, \alpha_n$ の k 次の**基本対称式**という．

7.2 多変数多項式

2変数以上の一般的多項式の扱い方や，連立高次方程式の解法は結構難しく，可換環論や可換体論，あるいは代数幾何学を背景とする知識や技術を知っていないと手に負えないこともある．

7.2.1 多変数多項式の整理

1変数多項式を**降巾の順**，あるいは**昇巾の順**に整理することは，やさしいことであるが，多変数多項式をこのように整理することは，それほど単純でない．「降巾の順」が理解できれば「昇巾の順」はそれを逆順にならべればよいので，以下，多変数多項式を「降巾の順」に整理する方法について説明する．

添え字の繁雑さを避けるため，以下3変数多項式

$$f(x,y,z) = \sum_{i,j,k} a_{ijk} x^i y^j z^k$$

の場合に説明する．

単項式 $x^i y^j z^k$ について，指数の組 (i,j,k) を $x^i y^j z^k$ の**次数**とよぶことにし，通常の意味での x, y, z に関する次数 $i+j+k$ のことを**全次数**とよんで，次数と区別する．

多項式を降巾の順に整理するには，2つの次数 (i_1, j_1, k_1) と (i_2, j_2, k_2) が与えられたとき，どちらの次数のほうが「大きい」かという大小関係を判別する方法を提供すればよい．

1変数の場合と異なり，多変数多項式の場合，次数の大小を判別する方法は1通りではなく，いろいろな方法がある．その中でも，実用性・有用性という観点から，以下に紹介する**辞書式順序**，**次数付き辞書式順序**，**次数付き逆辞書式順序**の3通りの方法がよく使われる．

(I) 辞書式順序

英和辞典や国語辞典において単語を並べる場合，最初の文字から順に比較して大小を決定する．

2 つの次数 $I_1 = (i_1, j_1, k_1)$ と $I_2 = (i_2, j_2, k_2)$ において，もし，$i_1 \neq i_2$ ならば，i_1 と i_2 の大小によって，I_1 と I_2 の大小を決定する．もし，$i_1 = i_2$ かつ $j_1 \neq j_2$ ならば，j_1 と j_2 の大小によって，I_1 と I_2 の大小を決定する．最後に，$i_1 = i_2$ かつ $j_1 = j_2$ ならば，k_1 と k_2 の大小によって，I_1 と I_2 の大小を決定する．このように，I_1, I_2 の大小を決定する方法を**辞書式順序**という．

例えば，$(2, 3, 1) > (1, 6, 5)$ であり，$(2, 3, 1) > (2, 2, 5)$ である．

上の説明では，x の指数 i, y の指数 j, z の指数 k の順に大小を比較したが，その順序を入れ替え，y の指数 j, x の指数 i, z の指数 k の順に大小を比較する方法もある．この方法を $y > x > z$ の辞書式順序という．それに対し，最初に述べた方法を $x > y > z$ の辞書式順序という．3 変数多項式の場合，辞書式順序だけで $3! = 6$ 通りある．

(II) 次数付き辞書式順序

ふたつの次数 $I_1 = (i_1, j_1, k_1)$ と $I_2 = (i_2, j_2, k_2)$ に対し，最初に全次数 $i_1 + j_1 + k_1$ と $i_2 + j_2 + k_2$ の値を比較し，それが異なればその大小で I_1 と I_2 の大小を決定する．

$i_1 + j_1 + k_1 = i_2 + j_2 + k_2$ の場合は，上で述べた $x > y > z$ の辞書式順序によって I_1 と I_2 の大小を決定する．この方法を，**次数付き辞書式順序**という．

(III) 次数付き逆辞書式順序

ふたつの次数 $I_1 = (i_1, j_1, k_1)$ と $I_2 = (i_2, j_2, k_2)$ に対し，最初に全次数 $i_1 + j_1 + k_1$ と $i_2 + j_2 + k_2$ の値を比較し，それが異なればその大小で I_1 と I_2 の大小を決定する．

$i_1 + j_1 + k_1 = i_2 + j_2 + k_2$ の場合は，$z > y > x$ の辞書式順序によって I_1 と I_2 と比較し，その順序を逆にして I_1 と I_2 の順序を決定する．つまり，$z > y > x$ の辞書式順序で I_1 の方が I_2 より大きかったら，I_1 のほうが I_2 より小さいと約束する．この方法を，**次数付き逆辞書式順序**という．

例. 以下は，同じ多項式 f を上で説明した 3 種類の方法で，降巾の順に整理したものである．

$$f = x^3 + x^2z^2 + xy^2z + z^2 \qquad \text{(辞書式順序)}$$
$$f = x^2z^2 + xy^2z + x^3 + z^2 \qquad \text{(次数付き辞書式順序)}$$
$$f = xy^2z + x^2z^2 + x^3 + z^2 \qquad \text{(次数付き逆辞書式順序)}$$

7.2.2 斉次多項式

すべての項の (全) 次数が等しい多項式を**斉次多項式**とか**同次多項式**という．例えば，

$$F(x, y, z) = x^4 + 2x^2y^2 - 5xyz^2 + 2y^4 - 3y^3z + 3z^4$$

はすべての項が 4 次なので，4 次の斉次多項式である．

F, G が斉次多項式ならば，積 FG も斉次多項式である．逆に次の定理が成り立つ．

定理． $F_1, F_2, \ldots, F_r$ が多項式で，積 $F_1F_2 \cdots F_r$ が斉次多項式であれば，$F_1, F_2, \ldots, F_r$ はすべて斉次多項式である．

したがって，斉次多項式を因数分解すると，そのすべての因数は斉次多項式となる．

さて，斉次とは限らない d 次多項式 $f(x_1, x_2, \ldots, x_n)$ を考える．このとき，

多項式の斉次化
$$F(y_0, y_1, \ldots, y_n) = y_0^d f\left(\frac{y_1}{y_0}, \frac{y_2}{y_0}, \ldots, \frac{y_n}{y_0}\right)$$

とおくと，$(n+1)$ 変数斉次 d 次多項式 $F(y_0, y_1, \ldots, y_n)$ が得られる．この F を f の**斉次化**とか**同次化**という．F から f を復元するには，$y_0 = 1$, $y_1 = x_1, \ldots, y_n = x_n$ を代入すればよく，つまり，

斉次式の非斉次化
$$f(x_1, x_2, \ldots, x_n) = F(1, x_1, x_2, \ldots, x_n)$$

が成り立つ．

例えば，$f(x_1, x_2) = x_1^3 + 2x_1 x_2 - 3x_2 + 4$ の斉次化は，
$$F(y_0, y_1, y_2) = y_1^3 + 2y_0 y_1 y_2 - 3y_0^2 y_2 + 4y_0^3$$
であり，$F(1, x_1, x_2) = f(x_1, x_2)$ が成り立つ．

なお，斉次とは限らない多項式 f を因数分解することと，その斉次化 F を因数分解することは，本質的に同じである．つまり，
$$f = f_1^{n_1} f_2^{n_2} \cdots f_r^{n_r}$$
と因数分解できるとき，f_i の斉次化を F_i とおけば，
$$F = F_1^{n_1} F_2^{n_2} \cdots F_r^{n_r}$$
と因数分解できる．逆に，F の因数分解から f の因数分解が得られる．

2 変数以上の多項式については，幾何学的理由から，その斉次化を考えることが大変有用であるが，これは射影空間での代数幾何学の話題であり，かなり難しい理論になるので，詳細は割愛する．

7.2.3 　2 変数連立高次方程式の解法

$f(x, y), g(x, y)$ を多項式として，連立高次方程式
$$f(x, y) = 0, \quad g(x, y) = 0$$
を解くことを考える．代数的操作の説明の前に，この連立方程式の解の幾何学的意味を考察する．
$$C_1 = \{(x, y) \in \mathbb{C}^2 \mid f(x, y) = 0\}$$
$$C_2 = \{(x, y) \in \mathbb{C}^2 \mid g(x, y) = 0\}$$
とおく．もし，f が既約ならば C_1 は平面上の曲線を表し，f が可約ならば何個かの曲線の和集合を表す．したがって，連立方程式を解くことは，C_1 と C_2 の交点を求めることである．しかし，f と g が共通因子 h を持つ場合，C_1 と C_2 の共有部分には，$h(x, y) = 0$ で定まる曲線が含まれ，連立方程式は無限個の解を持つことになる．このような場合，f と g の最大公約数で f と g を割っておき，$f(x, y)$ と $g(x, y)$ が共通因数を持たないようにする．

連立高次方程式を解く基本は，$f(x,y)=0$ と $g(x,y)=0$ から，x か y いずれか一方の文字を消去して，1 変数の高次方程式を作ることである．ここで，一方の文字を消去するのに**消去法**が必要になる．以下に，昔ながらの素朴な消去法を解説する．

$f(x,y)$ と $g(x,y)$ が共通因子を持たない多項式のとき，x を消去して y のみの方程式を作る素朴な方法を説明する．

まず，f, g を $x > y$ の辞書式順序で，

$$f(x,y) = \sum_{i=0}^{n} a_i(y)x^i, \quad g(x,y) = \sum_{i=0}^{m} b_i(y)x^i$$

$(a_n(y) \neq 0, b_m(y) \neq 0)$ と整理する．ここで，$a_i(y), b_i(y)$ は y の多項式である．対称性から，$n \geq m$ と仮定しても一般性を失わない．

x についての最高次項の係数 $a_n(y), b_m(y)$ の最小公倍数を $c(y)$ とし，

$$h(x,y) = \frac{c(y)}{a_n(y)} f(x,y) - \frac{c(y)}{b_m(y)} x^{n-m} g(x,y)$$

を作る．$h(x,y)$ は x, y の多項式で，その x に関する次数を l とすると，$n + m > m + l$ が成り立つ．

この操作を「f, g から x に関する最高次項を消去して多項式 h を作る」という．

以下，この操作を以下のアルゴリズムで繰り返す．今行ったように，$f_0(x,y) = f(x,y), g_0(x,y) = g(x,y)$ とし，f_0, g_0 から x に関する最高次項を消去して多項式 g_1 を作る．そして，$f_1 = g_0$ とおく．以下同様に，f_i, g_i から x に関する最高次項を消去して多項式 g_{i+1} を作り，$f_{i+1} = g_i$ とおく．

f_i と g_i の x に関する次数の和は，どんどん低下していくので，この操作は有限回で終わり，ある k のところで，f_k, g_k から x に関する最高次項を消去して得られた g_{k+1} が x に関して 0 次式になる．つまり，g_{k+1} は y のみの多項式になり，この $g_{k+1}(y)$ が求める消去法の結果である．

この $g_{k+1}(y)$ を改めて，$h(y)$ と書くことにする．今の消去法の過程を観察すれば，ある多項式 $a(x,y), b(x,y)$ により，

$$h(y) = a(x,y)f(x,y) + b(x,y)g(x,y)$$

と表せることがわかる．したがって，$(x, y) = (\alpha, \beta)$ が $f(\alpha, \beta) = 0, g(\alpha, \beta) = 0$ を満たしていれば，$h(\beta) = 0$ が成り立つ．

そこで，$f(y) = 0$ の各解 $y = \beta_i$ に対し，$f(x, \beta_i) = 0, g(x, \beta_i) = 0$ の共通解 $x = \alpha_j$ を求めれば，連立高次方程式の解が決定できる．(連立 1 次方程式の場合と異なり，$y = \beta_i$ を f, g の一方だけに代入してもダメで，両方に代入して共通解を求める必要があることに注意せよ．)

しかし，この方法には若干の欠点がある．つまり，$g(y) = 0$ が無縁解をもち，$h(\beta) = 0$ を満たす各 β に対し，$f(\alpha, \beta) = g(\alpha, \beta) = 0$ を満たす α が存在するとは限らないことである．しかし，それが無縁解であることは簡単に確認できるので，連立方程式を解く場合には，このことは，それほどの欠点にはならない．

以上は，消去法の原理的方法の解説であって，実際に具体的な問題を解く場合には，問題に応じた適当な工夫をしたほうが簡単に，早く解けることは言うまでない．また，Mathematica などの数式処理ソフトには，連立高次方程式を解く機能が組み込まれているので，それを利用して計算してもらうとよい．

7.2.4 媒介変数の消去

媒介変数 t の有理式による媒介変数表示

$$x = \frac{f_1(t)}{f_2(t)}, \quad y = \frac{g_1(t)}{g_2(t)} \quad (f_1(t), f_2(t), g_1(t), g_2(t) \text{ は多項式})$$

から t を消去して多項式 $h(x, y) = 0$ という形の関係式を導くには，次の消去法を使う．

一般に，$f(t, x, y), g(t, x, y)$ が t, x, y に関する多項式であるとき，t を消去して x, y の多項式 $h(x, y)$ を作る方法を考える．上の例では，

$$f(t, x, y) = xf_1(t) - f_2(t), \quad g(t, x, y) = yg_1(t) - g_2(t)$$

として，以下の議論を用いればよい．

消去法とは，幾何学的には (t, x, y)-空間内のふたつの曲面 $f = 0, g = 0$ が交わってできる曲線を (x, y)-平面に正射影してできる曲線の方程式を求

めることである．f と g が共通因子を持つと，$f = 0$ と $g = 0$ の共通部分が曲面を含むので，このような場合，f と g の最大公約数で f と g を割っておく．

$f(t, x, y)$ と $g(t, x, y)$ が共通因子を持たない多項式のとき，前と同様に，素朴な消去法で t を消去することができる．まず，f, g を $t > x > y$ の辞書式順序で整理し，

$$f(x, y) = \sum_{i=0}^{n} a_i(x, y) t^i, \quad g(x, y) = \sum_{i=0}^{m} b_i(x, y) t^i$$

$(a_n(x, y) \neq 0, b_m(x, y) \neq 0)$ と整理する．$n \geq m$ と仮定する．$a_n(x, y)$, $b_m(x, y)$ の最小公倍数を $c(x, y)$ とし，

$$h(t, x, y) = \frac{c(x, y)}{a_n(x, y)} f(t, x, y) - \frac{c(x, y)}{b_m(x, y)} t^{n-m} g(t, x, y)$$

を作る．この操作を，f, g から t に関する最高次項を消去して多項式 h を作る，という．

連立高次方程式の場合と同じアルゴリズムで，t に関する最高次項の消去を繰り返すと，t を含まない多項式 $h(x, y)$ が得られる．

しかし，h が可約で，$h(x, y) = h_1(x, y) \cdots h_k(x, y)$ と既約多項式の積に因数分解できる場合，その中のある因子 $h_i(x, y)$ は無縁解 (これを**無縁因子**とよぶ) である可能性がある．残念ながら，$h_i(x, y)$ が無縁因子であるか否かの判定は，それほど簡単でなく，適当な幾何学的考察が必要である．

ただし，f, g の次数があまり高くない場合には，この無縁因子の判定はそれほど大変でないことが多いので，手計算で消去法を行う場合，この素朴な消去法はやはり有用である．

しかし，計算機で次数が大きい f, g について消去法を行う場合，無縁因子であるか否かの判定は困難である．そのため，多少計算量が増えても，無縁因子が決して現れないような消去法のアルゴリズムがあると好ましい．グレブナー基底を用いる消去法は，その理想的なアルゴリズムを提供する．グレブナー基底は 1965 年に，グレブナーの弟子のブッフベルガーにより考案された．Mathematica などの数式処理ソフトは，グレブナー基底を用いて連立高次方程式を解いたり，消去法を実行する．しかし，グレブナー基

底の解説は，可換環とイデアルの理論が登場してかなり難しいので，本書では割愛する．

7.2.5　代数曲線の次数と媒介変数表示の次数の関係

$x = \dfrac{f(t)}{h(t)}, y = \dfrac{g(t)}{h(t)}$ ($f(t)$, $g(t)$, $h(t)$ は多項式で，$\mathrm{GCD}(f(t), g(t), h(t)) = 1$) という媒介変数表示から t を消去して得られる多項式を $F(x, y) = 0$ とする．このとき，

$$\deg F(x, y) \leqq \max\{\deg f(t), \deg g(t), \deg h(t)\}$$

である．ここで，この媒介変数表示により定まる写像 $t \mapsto (x, y)$ がほとんどの t に対し 1 対 1 であれば，

$$\deg F(x, y) = \max\{\deg f(t), \deg g(t), \deg h(t)\}$$

が成り立つ．

7.2.6　因数分解

1 変数多項式 $f(x)$ の因数分解は，方程式 $f(x) = 0$ の解を求めることによって得られるので，ここでは，2 変数以上の多項式の因数分解を説明する．

多項式 $f(x_1, \ldots, x_n)$ を 2 つ以上の多項式の積

$$f(x_1, \ldots, x_n) = \prod_{i=1}^{r} g_i(x_1, \ldots, x_n)$$

に表すことを，$f(x)$ を**因数分解**するという．因数分解は展開公式の裏返しであり，有名な因数分解公式としては，

---因数分解の基礎的公式---

$$
\begin{aligned}
a^3 + b^3 &+ c^3 - 3abc \\
&= (a+b+c)(a^2+b^2+c^2-bc-ca-ab) \\
&= (a+b+c)(a+\omega b+\omega^2 c)(a+\omega^2 b+\omega c) \quad \left(\omega = \frac{-1+\sqrt{-3}}{2}\right)
\end{aligned}
$$

$$a^4 + a^2b^2 + b^4 = (a^2-ab+b^2)(a^2+ab+b^2)$$

$$a^n - b^n = (a-b)(a^{n-1}+a^{n-2}b+a^{n-3}b^2+\cdots+ab^{n-2}+b^{n-1})$$

$$= \prod_{k=0}^{n-1}(a - e^{2\pi\sqrt{-1}k/n}b)$$

$$a^{2n+1} + b^{2n+1} = (a+b)(a^{2n}-a^{2n-1}b+a^{2n-2}b^2-\cdots+ab^{2n-1}+b^{2n})$$

$$= \prod_{k=0}^{2n}(a + e^{2\pi\sqrt{-1}k/(2n+1)}b)$$

などがある．しかし，以下に説明するような理由で，実際に複雑な因数分解の計算が必要になったら，手計算に頼らず，Mathematica などの数式処理ソフトの使用をお薦めする．

因数分解では，どういう数 (複素数，実数，有理数，整数，etc) を係数とする多項式の範囲で因数分解するかが問題になる．考えている数の集合を係数とする多項式の範囲で因数分解できない多項式を**既約多項式**という．

整数係数多項式が整数係数多項式として既約ならば，有理数係数多項式としても既約である．したがって，有理係数多項式を有理数の範囲で因数分解することは，整数係数多項式を整数の範囲で因数分解することに帰着される．整数係数多項式の因数分解では，次項で説明する「modulo p reduction」という計算機向きアルゴリズムがある．

複素数係数多項式の範囲での因数や，多項式の既約性判定方法についても，高校で学習した方法を超越した，環論・体論・代数多様体論の抽象代数にもとづく高級な方法がいろいろある．

7.2.7 整数係数多項式の因数分解

整数係数多項式の因数分解の特効薬として，modulo p reduction という方法がある．この方法は，どちらかというと，コンピュータ向きの方法で

あるが，この方法は非常に強力な方法で，高校で学習したような因数分解の技巧は，ほとんど不要になってしまう．

比喩的に言えば，高校で習う 2 次式のたすきがけの因数分解のようなことを，一般の整数係数多項式に対し，コンピュータを使って，膨大な整数係数の組合せに対し，試行錯誤的ではあるがある程度効率的に行なおうというのである．

素数 p を 1 つ固定し，第 8.1.9 項で説明する素体 $\mathbb{F}_p$ を考える．整数 a を p で割った余りを $\bar{a} \in \mathbb{F}_p$ と書く．整数係数多項式

$$f = f(x_1, \ldots, x_n) = \sum a_{i_1 \cdots i_n} x_1^{i_1} x_2^{i_2} \cdots x_n^{i_n}$$

に対し，その係数を p で割った余りに置換えた多項式を

$$\bar{f} = \bar{f}(x_1, \ldots, x_n) = \sum \overline{a_{i_1 \cdots i_n}} x_1^{i_1} x_2^{i_2} \cdots x_n^{i_n}$$

とおくと，$\bar{f}$ は $\mathbb{F}_p$ 係数の多項式になる．

今，$f = gh$ と整数係数多項式 g, h の積に因数分解されるなら，$\bar{f} = \bar{g}\bar{h}$ が成り立つ．

ところで，$\mathbb{F}_p$ 係数多項式としては，$\bar{f}$ の次数以下の多項式は有限個しかないから，コンピュータで虱潰しに調べれば，$\mathbb{F}_p$ 係数多項式としての $\bar{f}$ の約数はすぐに決定でき，因数分解が計算できる．特に $\bar{f}$ が既約 (因数分解できない) ならば，f も既約である．

$\bar{f}$ が因数分解可能でも f が因数分解できるとは限らないが，素数 p の値を $p = 2, 3, 5, 7, 11, \ldots$ と変えながら $\bar{f}$ の素因数分解を計算していくと，自然に f の因数分解が見えてくる．

Mathematica 等の数式処理ソフトにはこのアルゴリズムが組み込まれているので，複雑な因数分解の計算も，それに任せるとよい．

7.2.8 実数・複素数係数多項式の因数分解

実数係数多項式や複素数係数多項式の範囲での因数分解には，根号で表せない無理数の表示という根本的に厄介な問題がある．簡単のため，1 変数多項式でその事情を説明する．

7.2 多変数多項式

実数や複素数を係数とする 1 変数多項式

$$f(x) = a_n x^n + a_{n-1} x^{n-1} + \cdots + a_1 x + a_0 \qquad (a_n \neq 0)$$

は，複素数係数多項式の範囲では，

$$f(x) = a_n(x - \alpha_1)(x - \alpha_2) \cdots (x - \alpha_n)$$

と 1 次多項式の積に因数分解できる．しかし，このとき，α_i の近似値を求めることは可能であるが，厳密値を具体的に記述できない場合がある．

例えば，$x^5 + x + 1 = 0$ の根 (解) は，ガロア理論が教えるように，有理数の根号 (n 乗根) と四則によって表すことができないので，$x^5 + x + 1$ を複素数係数多項式や実数係数多項式の範囲で 1 次式や 2 次式の積に因数分解しても，その係数は無限小数の近似値で記述する以外に方法がない．

同様に，$f(x)$ が実数係数多項式ならば，$f(x)$ は実数係数多項式の範囲で，2 次以下の多項式の積に因数分解できるが，その係数は無限小数で記述しなければならないことがある．

必然的に，このような因数分解は手計算にはなじまず，コンピュータを利用して近似計算することになる．

コンピュータで計算する場合，1 変数多項式の因数分解は，ニュートン法で簡単に計算できるので，以下では 2 変数以上の多項式の因数分解を扱う．

実数係数多項式の範囲での因数分解は，複素数係数多項式の範囲での因数分解が求められれば，得られた因数の共役因数同士を掛けることによって容易に得られるので，複素数係数多項式の範囲での因数分解が基本になる．

n 変数複素数係数 d 次多項式 $f(x_1, \ldots, x_n)$ の因数分解を計算するには，f の斉次化

$$F(y_0, y_1, \ldots, y_n) = y_0^d f\left(\frac{y_1}{y_0}, \frac{y_2}{y_0}, \ldots, \frac{y_n}{y_0}\right)$$

の因数分解を計算すればよい (7.2.2 項参照)．そこで，以下，斉次多項式の因数分解を考えるが，そこでは，射影代数多様体の理論の初歩が重要になる．つまり，$F(y_0, \ldots, y_n) = 0$ で定まる集合 X は n 次元複素射影空間 $\mathbb{P}^n$ の中の $n-1$ 次元の代数的集合を定める．もし，

$$F = G_1 G_2 \cdots G_r$$

と因数分解できるとき，$G_i = 0$ で定まる $n-1$ 次元射影多様体を X_i とするれば，$X = X_1 \cup X_2 \cup \cdots \cup X_r$ となる．

ここで，X の**特異点集合**を $\mathrm{Sing}(X)$ とする．特異点集合の定義は少し厄介であるが，例えば，$y_0 \neq 0$ で定まる $\mathbb{P}^n$ の部分集合上では，連立方程式

$$f = \frac{\partial f}{x_1} = \frac{\partial f}{x_2} = \cdots = \frac{\partial f}{x_n} = 0$$

で定まる集合が特異点集合である．もし，G_i^k ($k \geqq 2$) が F の約数であるとき，$X_i \subset \mathrm{Sing}(X)$ となるので，この G_i は容易に見出すことができる．また，G_i と G_j が互いに素な既約複素数係数多項式のとき，$X_i \cap X_j \subset \mathrm{Sing}(X)$ で，$X_i \cap X_j$ は $(n-2)$ 次元の代数的集合を定める．

したがって，$\mathrm{Sing}(X)$ の様子を観察することによって，F の因数分解の様子をかなりの程度推測することができる．

例えば，$f(x, y, z) = x^3 + y^3 + x^3 - 3xyz$ は $(x:y:z) = (1:1:1)$, $(\omega : \omega^2 : 1)$, $(\omega^2 : \omega : 1)$ (ω は 1 の原始 3 乗根) の 3 点を特異点に持つので，これらのうちの 2 点を通る 3 直線 $(x+y+z), (x+\omega y+\omega^2 z), (x+\omega^2 y+\omega z)$ がその因数であることがわかる．他方，$f(x, y, z) = x^3 + y^3 + x^3 - xyz$ は特異点を持たないので，複素数多項式として既約であることがわかる．

3 変数斉次式の因数分解は，この原理でほとんど計算できる．

4 変数以上の斉次式の因数分解は，もう少し高級な知識が必要なので，詳細は割愛する．

7.3 不等式

不等式の話題としては，不等式の解法と不等式の証明がある．不等式の解法は，基本的には方程式の解法とグラフの概形を描くことに帰着されるので，方程式の解法が分かっていれば，本質的に新しい話題はない．また，不等式の証明技法を解説することは，本書の趣旨ではないので，ここでは，幾つかの代表的な不等式を紹介することにする．なお，不等式を上手に使うことは，プロの数学者の素養であり，素人の方には結構難しいと思う．

7.3.1 有名な不等式

○ **相加平均と相乗平均の不等式** (AM-GM 不等式).

$a_1, a_2, \ldots, a_n$ が正の実数のとき，

$$\frac{a_1 + a_2 + \cdots + a_n}{n} \geq \sqrt[n]{a_1 a_2 \cdots a_n}$$

相加平均と相乗平均の不等式

が成り立つ．等号が成立するのは，$a_1 = a_2 = \cdots = a_n$ の場合に限る．

○ **コーシー-ブニャコフスキー-シュワルツの不等式**.

$a_1, \ldots, a_n, b_1, \ldots, b_n$ が任意の実数のとき，

$$\left(\sum_{i=1}^n a_i b_i\right)^2 \leq \left(\sum_{i=1}^n a_i^2\right)\left(\sum_{i=1}^n b_i^2\right)$$

コーシー-ブニャコフスキー-シュワルツの不等式

が成り立つ．等号が成立するのは，$a_1 : a_2 : \cdots : a_n = b_1 : b_2 : \cdots : b_n$ の場合に限る．

また，$f(x), g(x)$ が閉区間 $[a, b]$ 上の連続関数のとき，

=== コーシー-ブニャコフスキー-シュワルツの不等式 ===
$$\left(\int_a^b f(x)g(x)\,dx\right)^2 \leqq \left(\int_a^b f(x)^2\,dx\right)\left(\int_a^b g(x)^2\,dx\right)$$

で，等号が成り立つのは，$f(x) = Cg(x)$ または $g = 0$ の場合に限る．

○ ヘルダー (Hölder) の不等式．

$p, q, a_1,\ldots, a_n, b_1,\ldots, b_n$ が正の実数で，$1/p + 1/q = 1$ であるとき，

=== ヘルダーの不等式 ===
$$\left(\sum_{i=1}^n a_i^p\right)^{1/p} \left(\sum_{i=1}^n b_i^q\right)^{1/q} \geqq \sum_{i=1}^n a_i b_i$$

が成り立つ．等号が成立するのは，$a_1^p : a_2^p : \cdots : a_n^p = b_1^q : b_2^q : \cdots : b_n^q$ の場合に限る．

また，$f(x), g(x)$ が閉区間 $[a, b]$ 上の連続関数で，$f(x) \geqq 0, g(x) \geqq 0$ のとき，

=== ヘルダーの不等式 ===
$$\left(\int_a^b f(x)^p\,dx\right)^{1/p} \left(\int_a^b g(x)^q\,dx\right)^{1/q} \geqq \int_a^b f(x)g(x)\,dx$$

○ ミンコフスキー (Minkovski) の不等式．

$p \geqq 1$ で，$a_1,\ldots, a_n, b_1,\ldots, b_n$ が正の実数のとき，

=== ミンコフスキーの不等式 ===
$$\left(\sum_{i=1}^n (a_i + b_i)^p\right)^{\frac{1}{p}} \leqq \left(\sum_{i=1}^n a_i^p\right)^{\frac{1}{p}} + \left(\sum_{i=1}^n b_i^p\right)^{\frac{1}{p}}$$

が成り立つ．等号が成立するのは，$a_1 : a_2 : \cdots : a_n = b_1 : b_2 : \cdots : b_n$ の場合に限る．

また，$p \geqq 1$ で，$f(x), g(x)$ が閉区間 $[a, b]$ 上の連続関数のとき，

=== ミンコフスキーの不等式 ===
$$\left(\int_a^b (f(x)+g(x))^p\,dx\right)^{\frac{1}{p}} \leqq \left(\int_a^b f(x)^p\,dx\right)^{\frac{1}{p}} + \left(\int_a^b g(x)^p\,dx\right)^{\frac{1}{p}}$$

○ チェビシェフ (Chebyshev) の不等式.

$a_1 \geqq a_2 \geqq \cdots \geqq a_n$, $b_1 \geqq b_2 \geqq \cdots \geqq b_n$ のとき,

=== チェビシェフの不等式 ===
$$n\sum_{i=1}^n a_i b_i \geqq \left(\sum_{i=1}^n a_i\right)\left(\sum_{i=1}^n b_i\right)$$

が成り立つ. 等号が成立するのは, $a_1 = a_2 = \cdots = a_n$ の場合かまたは $b_1 = b_2 = \cdots = b_n$ の場合に限る.

また, $f(x)$, $g(x)$ が閉区間 $[a, b]$ 上の広義単調減少関数で, $h(x)$ が $[a, b]$ 上の積分可能関数のとき,

=== チェビシェフの不等式 ===
$$\int_a^b h(x)\,dx \int_a^b f(x)g(x)h(x)\,dx \geqq \int_a^b f(x)h(x)\,dx \int_a^b g(x)h(x)\,dx$$

○ 並べ替え不等式.

$a_1 \geqq a_2 \geqq \cdots \geqq a_n$, $b_1 \geqq b_2 \geqq \cdots \geqq b_n$ であるとする. $b_1, b_2, \ldots, b_n$ を任意に並べ換えたものを $c_1, c_2, \ldots, c_n$ とするとき,

=== 並べ替え不等式 ===
$$\sum_{i=1}^n a_i b_i \geqq \sum_{i=1}^n a_i c_i \geqq \sum_{i=1}^n a_i b_{n+1-i}$$

が成り立つ.

○ **AM-GM 不等式の代数的一般化**.

$a_1, a_2, \ldots, a_n$ が正の実数のとき, s_k をその k 次基本対称式 (7.1.8 参照), $m_k = {}_nC_k$ とするとき,

$$\boxed{\dfrac{s_1}{m_1} \geqq \sqrt{\dfrac{s_2}{m_2}} \geqq \sqrt[3]{\dfrac{s_3}{m_3}} \geqq \cdots \geqq \sqrt[n-1]{\dfrac{s_{n-1}}{m_{n-1}}} \geqq \sqrt[n]{s_n}}$$
マクローリンの不等式

が成り立つ．ここで，少なくとも 1 つの不等号 $\geqq$ が等号 $=$ になるためには，$a_1 = a_2 = \cdots = a_n$ となることが必要十分である．

7.3.2 イェンセンの不等式

$y = f(x)$ は閉区間 $I = [a, b]$ 上で定義された実数値関数とする．f が I で**下に広義凸**であるとは，$a, b, c \in I$ かつ $a < b < c$ ならば

$$f(b) \leqq \dfrac{(c-b)f(a) + (b-a)f(c)}{c-a}$$

が成り立つことをいう．上式で $\leqq$ を $<$ で置き換えて**下に狭義凸**が定義される．

f が I で連続な場合には，任意の $a, b \in I$, $a < b$ に対し，

$$f\left(\dfrac{a+b}{2}\right) \leqq \dfrac{f(a) + f(b)}{2}$$

が成立すれば，f は I で下に広義凸である．

また，f が I で連続で，開区間 (a, b) で 2 回微分可能である場合には，任意の $x \in I$ に対し $f''(x) \geqq 0$ が成り立つことと，f が I で下に広義凸であることは同値になる．

○ **イェンセン (Jensen) の不等式**．f が，閉区間 $[a, b]$ で下に広義凸であり，$x_i \in [a, b]$, $0 \leqq \lambda_i \leqq 1$ $(i = 1, 2, \ldots, n)$, $\lambda_1 + \lambda_2 + \cdots + \lambda_n = 1$, であれば，

$$\boxed{f\left(\sum_{i=1}^{n} \lambda_i x_i\right) \leqq \sum_{i=1}^{n} \lambda_i f(x_i)} \quad \text{①}$$
イェンセンの不等式

が成り立つ．もし，f が $[a, b]$ で下に狭義凸で，$0 < \lambda_i < 1$ $(i = 1, 2, \ldots, n)$ ならば，①で等号が成立するのは，$x_1 = x_2 = \cdots = x_n$ の場合に限る．

特に，$\lambda_1 = \lambda_2 = \cdots = \lambda_n = \dfrac{1}{n}$ の場合を考えれば，

$$f\left(\frac{1}{n}\sum_{i=1}^{n}x_i\right) \leqq \frac{1}{n}\sum_{i=1}^{n}f(x_i)$$

が成り立つ．

　イェンセンの不等式は，応用が広い不等式であるが，関数 $f(x)$ を上手に選んで用いるのがキーポイントで，例えば，$f(x) = -\log_e x$ とか，$f(x) = e^x$ と選ぶと，相加平均と相乗平均の不等式が得られる．

7.4.3　主な3変数不等式

○ a, b, c が任意の実数のとき，以下の不等式が成り立つ．

$$a^6 + b^6 + c^6 + 3a^2b^2c^2 \geqq 2(a^3b^3 + b^3c^3 + c^3a^3)$$

$$ab(b-c)(c-a) + bc(c-a)(a-b) + ac(a-b)(b-c) \leqq 0$$

$$a(a+b)^3 + b(b+c)^3 + c(c+a)^3 \geqq 0$$

$$a^2 + b^2 + c^2 + ab + bc + ca + a + b + c + \frac{3}{8} \geqq 0$$

$$(a^2 + b^2 + c^2)^3 \geqq (a^3 + b^3 + c^3 - 3abc)^2$$

$$(a^2 + b^2 + c^2)(a^4 + b^4 + c^4) \geqq (a^2b + b^2c + c^2a)(ab^2 + bc^2 + ca^2)$$

$$(a+b-c)^2 + (b+c-a)^2 + (c+a-b)^2 + \frac{3}{4} \geqq a + b + c$$

$$(a+b-c)^4 + (b+c-a)^4 + (c+a-b)^4 \geqq a^4 + b^4 + c^4$$

$$(a^2 - a + 1)(b^2 - b + 1)(c^2 - c + 1) \geqq \frac{a^2b^2c^2 + abc + 1}{3} \geqq abc$$

$$a^4 + b^4 + c^4 + abc(a+b+c) \geqq \frac{2}{3}(ab + bc + ca)^2$$

$$a^4 + b^4 + c^4 \geqq abc(a+b+c)$$

$$a^2 + b^2 + c^2 + \frac{1}{3} \geqq ab + bc + ca + (a-c)$$

$$a^2 + b^2 + c^2 - ab - bc - ca \geqq \frac{3}{4}(b-c)^2$$

○ a, b, c が正の実数のとき，以下の不等式が成り立つ．

$$a^3 + b^3 + c^3 \geqq a^2b + b^2c + c^2a$$

$$2(a^3 + b^3 + c^3) \geqq a^2(b+c) + b^2(c+a) + c^2(a+b)$$

$$2(a^3 + b^3 + c^3) \geqq ab(a+b) + bc(b+c) + ca(c+a) \geqq 6abc$$
$$3(a^3 + b^3 + c^3) \geqq (a+b+c)(ab+bc+ca) \geqq 9abc$$
$$8(a^3 + b^3 + c^3) \geqq 3(a+b)(b+c)(c+a)$$
$$a^3 + b^3 + c^3 \geqq a^2(2c-b) + b^2(2a-c) + c^2(2b-a)$$
$$2(a^3 + b^3 + c^3 + abc) \geqq (a+b)(b+c)(c+a)$$
$$a^4 + b^4 + c^4 \geqq a^2b^2 + b^2c^2 + c^2a^2 \geqq abc(a+b+c)$$
$$a^4 + b^4 + c^4 \geqq a^3b + b^3c + c^3a$$
$$(a+b+c)^2 \leqq 3(a^2+b^2+c^2)$$
$$(a+b+c)^3 \leqq 9(a^3+b^3+c^3)$$
$$(a+b+c)^4 \leqq 27(a^4+b^4+c^4)$$
$$(a+b)^3 + (b+c)^3 + (c+a)^3 \geqq 21abc + a^3+b^3+c^3 \geqq 24abc$$
$$a^2b + b^2c + c^2a + ab^2 + bc^2 + ca^2 \geqq 6abc$$
$$a(a-b)(a-c) + b(b-c)(b-a) + c(c-a)(c-b) \geqq 0$$
$$ab(a+b-2c) + bc(b+c-2a) + ca(c+a-2b) \geqq 0$$
$$abc \geqq (-a+b+c)(a-b+c)(a+b-c)$$
$$(-a+b+c)^2 + (a-b+c)^2 + (a+b-c)^2 \geqq ab + bc + ca$$
$$a^3(b+c) + b^3(c+a) + c^3(a+b) \geqq 2abc(a+b+c)$$
$$a^3b + b^3c + c^3a \geqq abc(a+b+c)$$
$$a^3 + b^3 + c^3 + 3abc \geqq ab(a+b) + bc(b+c) + ca(c+a)$$
$$a^3 + b^3 + c^3 + 3abc \geqq a^2(b+c) + b^2(c+a) + c^2(a+b)$$
$$(a^3+1)(b^3+1)(c^3+1) \geqq (a^2b+1)(b^2c+1)(c^2a+1)$$
$$\frac{a^2}{b^2} + \frac{b^2}{c^2} + \frac{c^2}{a^2} \geqq \frac{a}{c} + \frac{b}{a} + \frac{c}{b}$$
$$\frac{a^2}{b^2} + \frac{b^2}{c^2} + \frac{c^2}{a^2} \geqq \frac{a}{b} + \frac{b}{c} + \frac{c}{a}$$
$$\frac{a}{b+c} + \frac{b}{c+a} + \frac{c}{a+b} \geqq \frac{a}{a+b} + \frac{b}{b+c} + \frac{c}{c+a}$$
$$\frac{a}{b+c} + \frac{b}{c+a} + \frac{c}{a+b} \geqq \frac{3}{2}$$
$$\frac{b+c}{a} + \frac{c+a}{b} + \frac{a+b}{c} \geqq 6$$

7.3 不等式

$$\frac{a^2}{a+b} + \frac{b^2}{b+c} + \frac{c^2}{c+a} \geqq \frac{a+b+c}{2}$$

$$\frac{a^2}{b+c} + \frac{b^2}{c+a} + \frac{c^2}{a+b} \geqq \frac{a+b+c}{2}$$

$$\frac{ab}{a+b} + \frac{bc}{b+c} + \frac{ca}{c+a} \leqq \frac{a+b+c}{2}$$

$$a+b+c \leqq \frac{a^2+b^2}{a+b} + \frac{b^2+c^2}{b+c} + \frac{c^2+a^2}{c+a} \leqq 3\frac{a^2+b^2+c^2}{a+b+c}$$

$$\frac{a^2+bc}{b+c} + \frac{b^2+ca}{c+a} + \frac{c^2+ab}{a+b} \geqq a+b+c$$

$$\frac{ab}{c} + \frac{bc}{a} + \frac{ca}{b} \geqq a+b+c$$

$$\frac{a^2b}{c} + \frac{b^2c}{a} + \frac{c^2a}{b} \geqq ab+bc+ca$$

$$\frac{a}{ab+a+1} + \frac{b}{bc+b+1} + \frac{c}{ca+c+1} \leqq 1$$

$$\frac{a^3}{a^2+ab+b^2} + \frac{b^3}{b^2+bc+c^2} + \frac{c^3}{c^2+ca+a^2} \geqq \frac{a+b+c}{3}$$

$$\frac{2}{a+b} + \frac{2}{b+c} + \frac{2}{c+a} \leqq \frac{1}{a} + \frac{1}{b} + \frac{1}{c}$$

$$\frac{a+b}{a^2+b^2} + \frac{b+c}{b^2+c^2} + \frac{c+a}{c^2+a^2} \leqq \frac{1}{a} + \frac{1}{b} + \frac{1}{c}$$

$$\frac{a^2}{b(a^2+ab+b^2)} + \frac{b^2}{c(b^2+bc+c^2)} + \frac{c^2}{a(c^2+ca+a^2)} \geqq \frac{3}{a+b+c}$$

$$\frac{a^3}{bc} + \frac{b^3}{ca} + \frac{c^3}{ab} \geqq \frac{a^2+b^2}{2c} + \frac{b^2+c^2}{2a} + \frac{c^2+a^2}{2b} \geqq a+b+c$$

$$\frac{(-a+b+c)^3}{a} + \frac{(a-b+c)^3}{b} + \frac{(a+b-c)^3}{c} \geqq a^2+b^2+c^2$$

$$\frac{a^2}{a^2+2bc} + \frac{b^2}{b^2+2ca} + \frac{c^2}{c^2+2ab} \geqq 1$$

$$\frac{a^2}{(a+b)(a+c)} + \frac{b^2}{(b+c)(b+a)} + \frac{c^2}{(c+a)(c+b)} \geqq \frac{3}{4}$$

$$\frac{bc}{(a+b)(a+c)} + \frac{ca}{(b+c)(b+a)} + \frac{ab}{(c+a)(c+b)} \geqq \frac{3}{4}$$

第 8 章
離散数学

　「離散」という言葉は 5.3.2 で定義したように，連続的にではなく飛び飛びに存在している状態をいう．このよな現象を扱う数学を，離散数学といい，コンピュータ・プログラミングでの重要性から，数学の一分野として代数や幾何から独立した．最近では，合同式やグラフ理論を離散数学の基礎として学習するようになってきている．

8.1 整数と合同式

本節の内容は，初等整数論の入門的部分である．整数論は，幾何学とならんで，古代ギリシャ時代以前から始まる大変長い歴史を持つ学問である．最近の整数論は，非常に難しくなってきていて説明できないが，本節では，古典的な内容を，最近使われている便利な記号を用いて紹介する．

8.1.1 約数・倍数

x が整数で，n が正の整数のとき，

$$x = nq + r \qquad (0 \leqq r < n)$$

を満たす整数 q, r が 1 通りに決まる．このとき x を n で割った**商**は q，余りは r であるという．これは x が負の整数の場合も同じである．例えば，-7 を 5 で割ると，$-7 = 5 \times (-2) + 3$ だから，-7 を 5 で割った商は -2，余りは 3 である．

特に $r = 0$ のとき，x は n で**割り切れる**とか，x は n の**倍数**であるとか，n は x の**約数**であるという．例えば，$0, -3, -6$ はいずれも 3 の倍数である．また，1 は任意の整数の約数である．

他方，「約数」というときには，負の数を含める場合と，負の数を除く場合がある．

8.1.2 素因数分解

自分自身と 1 以外に約数を持たない 2 以上の整数を**素数**という．逆に，素数でない 2 以上の整数を**合成数**という．100 以下の素数は，2, 3, 5, 7, 11, 13, 17, 19, 23, 29, 31, 37, 41, 43, 47, 53, 59, 61, 67, 71, 73, 79, 83, 89, 97 の 25 個である．2 以外の素数はすべて奇数であるが，これらを**奇素数**という．

例えば，540 は $540 = 2^2 \times 3^3 \times 5$ と素数の積に表すことができる．このように，自然数 n を，

$$n = p_1^{e_1} p_2^{e_2} \cdots p_r^{e_r} \quad (p_1, p_2, \ldots, p_r \text{ は相異なる素数}) \qquad ①$$

と表すことを，n を **素因数分解** するという．このとき現れる素数 p_i (ただし，$e_i \geqq 1$ とする) を n の **素因数** という．例えば，540 の素因数は，2, 3, 5 である．① の n に対し，

$$\boxed{e_i = \mathrm{ord}_{p_i} n} \quad \text{ord}_p n \text{ の定義}$$

と書き，n の素数 p_i に関する **オーダー** という．ただし，素数 p が n の素因数でないときは，$\mathrm{ord}_p n = 0$ と約束する．例えば，$200 = 2^3 \times 5^2$ なので，$\mathrm{ord}_2 200 = 3$, $\mathrm{ord}_3 200 = 0$, $\mathrm{ord}_5 200 = 2$ である．

自然数 m が ① で表される n の約数ならば，各素数 p に対し，$0 \leqq \mathrm{ord}_p m \leqq \mathrm{ord}_p n$ であり，

$$m = p_1^{f_1} p_2^{f_2} \cdots p_r^{f_r} \qquad (\text{ただし } 0 \leqq f_i \leqq e_i)$$

と表せる．ただし，$p_i^0 = 1$ である．このとき，f_i は $0, 1, 2, \ldots, e_i$ の $(e_i + 1)$ 通りの値のみを取ることができるので，このことから，n の (正の) 約数の個数は全部で

$$\boxed{(e_1 + 1)(e_2 + 1) \cdots (e_r + 1)} \quad \text{約数の個数}$$

である．また，n の (正の) 約数すべての和を $f(n)$ とすると，$f(n)$ は次のように表せる．

$$\boxed{f(n) = \prod_{i=1}^{r} (1 + p_i + p_i^2 + \cdots + p_i^{e_i}) = \prod_{i=1}^{r} \frac{p_i^{e_i+1} - 1}{p_i - 1}} \quad \text{約数の総和}$$

なぜなら，中央の辺を展開したとき，$p_1^{f_1} p_2^{f_2} \cdots p_r^{f_r}$ という形の項がすべて 1 回ずつ現れるからである．

さらに，n と互いに素な n 以下の正の整数の個数を $\varphi(n)$ とすると，

━━━━━━━━━━━━━━━ オイラーのファイ関数 ━━━━━━━━━━━━━━━
$$\varphi(n) = \prod_{i=1}^{r} p_i^{e_i-1}(p_i - 1) = n \prod_{i=1}^{r}\left(1 - \frac{1}{p_i}\right)$$

となる．この $\varphi(n)$ を**オイラーのファイ関数**という．

8.1.3 公約数・公倍数

$a_1, a_2, \ldots, a_n$ が整数のとき，すべての $i = 1, 2, \ldots, n$ について整数 d が a_i の約数であるとき，d を $a_1, \ldots, a_n$ の**公約数**という．公約数のうち最大のものを，**最大公約数** (Greatest Common Divisor) といい，GCD$(a_1, \ldots, a_n)$ で表す．

また，すべての $i = 1, 2, \ldots, n$ について整数 m が a_i の倍数であるとき，m を $a_1, \ldots, a_n$ の**公倍数**という．正の公倍数のうち最小のものを，**最小公倍数** (Least Common Multiple) といい，LCM$(a_1, \ldots, a_n)$ で表す．

最大公約数・最小公倍数は素因数分解を利用して次のように求めるのが基本である．例えば，168 と 180 の GCD と LCM を求めてみよう．まず，168 と 180 の素因数 2, 3, 5, 7 をすべて用いて，
$$168 = 2^3 \times 3^1 \times 5^0 \times 7^1$$
$$180 = 2^2 \times 3^2 \times 5^1 \times 7^0$$

のように表す．このとき，GCD は指数の小さい方を，LCM は大きいほうを選んで，
$$\text{GCD}(168, 180) = 2^2 \times 3^1 \times 5^0 \times 7^0 = 12$$
$$\text{LCM}(168, 180) = 2^3 \times 3^2 \times 5^1 \times 7^1 = 2520$$

として計算する．また，

$$\text{GCD}(m, n \pm km) = \text{GCD}(m, n) \qquad (k \text{ は任意の整数})$$

はよく使う公式である．

整数 m, n について GCD$(m, n) = 1$ のとき，m と n は**互いに素**であるという．m と n が互いに素な整数のとき，

$$mx + ny = 1$$

を満たす整数 x, y (正の整数とは限らない) が存在する.

8.1.4　ユークリッドの互除法

2 つの自然数 a, b の最大公約数 d を求める方法として，次のユークリッドの互除法がある．

a, b のうち大きいほうを a_1，小さいほうを b_1 とする．

今，$a_1, \ldots, a_n; b_1, \ldots, b_n$ ($a_n \geq b_n$) まで定まっているとき，帰納的に次の操作をする．「$a_{n+1} = b_n$ と定め，a_n を b_n で割った (整除した) 余りを b_{n+1} と定める．」もし，$b_{n+1} \neq 0$ ならば，この操作を繰り返す．もし，$b_{n+1} = 0$ ならば $d = a_{n+1}$ とし，この操作を終了する．このとき，

$$\mathrm{GCD}(a_1, b_1) = \mathrm{GCD}(a_2, b_2) = \cdots = \mathrm{GCD}(a_n, b_n) = d$$

が成り立つ．

2 つの 1 変数多項式 $a(x), b(x)$ の最大公約数 $d(x)$ も同様な方法で計算できる．

$a(x), b(x)$ のうち次数の高いほうを $a_1(x)$，低いほうを $b_1(x)$ とする．

今，$a_n(x), b_n(x)$ ($\deg a_n(x) \geq \deg b_n(x)$) まで定まっているとき，「$a_{n+1}(x) = b_n(x)$ とし，$a_n(x)$ を $b_n(x)$ で割った余りを $b_{n+1}(x)$ と定める．」もし，$b_{n+1}(x) \neq 0$ ならば，この操作を繰り返す．もし，$b_{n+1}(x) = 0$ ならば $d(x) = a_{n+1}(x)$ とし，この操作を終了する．このとき，

$$\mathrm{GCD}(a_1(x), b_1(x)) = \cdots = \mathrm{GCD}(a_n(x), b_n(x)) = d(x)$$

が成り立つ．

以上にようにして最大公約数を求める方法を**ユークリッドの互除法**という．

なお，2 変数以上の多項式については，この方法は修正を要するが，少し繁雑なので割愛する．Maple にはそのアルゴリズムが実装されているので，それを用いて計算してほしい．

8.1.5　合同式

p を 2 以上の整数とする．m, n が整数で，m, n を p で割った余りが等しいとき，

8.1 整数と合同式

$$m \equiv n \pmod{p}$$
合同式

と表し,「m と n は p を法として合同である」とか「m と n は modulo p で等しい」などという. $m \equiv n \pmod{p}$ は $m - n$ が p の倍数であること,つまり, $m - n \equiv 0 \pmod{p}$ と同値である.

例. $7 \equiv 2 \pmod{5}$, $-3 \equiv 2 \pmod{5}$, $100 \equiv 0 \pmod{5}$.

上の例のように, m, n は負の整数であってもよいことに注意する.

多くの場面で $m \equiv n \pmod{p}$ という合同式は, $m = n$ と同じような感覚で扱うことができる. 例えば, 合同式について, 以下の性質が成り立つことは容易に確認できる.

合同式の基本性質

$k \equiv l \pmod{p}$ かつ $m \equiv n \pmod{p}$ ならば
$$k + m \equiv l + n \pmod{p}$$
$$k - m \equiv l - n \pmod{p}$$
$$km \equiv ln \pmod{p}$$

この性質は, k^n を p で割った余りを計算するとき等にもよく使われる. 例えば, 2^{100} を 7 で割った余りは次のように計算できる. $2^3 = 8 \equiv 1 \pmod{7}$ なので,

$$2^{100} = 2 \times 8^{33} \equiv 2 \times 1^{33} \equiv 2 \pmod{7}$$

であり, 2^{100} を 7 で割った余りは 2 であることがわかる.

8.1.6 フェルマーの小定理

「p が素数で, x が p の倍数でない整数とき $x^{p-1} \equiv 1 \pmod{p}$ となる」これを**フェルマーの小定理**という.

このことは, 次のように一般化できる.「x が n と互いに素な整数のとき, $x^{\varphi(n)} \equiv 1 \pmod{n}$ が成り立つ. ここで $\varphi(n)$ はオイラーのファイ関数 (8.1.2 参照) である」これを**オイラーの定理**という.

8.1.7 合同式における割り算

合同式において，割り算の操作をするときはちょと注意が必要である．まず，
$$km \equiv kn \pmod{kp} \implies m \equiv n \pmod{p}$$
であることは簡単に確認できる．しかし，**次の計算は正しくない!!**
$$km = kn \pmod{p} \implies m = n \pmod{p}$$
ただし，GCD$(k, p) = 1$ の場合には，上の計算は正しい．なぜなら，GCD$(k, p) = 1$ のとき，$ak + bp = 1$ を満たす整数 a, b が存在する．このとき，$1 = ak + bp \equiv ak \pmod{p}$ なので，$ak \equiv 1 \pmod{p}$ が成り立つ．よって，$km \equiv kn \pmod{p}$ のとき，両辺に a をかけると，
$$m \equiv akm \equiv akn \equiv n \pmod{p}$$
が得られる．

$ak \equiv 1 \pmod{p}$ を満たす a は，以下の方法でも得られる．$a' = k^{\varphi(p)-1}$ とおくと，オイラーの定理より，$a'k = k^{\varphi(p)} \equiv 1 \pmod{p}$ が成り立つ．じつは $a = 1 \cdot a \equiv a'k \cdot a = a' \cdot ak \equiv a' \cdot 1 = a' \pmod{p}$ であり，a と a' は mod p では同じものである．この証明からわかるように，$ak \equiv 1 \pmod{p}$ を満たす a は，p と互いに素な各整数 k に対し，modulo p で考えてただ 1 つだけ存在する．この a は modulo p の合同式においては k の逆数 $\dfrac{1}{k}$ と同じように利用することができる．

8.1.8 剰余系 $\mathbb{Z}/n\mathbb{Z}$

$\mathbb{Z}/n\mathbb{Z} = \{0, 1, 2, \ldots, n-2, n-1\}$ とおく．今，整数 a に対し，a を n で割った余りを $\overline{a}$ と書くことにする．必ず，$\overline{a} \in \mathbb{Z}/n\mathbb{Z}$ であることに注意する．

$x, y \in \mathbb{Z}/n\mathbb{Z}$ に対し $\overline{x+y} \in \mathbb{Z}/n\mathbb{Z}$ であるが，この演算 $\overline{x+y}$ を $\mathbb{Z}/n\mathbb{Z}$ における足し算であると約束し，誤解の恐れのない限り，この新しい足し算を単に $x + y$ で表す．同様に，演算 $\overline{xy}$ を $\mathbb{Z}/n\mathbb{Z}$ における新しい掛け算と約束し，単に $xy \in \mathbb{Z}/n\mathbb{Z}$ と書く．引き算も同様に，$\overline{x-y}$ で定義する．例えば，$n = 10$ のとき，$6 + 7 = 3, 6 \times 7 = 2, 6 - 7 = 9$ である．

前節で説明したように，$\mathbb{Z}/n\mathbb{Z}$ における割り算は，今定義した新しい掛け算の逆演算として定義する．つまり，$x, y \in \mathbb{Z}/n\mathbb{Z}$ が与えられたとき，もし，新しい掛け算で $yz = x$ を満たす $z \in \mathbb{Z}/n\mathbb{Z}$ がただ 1 つだけ存在するならば，$z = x \div y = x/y = \dfrac{x}{y}$ と定義する．この割り算は，y と n が互いに素な場合に限って定義できる．例えば，$n = 10$ のとき，$2 \div 7 = 6$ であるが，$2 \div 6$ は定義できない．実際，$6 \times 7 = 6 \times 2 = 2$ なので，$2 \div 6$ の候補として $2, 7$ の 2 つがあり，$2 \div 6$ は定義できない．

このように，四則を約束した集合 $\mathbb{Z}/n\mathbb{Z}$ のことを，n を法とする**剰余系**という．

8.1.9 素体 $\mathbb{F}_p$

p が素数のとき，剰余系 $\mathbb{Z}/p\mathbb{Z}$ を $\mathbb{F}_p$ と書き，**標数 p の素体**という．上で説明したことから，$x, y \in \mathbb{F}_p, y \neq 0$ ならば，つねに割り算 $x \div y$ が定義できる．

$\mathbb{F}_p$ は四則に関しては，有理数全体の集合 $\mathbb{Q}$, 実数全体の集合 $\mathbb{R}$, 複素数全体の集合 $\mathbb{C}$ と同様に，和・積について，交換法則，結合法則，分配法則，逆数の存在などの法則を満たし，「体」とよばれるものになる．

$\mathbb{F}_p$ は整数論や代数学で重要なだけでなく，暗号理論，符号理論をはじめ，離散数学の多くの分野で活躍する．

8.1.10 リーマン・ゼータ関数

正の素数全体の集合を P とし，$x > 1$ において

リーマンのゼータ関数

$$\zeta(x) = \sum_{n=1}^{\infty} \frac{1}{n^x} = \prod_{p \in P} \frac{1}{1 - p^{-x}}$$

で定義された関数は，$\mathbb{C}$ 全体に有理型関数として解析接続でき，これを**リーマン・ゼータ関数**という．これは，5.5.8 項で導入した楕円 ζ-関数とは別の関数である．この関数は整数論で非常に重要である．

特殊値としては, n が自然数のとき,

ζ 関数の特殊値

$$\zeta(2) = \frac{\pi^2}{6}, \quad \zeta(4) = \frac{\pi^4}{90}, \quad \zeta(0) = -\frac{1}{2},$$
$$\zeta(1-2n) = -\frac{b_{2n}}{2n}, \quad \zeta(-2n) = 0$$

ただし, b_r はベルヌーイ数 (6.1.5 項参照) である.

今, 2 以上 x 以下の素数の個数を $\pi(x)$ とし,

$$\text{Li}(x) = \int_0^x \frac{dt}{\log_e t} \qquad \text{(対数積分)}$$
$$Z = \{z \in \mathbb{C} \mid \zeta(z) = 0, z \notin \mathbb{R}\}$$

(ただし, 集合 Z は 2007 年末現在決定できていない) とおくと,

リーマンの明示公式

$$\sum_{n=1}^{\infty} \frac{1}{n} \pi(\sqrt[n]{x}) = \text{Li}(x) - \sum_{z \in Z} \text{Li}(x^z) + \int_x^{\infty} \frac{dt}{t(t^2-1)\log_e t} - \log_e 2$$

が成り立つ. この公式を使うと, 次の定理が証明できる.

素数の分布定理

$$\lim_{n \to \infty} \frac{\pi(n) \log_e n}{n} = 1$$

ただし, リーマン・ゼータ関数の性質はまだ十分解明されていない. 例えば, $\zeta(z) = 0$ を満たす複素数 z は, $z = -2, -4, -6, \ldots$ 以外はすべて $\text{Re}\, z = 1/2$ を満たすと予想されている (リーマン予想).

8.2 数の表記

中国やインドでは，古代から十進法を採用していたが，古代バビロニアでは，数を 60 進法で表していたし，古代ギリシャや近世以前のヨーロッパでは，実数の整数部分は十進法，小数部分は 60 進法で表していた．十進法以外の記数法を利用していた文明・文化・民族も少なくないようで，20 進法 (中南米の古代文明など) や 5 進法 (グマチ語など) や 12 進法などが散見される．英語の eleven, twelve も 12 進法の名残である．このように，十進法は必ずしも人類文明に普遍的な数の表記法ではない．十進法で実数を表示することは，フランスのフランソワ・ヴィエト (1540-1603) や，ベルギーのシモン・ステヴィン (1548-1620) 等の提唱で始まったらしい．2 進法について明確に書かれた最初の論文は，ライプニッツの『演算規則を用いた解析計算の最要点』(1679) であると言われている．

8.2.1 2 進法・p 進法

日常使っている数の書き方 (記数法) は十進法とよばれ，例えば，2475 という数は，
$$2475 = 2 \times 1000 + 4 \times 100 + 7 \times 10 + 5 \times 1$$
$$= 2 \times 10^3 + 4 \times 10^2 + 7 \times 10^1 + 5 \times 10^0$$
と解釈できる．一般に，p を 2 以上の整数とし，正の整数 n が，
$$n = \sum_{i=0}^{d-1} a_i p^i \qquad (a_i \in \{0, 1, 2, \ldots, p-1\})$$
を満たすとき，a_i を降順に並べて，
$$a_{d-1} a_{d-2} a_{d-3} \cdots a_2 a_1 a_0$$
と表すことを n の p **進法表示**という．

例えば，十進法の 10 は，$10 = 8 + 2 = 2^3 + 2^1$ なので，2 進法で表すと 1010 になる．

2 進法で 0 と 1 だけで数を表すと，表示が長くなって読みにくくなるので，代わりに 16 進法を使うことが多い．16 進法では，A = 10, B = 11, C = 12, D = 13, E = 14, F = 15 とおいて数を記述する．16 進法表示は，2 進法で表した数を下から 4 桁毎に区切って表示することと同じである．例えば，2 進法の 101,0001,1111,1010 を 16 進法で表すと，101 が 5, 0001 が 1, 1111 が F, 1010 が A で表せるので，51FA となる．

8.2.2　2 の補数と p 進整数

ところで，コンピュータの 16bit 整数で，-1 は $1111,1111,1111,1111 =$ FFFF $= 2^{16} - 1$ と表現されている．

一般に符号付き d-bit 整数では，$-2^{d-1} \leqq n < 2^{d-1}$ を満たす整数 n を表すことができて，$n < 0$ の場合には，$2^d + n$ の 2 進法表示を用いて n が表現されている．コンピュータ用語では，これを **2 の補数**による表示という．数学的には，剰余系 $\mathbb{Z}/2^d\mathbb{Z}$ を用いて整数を表示していることになる．

絶対値が大きい整数を表すためには d を大きく設定しておく必要があるが，純粋数学的には $d \to +\infty$ とした場合の理論も大切である．一般に p 進法において，このことを考えると，

$$n = \sum_{i=0}^{\infty} a_i p^i \qquad (a_i \in \{0, 1, 2, \ldots, p-1\})$$

という形の数が考えられる．このような形の数を p **進整数**という．例えば，-1 は $p - 1 = a_0 = a_1 = a_2 = \cdots$ という p 進整数によって表示される．p 進整数の中には，整数でないものが含まれる．実際，正の整数は，有限桁（つまり，ある桁より先は $0 = p_n = p_{n+1} = p_{n+2} = \cdots$）という形の数であるし，負の整数は，ある桁より先が $p - 1 = p_n = p_{n+1} = p_{n+2} = \cdots$ という形の数で表される．整数でない p 進整数は実数でもないし，複素数でもない別の種類の数である．p 進整数は純粋数学では重要な概念であるが，他の自然科学では，今のところ使われる場面がない．しかし，コンピュータの整数の内部表示は，2 進整数を下から有限桁で打ち切ったものと考えると数学的には分かり易い．

整数でない p 進整数に対しても, 通常の計算方法で, 和 (足し算), 差 (引き算), 積 (掛け算) は計算可能である. また, p が素数の時は, ある意味での割り算 (割り算の結果が, 整数部分は無限桁, 小数部分は有限桁の p 進数と呼ばれるものになる) も可能である. しかし, p 進整数では, 整数のような数の大小関係は定義できなくなり, 正負の概念が消滅する.

8.3 論理と集合

　論理学は，古代ギリシャ時代，数学 (算術・幾何) とは独立な学問として存在していた．本節で述べるような論理記号による代数は，ライプニッツのころ芽生え，ブール (1815-64) やド・モルガン (1806-71) のころから本格的に研究されるようになった．その結果，現代では，言語論に関係する部分を除けば，論理学は数学の中に吸収されている．

　集合論はデデキント (1831-1916) とカントール (1845-1918) によって創造された．デデキントの集合論は，ペアノの公理による数の厳密な定義から数の集合を構成していくもので，カントールの集合論は無限集合の濃度の概念を含むものであった．彼が発見した「直線上の点と平面上の点が 1 対 1 に対応する」という事実は，当時の数学者にとっては大変なショックであった．20 世紀の数学は，集合論の上に再構築されたものである．

8.3.1 命題と論理

　数学的に正しいか誤りであるかいずれかしか有り得ない主張を**命題**という (命題の厳密な定義は難しいので割愛する)．その命題が正しいとき**真**，誤りであるとき**偽**という．

　b が正の実数のとき，「$a = \sqrt{b}$ ならば $a^2 = b$ である」という命題を考えてみよう．この命題は「$P \Longrightarrow Q$」という形をしている．ここで $\Longrightarrow$ は「ならば」を表す記号である．このとき P を**仮定**，Q を**結論**という．このような形の命題が真のとき，P を Q の**十分条件**，Q を P の**必要条件**という．

　条件 P にたいし，「P でない」ことを P の**否定**という．例えば $a = \sqrt{b}$ の否定は $a \neq \sqrt{b}$ である．命題 P の否定を $\neg P$ とか $\overline{P}$ と書く．

　命題「P ならば Q」に対して「$Q \Longrightarrow P$」を**逆**，「$\neg P \Longrightarrow \neg Q$」を**裏**，「$\neg Q \Longrightarrow \neg P$」を**対偶**という．命題「$a = \sqrt{b}$ ならば $a^2 = b$」の逆は「$a^2 = b$ ならば $a = \sqrt{b}$」であるが，これは偽である．なぜなら，$a = -\sqrt{b}$ のときも $a^2 = b$ となるからである．このように，真の命題の逆は必ずしも真とは

限らない．もし「$P \Longrightarrow Q$」の逆の命題も真であるとき，P は Q の**必要十分条件**であるとか，P と Q は**同値**であるといい，「$P \Longleftrightarrow Q$」と書く．

「$P \Longrightarrow Q$」とその対偶は同値な命題である．上の命題の対偶は「$a^2 \neq b$ ならば $a \neq \sqrt{b}$」である．

また逆と裏は同値である．

命題が偽であることを示すには，その命題が成立しないような例を挙げる方法がよく使われるが，このときの例を**反例**という．

8.3.2 「かつ」と「または」

命題 (または条件) P, Q に対し，「P かつ Q」とは P と Q が両方とも成立することをいい，「P または Q」とは P か Q の少なくとも一方が成立することをいう．日常用語において「P または Q」というときには，P か Q の一方のみが成立し，P と Q が同時に成立することはない，という意味になる場合が多いが，これを「**排他的なまたは**」(exclusive or, xor) という．数学の「または」と日常用語の「または」は意味が異なるので注意しよう．

$\lor$ で「または」，$\land$ で「かつ」を，$\neg P$ で P の否定を表せば，以下の関係が成り立つ．

記号論理の基本法則

$(P \lor Q) \land R \Longleftrightarrow (P \land R) \lor (Q \land R)$
$(P \land Q) \lor R \Longleftrightarrow (P \lor R) \land (Q \cup R)$
$\neg(P \land Q) \Longleftrightarrow ((\neg P) \lor (\neg Q))$
$\neg(P \lor Q) \Longleftrightarrow ((\neg P) \land (\neg Q))$
$(P \Longrightarrow Q) \Longleftrightarrow ((\neg P) \lor Q)$

コンピュータ・プログラム言語 C では，$\land, \lor, \neg, \Longleftrightarrow$ はそれぞれ，&&, ||, !, == で表され，Pascal では AND, OR, NOT, = で表される．

8.3.3 $\forall$ と $\exists$

$\forall$ という記号は**任意の**，とか，**すべての**，とか，あるいは **for all** と読む．例えば，「$\forall x \in \mathbb{R}$ に対し $x^2 \geqq 0$ である」というような使い方をし，この場

合,「集合 $\mathbb{R}$ の任意の元 x に対し $x^2 \geqq 0$ である」という文章と同値である. また,上の文章を,「$x^2 \geqq 0 \ (\forall x \in \mathbb{R})$」と書くこともある.

否定文では「どのような x に対しても $P(x)$ は成立しない」という表現をするが,「どのような」という単語も論理的には「任意の」と同値であり, 記号で表せば「$\forall x \ \neg P(x)$」である.「任意の x に対して $P(x)$ は成立しない」という表現をすると,「$P(x)$ が成立しない x も存在する」という意味に誤解される恐れがあるため, 言い回しを変えているのである.

$\exists$ という記号は英語の **There exists some**, または **for some** と読み替えられる記号である. 例えば,「$\exists x \in \mathbb{Z}, \ x^2 + 1 \equiv 0 \ (\mathrm{mod} \ 13)$」という文章は,「There exists some x in $\mathbb{Z}$ such that $x^2 + 1 \equiv 0 \ (\mathrm{mod} \ 13)$」と同等な文章で, 日本語に訳せば,「$x^2 + 1 \equiv 0 \ (\mathrm{mod} \ 13)$ を満たす整数 x が (少なくとも 1 つ) 存在する」となる.「$x^2 + 1 \equiv 0 \ (\mathrm{mod} \ 13) \ (\exists x \in \mathbb{Z})$」という書き方もよく使う.

「任意の x に対して命題 (条件) $P(x)$ が成立する $(\forall x \ P(x))$」の否定は「命題 $P(x)$ が成立しないような x が存在する」である. つまり

$$\neg(\forall x \ P(x)) \iff \exists x \ \neg P(x)$$

である. 同様に,「命題 $P(x)$ が成立するような x が存在する」の否定は「どのような x に対しても命題 $P(x)$ は成立しない」であり, 論理式で書けば

$$\neg(\exists x \ P(x)) \iff \forall x \ \neg P(x)$$

である.

8.3.4 集合の演算

第 0.2.1 項でも一部説明したが, Ω が集合で, A, B がその部分集合のとき,

---集合の基本演算---
$A \cup B = \{x \in \Omega \mid x \in A$ または $x \in B$ の少なくとも一方が成立する$\}$
$A \cap B = \{x \in \Omega \mid x \in A$ かつ $x \in B\}$
$A - B = \{x \in \Omega \mid x \in A$ かつ $x \notin B\}$

と約束する．$A \cup B$ を A と B の**和集合**とか**合併集合**という．$A \cap B$ を A と B の**交わり**とか**共通部分**という．$A - B$ を A から B を除いた**差集合**という．$\Omega - A$ を $\overline{A}$ とか A^c と書き，A の**補集合**というが，全体集合 Ω を明示せずにこの記号を用いると，論理的な曖昧性が増す．

$A \cap B = \phi$ のとき，A と B は**交わらない**とか**共通部分がない**という．$A \cap B = \phi$ のとき，$A \cup B$ を $A \sqcup B$ と書き，A と B の**直和**ともいう．つまり，$A \sqcup B$ と書いたら，自動的に $A \cap B = \phi$ であることを主張しているわけである．

A, B, C が集合 Ω の部分集合のとき，

$$(A \cup B) \cap C = (A \cap C) \cup (B \cap C)$$
$$(A \cap B) \cup C = (A \cup C) \cap (B \cup C)$$
$$\overline{(A \cup B)} = \overline{A} \cap \overline{B} \qquad (ド・モルガンの法則)$$
$$\overline{(A \cap B)} = \overline{A} \cup \overline{B} \qquad (ド・モルガンの法則)$$
$$A - B = A \cap \overline{B}$$

が成立する．

$A_1, A_2, \ldots, A_n$ が集合 Ω の部分集合のとき，

$$\bigcup_{i=1}^{n} A_i = A_1 \cup A_2 \cup \cdots \cup A_n$$
$$\bigcap_{i=1}^{n} A_i = A_1 \cap A_2 \cap \cdots \cap A_n$$
$$\bigsqcup_{i=1}^{n} A_i = A_1 \sqcup A_2 \sqcup \cdots \sqcup A_n$$

と表す．最後の表現を用いるときは，任意の $i \neq j$ に対し $A_i \cap A_j = \phi$ であることも主張している．

なお，無限個の集合の合併集合や共通部分も同様に定義できる．また，集合論の公理により，上で説明したのとは若干異なる意味で，「集合の直和 $A \sqcup B$」が定義できるが，これらは，純粋数学の抽象的思考に慣れていないと理解困難なので，説明は割愛する．

8.3.5 直積集合

A, B が集合のとき，A の元 a と B の元 b を並べた (a, b) という組全体の集合を

$$A \times B = \{(a, b) \mid a \in A, b \in B\}$$

と書き，A と B の**直積集合**という．ただし，(a, b) と (b, a) は区別する．3個以上の集合 $A_1, A_2, \ldots, A_n$ の直積も同様に，

---- 直積集合 ----
$$A_1 \times A_2 \times \cdots \times A_n = \{(a_1, a_2, \ldots, a_n) \mid a_i \in A_i\}$$

と定義する．この集合を $\prod_{i=1}^{n} A_i$ とも書く．

$A_1 = A_2 = \cdots = A_n = A$ の場合，

$$A^n = \underbrace{A \times A \times \cdots \times A}_{n\,個}$$

と書く．特に，$\mathbb{R}^2 = \{(x, y) \mid x, y \in \mathbb{R}\}$ は座標平面上の点 (x, y) 全体の集合と考えることができ，$\mathbb{R}^3$ は座標空間内の点全体の集合と考えることができる．

A, B がそれぞれ m 個，n 個の元からなる有限集合のとき，$A \times B$ は mn 個の元からなる有限集合になる．すなわち，

$$\#(A \times B) = (\#A) \times (\#B)$$

である．(記号 $\#$ は 0.2.3 項参照)

8.3.6 合成写像

X, Y, Z を集合とし，$f\colon X \to Y, g\colon Y \to Z$ を写像とする．X の各要素 x に対し $g(f(x)) \in Z$ を対応させる X から Z への写像を $g \circ f\colon X \to Z$ と書き，f と g の**合成写像**という．すなわち，$(g \circ f)(x) = g(f(x))$ である．

写像の定義域と終域が一致するとき，写像 $f\colon X \to X$ に対し，合成写像 $f \circ f$ を f^2 とも書く．さらに一般に，

$$f^n = \underbrace{f \circ f \circ \cdots \circ f}_{n\text{ 個}}$$

と約束する．

8.3.7 恒等写像

定義域と終域が同じ集合 X で，X の各要素 x に対し x を対応させる写像を $\mathrm{id}_X\colon X \to X$ とか $1_X\colon X \to X$ などと書き，X 上の**恒等写像**という．すなわち，$\mathrm{id}_X(x) = x$ である．

全単射 $f\colon X \to Y$ に対しては，$f^{-1} \circ f = \mathrm{id}_X$, $f \circ f^{-1} = \mathrm{id}_Y$ が成り立つ．

$f\colon X \to X$ が全単射のとき，$(f^n)^{-1} = (f^{-1})^n$ が成り立つが，これを f^{-n} と書く．また，形式的に $f^0 = \mathrm{id}_X$ と約束する．すると，数の場合と同様に指数法則

写像の指数法則
$$f^m \circ f^n = f^{m+n} \qquad (m, n \text{ は整数})$$
$$(f^m)^n = f^{mn}$$

が成り立つ．

なお，X が有限集合の場合，全単射 $f\colon X \to X$ を，X 上の**置換**ともいう．この写像は，X の要素を並びかえる操作を表すからである．

8.4 グラフ

グラフの概念はオイラー (1707-83)，「グラフ」という用語はシルベスター (1814-97) が使い始めた．ただし，数学の一分野として市民権を得たのは，つい最近のことである．そのため，記号や用語もまだ統一されていない．

8.4.1 グラフ

ここでいう「グラフ」とは関数のグラフのことではない．

グラフとは，何個かの**頂点** $P_1, \ldots, P_n$ と，その中の何組かの 2 頂点を結ぶ**辺** (線分) 何本かの集まりのことである．例えば図 1 は 7 個の頂点と 8 本の辺からなるグラフで，黒点で表したのが頂点である．頂点以外の点で辺 (線分) が交わっていても，そこは頂点ではない．

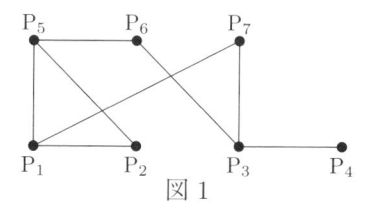

図 1

グラフにおいては，頂点がどのように辺で結ばれているかだけが問題で，頂点や辺が平面や空間にどにように配置されているかは関係ない．例えば，図 2 と図 3 と図 4 は同じグラフであるが，図 5 は前の 3 つとは異なるグラフである．辺をまっすぐな線分で描く必要はなく，曲線で描いてもかまわない．

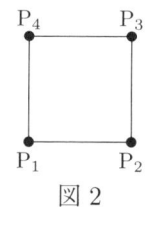

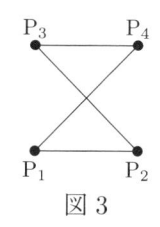

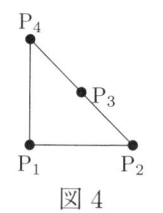

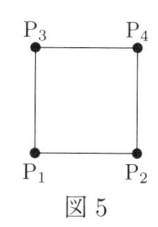

図 2   図 3   図 4   図 5

また，グラフの中に，辺が出ていない頂点があってもよい．これを**孤立点**という．図6はひと目見てわかるように，3個の部分に分割できる．これらの部分をグラフの**連結成分**という．図7は一見つながって見えるが，よく見ると，ふたつの連結成分がある．

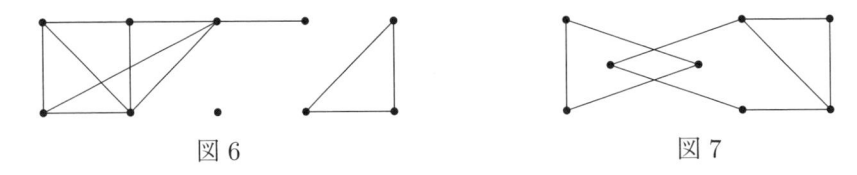

図 6

図 7

連結成分が1個だけのグラフを**連結なグラフ**という．

グラフの頂点 P_i から d 本の辺が出ているとき，P_i の**次数**は d であるといい，$d = \deg P_i$ と書く．

頂点 $P_{i_1}, P_{i_2}, \ldots, P_{i_r}$ がこの順に辺で結ばれているとき，これを**道**とか**路**とか**折れ線**等という．**単純路**とは，(頂点で) 自己交差しない道のことをいう．道が閉曲線のとき，つまり輪になった道 $P_{i_1} P_{i_2} \cdots P_{i_r} P_{i_1}$ を**サイクル**, **ループ**, **閉回路**, **閉じた折れ線**等とよぶ．例えば図1のグラフは

$C_3 : P_1 P_2 P_5 P_1$, $C_5 : P_1 P_5 P_6 P_3 P_7 P_1$,
$C_7 : P_1 P_2 P_5 P_6 P_3 P_7 P_1$

という3つのサイクルを含んでいる．

サイクルの例

木の例

連結なグラフがサイクルを含まないとき**木**であるという．グラフ G が，n 個の頂点と m 本の辺をもつとき $e = n - m$ を G の**オイラー数**という．グラフ G が連結なとき，G が木であるための必要十分条件は $e = 1$ であり，G がちょうど1個のサイクルを含む必要十分条件は $e = 0$ である．$e < 0$ のとき G は2個以上のサイクルを含む．

連結なグラフ G が与えられたとき，G のすべての辺を 1 回ずつ通る道 (同じ頂点を何回通ってもよい) を**一筆書き**という．連結なグラフが一筆書き可能なための必要十分条件は，次数が奇数の頂点が存在しないか，またはちょうど 2 個存在することである．次数が奇数の頂点が 2 個の場合はその 2 点が一筆書きの道の端点になる．これを**オイラーの定理**ともいう．

8.4.2 有向グラフ

グラフ G の各辺 $P_i P_j$ を矢印でおきかえ，すべての辺に**向き** (方向) を定める．このようなグラフを**有向グラフ**という．矢印が P_i から P_j へ向かっているとき，P_i を辺 $P_i P_j$ の**始点**，P_j を**終点**という．また P_i から P_j へ向かうのを**正の向き**，P_j から P_i へ向かうのを**負の向き**という．頂点 P_i に向かって入ってくる矢印 (辺) の本数を**入次数**，出ていく矢印の本数を**出次数**という．

$$(入次数) + (出次数) = (次数)$$

である．有向グラフの一筆書きは，G のすべての辺を矢印の向きに 1 回ずつ通る向きのある道のことである．連結な有向グラフ G の頂点 P_i の，(入次数) − (出次数) を d_i とするとき，G が一筆書き可能なための必要十分条件は，「すべての頂点について $d_i = 0$ である」かまたは「$d_i = 1$ の頂点が 1 個，$d_i = -1$ の頂点が 1 個あり，その他の頂点は $d_i = 0$ である」ことである．後者の場合，$d_i = -1$ の頂点が一筆書きの始点，$d_i = 1$ の頂点が終点になる．

8.4.3 グラフに関する諸問題

グラフの各辺に色を塗ったものを彩色グラフという．ただし 1 本の辺には 1 色のみの色を塗る．ときに，頂点に色を塗ったグラフを考えることもある．実際の問題では，色を塗るのではなく，別の設定で登場することも多い．

また，グラフの頂点や辺に数を書き込んで，輸送や流れやネットワークを考える問題などもある．この種の問題の類型は非常に多いので，専門書

を参照されたい．なお，一部の問題は，9.5 で解説する線形計画法を用いて解けるものもある．

第 9 章
確率・統計

　確率論の創成は 1650 年ころで，それは，賭事 (かけごと) を数学的に解明することから始まった．確率や期待値の概念は，パスカル (1623-62) とフェルマー (1601-65) により数学的に意味付けられ，ホイヘンス (1629-95) の『数学演習』により世に紹介され，ヤコブ・ベルヌーイ (1654-1705) からラプラス (1749-1827) の時代に，古典的確率論が大成した．

　他方，統計学については，統計調査という意味では，古代から，強力な王は，租税の徴収や兵士の募集のために，人口や農地の調査を行っており，また，古代ローマでは，年金計算のために寿命統計表も作られている．本章で学ぶような確率論を基礎とした統計学が発展したのは，19 世紀後半以降のことであるが，統計学は様々な経済的・政治的活動の必要性から，数学的基礎が確立する以前に，数学的には怪しい土台の上に，広く用いられてきた．

9.1 確率

 古くは賭博師の経験則であった確率論は，ヤコブ・ベルヌーイによる二項分布についての大数の法則の証明により，純粋数学としての地位を確立した．その後，コモゴロフ (1903-87) の著書『確率論の基礎概念』(1933) で，確率論はルベーグ測度を基礎として，確率空間の概念のもとに基礎づけられた．本節では，ベルヌーイの時代の古典的確率論を概説する．

9.1.1 確率論を適用する場合の注意

 確率の意味は，世間では意外と正しく理解されていない．日常の現象で登場する確率は，「大数の法則」とよばれる 1 種の「中心極限定理」によって意味づけられる．例えば，サンダルを 1 回投げたとき，表が出る確率が p である，ということは「ε をどんなに 0 に近い正の実数として選んだとしても，サンダルを n 回投げたとき，表が出る回数 m が，$n(p-\varepsilon) < m < n(p+\varepsilon)$ が成り立つ確率を $p_n(\varepsilon)$ とするとき，$\lim_{n\to\infty} p_n(\varepsilon) = 1$ が成り立つことと同値である」という定理があるために，何回も繰り返してサンダルを投げれば，表が出る割合が大体 p であることが保証される．逆に言うと，サンダルを投げる回数が少ないほど，表が出る割り合は p から遠く離れる場合が多く，少数回試行では単純な確率計算で物事を判断してはいけない．

 確率や期待値は，損得や満足度と直結するものではないことにも注意したい．例えば，次のような「くじ」を考えてほしい．

 「くじ A」は，1% の確率で当たりが出て 1 兆円がもらえるが，99% の確率ではずれが出て，この場合 1 億円を支払わなくてはいけない．

 「くじ B」は全部が当たりくじで，100% の確率で 10 億円もらえる．

 簡単な計算で分かるように，「くじ A」の期待値は，1 兆×0.01−1 億×0.99 = 99 億 100 万円，「くじ B」の期待値は 10 億円で，「くじ A」の期待値のほうが大きい．

 今，「くじ A」か「くじ B」の一方を選んで 1 回だけそのくじを引くチャンスが与えられた．さて，どちらのくじを引きますか？

私なら迷わず期待値の小さい「くじ B」を引く．「くじ B」を選ぶほうが，「くじ A」より大きな利益が得られる確率が 100 倍大きく，「くじ A」を選んだら，99% の確率で破産してしまう．普通の生活をするためには，1 兆円も 10 億円もたいして価値の差はない．「期待値が大きい」＝「得」＝「満足」，とは限らないのである．期待値は，試行を何回も繰り返した場合に得られる平均的な金額であり，上の例でも，1000 回続けてくじを引いてよく，無利子の融資が受けられるなら私も「くじ A」を選ぶ．70 回続けてくじを引ける場合には「くじ A」を選んだとき，1 回以上当たる確率が 50% を越し，1 回でも当たれば「くじ A」のほうが得である．ばくち性はまだ高いが，勇気のある人は「くじ A」に挑戦するのもよい．

ところで，以下のくじはどうだろうか．

「くじ A′」は，1% の確率で当たりが出て 1 万円がもらえるが，99% の確率ではずれが出て，この場合 1 円を支払わなくてはいけない．

「くじ B′」は全部が当たりくじで，100% の確率で 10 円もらえる．

今，「くじ A′」か「くじ B′」の一方を選んで 1 回だけそのくじを引くチャンスが与えられた．さて，どちらのくじを引きますか？

確率論的には，このくじは賞金が 1 億分の 1 になっているだけで，前のくじと同じである．しかし，この場合は，私は「くじ A′」を選ぶ．10 円を得たとしても現実的満足はなく，1 円の損害は痛くないからである．

このように，確率の問題では，単に「確率の値」や「期待値の値」を計算するだけでは十分ではなく，「確率分布のグラフの形状」を考察し，それが目的とする満足を与えてくれるかどうか慎重に検討しないといけないのである．また，確率論を経営等に応用する場合には，危険論 (破産確率) まで正しく考慮しないと，再起不能な大損をすることがある．

確率の本質的難しさを表す有名な問題に，ヤコブ・ベルヌーイの甥のニコラス・ベルヌーイが出題したペテルスブルグのパラドックスとよばれる次の問題がある．

「コインを続けて投げ，n 回目に初めて裏が出たら 2^n フランを受け取る賭をする．この賭け手は場所代 (胴元に払う参加料) をいくら支払うべきか.」

素朴に賭け手の受け取る金額の期待値を計算すると $\sum_{n=1}^{\infty} 2^n \cdot \frac{1}{2^n} = +\infty$ となるから，賭け手が $+\infty$ フラン支払わないと胴元が不利なように見える．しかし，それでは明らかに，賭け手が不利である．

この問題の正しい解答は，W. フェラー (1893-1990) の著書『確率論とその応用 (上・下・II 上・II 下)』(紀伊國屋書店) の中で与えられている．つまり，上の賭けを N 回する場合，1 回あたりの適正な掛け金を $X(N)$ フランとすれば，$\lim_{N \to \infty} \frac{X(N)}{\log_e N} = 1$ が成立することをフェラーは証明したが，この事実は，日常生活的な意味での適正な掛け金は存在しないことを証明している．通常の賭けでは $X(N)$ の値は N によらず一定であるが，上の賭けでは $X(N)$ が変動するからである．胴元の支払い能力が有限の場合には，期待値がそもそも有限で，胴元が無限のお金を持っていない限り実行不可能な非現実的な賭けだから，適正な賭け金が存在しない，という数学的解答も，それほど奇異ではないだろう．

9.1.2 有限標本空間

確率論を現実の場面で使う場合には，まず，それを適切な数学モデルにおきかえて考えないといけない．

n は自然数とし，n 個の元からなる有限集合

$$\Omega = \{e_1, e_2, \ldots, e_n\}$$

が与えられていて，各 e_i に対し「e_i が起きる確率」とよばれる実数 $P(e_i)$ が割り当てられていて，

$$P(e_1) + P(e_2) + \cdots + P(e_n) = 1, \quad 0 \leqq P(e_i) \leqq 1 \quad (i = 1, 2, \ldots, n)$$

を満たすとき，Ω を **(有限) 標本空間**といい，Ω と P の組 (Ω, P) を **(有限) 確率空間**という．Ω の元 e_i を**標本点**とか**根元事象**といい，Ω の部分集合 E を**事象**という．

$$E = \{e_{i_1}, e_{i_2}, \ldots, e_{i_r}\} \subset \Omega$$

に対し，

$$P(E) = P(e_{i_1}) + P(e_{i_2}) + \cdots + P(e_{i_r})$$

と定め，事象 E の起こる**確率**という．

例えば，サイコロを 1 回投げる試行において，i の目が出ることを e_i で表し，$\Omega = \{e_1, e_2, e_3, e_4, e_5, e_6\}$，$P(e_1) = P(e_2) = \cdots = P(e_6) = 1/6$ とすれば，これが，サイコロを 1 回投げる試行を表す確率空間である．

事象 $E_1 \subset \Omega$，$E_2 \subset \Omega$ に対し，$P(E_1 \cap E_2) = P(E_1)P(E_2)$ が成り立つ場合，事象 E_1 と E_2 は**独立**であるといい，独立でない場合**従属**であるという．他方，$E_1 \cap E_2 = \phi$ が成り立つ場合，事象 E_1 と E_2 は**排反**であるという．この場合，$P(E_1 \cup E_2) = P(E_1) + P(E_2)$ が成り立つ．

参考までに，ペテルスブルグのパラドックスの場合は，「コインを続けて投げ n 回目に初めて裏が出る」という根元事象を e_i とするとき，可算無限集合 $\{e_1, e_2, e_3, \ldots\}$ が標本空間で，有限標本空間ではない．また，非可算無限標本空間ではルベーグ測度とよばれるものを用いなければならない．現代の確率論では，標本空間 Ω が無限集合の場合の理論が大切であるが，理論が難解で，本書で解説するには無理がある．Ω が有限集合の場合に限って説明しても，実用上のかなりの場合をカバーできるので，以下，Ω が有限集合の場合に限って説明する．

確率論を経営や工学・医学など現実の場面に適用する場合には，根元事象 e_i をどのように設定するか，また e_i の起きる確率 p_i はどれだけであるか，を決める必要があるが，これは，統計的手法などを用いて適切に設定するしかない．

9.1.3 反復試行

(Ω, P) は有限確率空間とし，$E \subset \Omega$ を事象とする．Ω を n 個直積した直積集合 Ω^n において，$\mathbf{e} = (e_{i_1}, e_{i_2}, \ldots, e_{i_n}) \in \Omega^n$ に対し，

$$P_n(\mathbf{e}) = P(e_{i_1})P(e_{i_2}) \cdots P(e_{i_n})$$

と定めると (Ω^n, P_n) も有限確率空間になる．これを，Ω を n 回反復する試行という．整数 m に対し，

$$E_m = \{(e_{i_1}, \ldots, e_{i_n}) \in \Omega^n \mid e_{i_k} \in E \text{ を満たす } k \text{ がちょうど } m \text{ 個ある}\}$$

とするとき，$P_n(E_m)$ を Ω を n 回繰り返して，事象 E がちょうど m 回起こる確率という．これについて，

---- 二項定理 ----
$$P_n(E_m) = \binom{n}{m} P(E)^m (1-P(E))^{n-m}$$

が成立する．これを**二項定理**という．

9.1.4　条件付き確率

事象 B が起きるという条件の下で，事象 A が起きる確率を $P(A|B)$ と書き**条件付き確率**という．A と B が同時に起きる確率を $P(A \cap B)$ とするとき，$P(B) \neq 0$ であれば

---- 条件付き確率 ----
$$P(A|B) = \frac{P(A \cap B)}{P(B)}$$

が成り立つ．$P(B) = 0$ の場合，有限標本空間では $P(A|B)$ は定義できない．

もし，A と B が独立事象であれば，$P(A \cap B) = P(A)P(B)$ であるから，$P(A|B) = P(A)$ が成り立ち，逆に $P(A|B) = P(A)$ が成り立てば A と B は独立事象である．

また，A と B が排反事象であれば，$P(A \cap B) = 0$ であるから，$P(A|B) = 0$ が成り立ち，逆に $P(A|B) = 0$ が成り立てば A と B は排反事象である．

9.1.5　マルコフ過程

事象 $A_1, A_2, A_3, \cdots$ があり，その添え字を時刻と考えるとき，これを時系列データという．さらに，各自然数 t に対し，事象 A_{t+1} はその直前の事象 A_t のみに依存して所定の確率で定まると仮定する．このとき $\{A_t\}$ を(単純) **マルコフ過程**という．

例えば，三角形 ABC の頂点に駒があり，コインを投げて表が出たら左回りに，裏が出たら右回りに駒を隣の頂点に移動する過程を考える．時刻

$t \in \mathbb{N}$ に頂点 A, B, C に駒がある確率をそれぞれ p_1, p_2, p_3 とすると,時刻 $t+1 \in \mathbb{N}$ に頂点 A, B, C に駒がある確率 q_1, q_2, q_3 は,

$$P = \frac{1}{2}\begin{pmatrix} 0 & 1 & 1 \\ 1 & 0 & 1 \\ 1 & 1 & 0 \end{pmatrix}, \quad \mathbf{x}_t = \begin{pmatrix} p_1 \\ p_2 \\ p_3 \end{pmatrix}, \quad \mathbf{x}_{t+1} = \begin{pmatrix} q_1 \\ q_2 \\ q_3 \end{pmatrix}$$

として,

$$\mathbf{x}_{t+1} = P\mathbf{x}_t$$

と表すことができ,これは単純マルコフ過程である.この場合,P を**推移行列**という.

単純マルコフ過程よりもう少し一般に,自然数 m を定数として,$t \geqq m+1$ のとき,事象 A_t が直前の m 個の事象 $A_{t-1}, A_{t-2}, \ldots, A_{t-m}$ のみに依存したある確率で定まる場合も (離散) **マルコフ過程**とよばれる.

時刻 t が実数値をとり,A_t が A_s $(s < t)$ から確率論的に積分で定まる場合を**連続マルコフ過程**という.

9.2 統計

『統計でウソをつく法』(ダレル・ハフ著) などという本もあるが，統計は使い手の心掛け次第でいかようにも使えるし，また，使い手の能力次第で，いくらでも間違った結論が引き出せる．しかし，数学と違って，統計のウソや間違いは，堂々と世の中で通用してしまう．上のような話題を含めて，「統計学」とよばれるものの中には，数学とはあまり縁のない話題も多く含まれるが，本節では数学的話題に限って説明する．

9.2.1 平均と分散

例えば，n 人の生徒の身長の統計を考えるとき，この生徒全体の集合を**母集団**といい，個々の生徒を**標本**，個々の生徒の身長 $x_1,\ldots,x_n$ を**データ**とか，**変量**という．

データ $x_1,\ldots,x_n$ に対し，その**平均** $\overline{x}$ と**標本分散** σ^2 と**不偏分散** v^2 は，

平均・分散

$$\overline{x} = \frac{x_1 + x_2 + \cdots + x_n}{n} = \frac{1}{n}\sum_{i=1}^{n} x_i$$

$$\sigma^2 = \frac{1}{n}\sum_{i=1}^{n}(x_i - \overline{x})^2 = \frac{1}{n}\sum_{i=1}^{n} x_i^2 - \overline{x}^2$$

$$v^2 = \frac{1}{n-1}\sum_{i=1}^{n}(x_i - \overline{x})^2 = \frac{1}{n-1}\sum_{i=1}^{n} x_i^2 - \frac{n}{n-1}\overline{x}^2$$

で定義される．また，$\sigma = \sqrt{\sigma^2}$ を**標本標準偏差**，$v = \sqrt{v^2}$ を**不偏標準偏差**という．単に「分散，標準偏差」という場合には，標本分散・標本標準偏差のほうを指す場合が多く，現実の現場でもこちらのほうが多く用いられている．しかし，中心極限定理の見地からは不偏分散・不偏標準偏差のほうが数学的に好ましい性質を持つ．ただ，標本の量 n が大きい場合には，両者の値に大差なく，計測誤差の範囲内に埋没してしまう．一般に，正の整数 r に対し，

$$\boxed{\sigma'_r = \frac{1}{n}\sum_{i=1}^n (x_i - \overline{x})^r, \quad v'_r = \frac{1}{n-1}\sum_{i=1}^n (x_i - \overline{x})^r} \quad \text{積率}$$

を平均回りの r 次の積率といい，$\alpha_r = \sigma'_r/\sigma^r$ とおき，α_3 を歪度，α_4 を尖度という．

由緒正しい統計用語ではないが，日本の受験業界では，データ x_i に対し，

$$\boxed{\frac{10(x_i - \overline{x})}{\sigma} + 50} \quad \text{偏差値}$$

を x_i の偏差値とよんでいる．

9.2.2 相関係数

例えば，n 人の生徒の身長 x_i と体重 y_i の組 (x_i, y_i) をデータとして，身長と体重の間の関係を考えるとき，身長・体重の平均を $\overline{x}, \overline{y}$ として，

$$\boxed{r_{xy} = \frac{\displaystyle\sum_{i=1}^n (x_i - \overline{x})(y_i - \overline{y})}{\sqrt{\left(\displaystyle\sum_{i=1}^n (x_i - \overline{x})^2\right)\left(\displaystyle\sum_{i=1}^n (y_i - \overline{y})^2\right)}}} \quad \text{相関係数}$$

を $\{x_i\}$ と $\{y_i\}$ の相関係数という．一般に，$-1 \leqq r_{xy} \leqq 1$ である．r_{xy} が 1 に近いとき $\{x_i\}$ と $\{y_i\}$ の間には正の相関があるといい，r_{xy} が -1 に近いとき負の相関があるという．r_{xy} が 0 に近いとき相関がないという．

9.2.3 相関行列

前項でも述べたように，データは実数の値をとるものだけでなく，ベクトル値のデータも統計の対象になり得る．r 個の実数の組 $\mathbf{x}_i = (x_{1i}, x_{2i}, \ldots, x_{r,i})$ を 1 つのデータとして，このようなデータを r 変量データという．n 個の r 変量データ $\{\mathbf{x}_i\}$ $(i = 1, 2, \ldots, n)$ からなる母集団を考える．j 番目

の変量 $\{x_{ji}\}$ と k 番目の変量 $\{x_{ki}\}$ の相関係数を

$$r_{jk} = \frac{\sum_{i=1}^{n}(x_{ji} - \overline{x_j})(x_{ki} - \overline{x_k})}{\sqrt{\left(\sum_{i=1}^{n}(x_{ji} - \overline{x_j})^2\right)\left(\sum_{i=1}^{n}(x_{ki} - \overline{x_k})^2\right)}}$$

$$\overline{x_j} = \frac{1}{n}\sum_{i=1}^{n} x_{ji}$$

とする．ここで，$r_{jj} = 1$ である．r_{jk} を (j, k)-成分とする n 次正方行列

$$R = \begin{pmatrix} r_{11} & \cdots & r_{1n} \\ \vdots & & \vdots \\ r_{n1} & \cdots & r_{nn} \end{pmatrix}$$

を (標本) **相関行列**という．

相関行列 R は実対称行列であるので，R の固有値はすべて実数である．R の n 個の固有値 $\lambda_1, \ldots, \lambda_n$ を，$|\lambda_1| \geq |\lambda_2| \geq \cdots \geq |\lambda_n|$ となるように並べておき，λ_j に対応する長さ 1 の固有ベクトルを $\mathbf{p}_j$ とする．$\mathbf{p}_j$ を第 j 主成分という．

9.2.4 回帰直線

2 変量データ (x_i, y_i) $(i = 1, 2, \ldots, n)$ がある直線 $y = ax + b$ の近くに沿って分布しているとする．$\sum_{i=1}^{n}\{y_i - (ax_i + b)\}^2$ の値を最小にするような a, b の値は次の式で与えられる．

$$a = \frac{n\left(\sum_{i=1}^{n} x_i y_i\right) - \left(\sum_{i=1}^{n} x_i\right)\left(\sum_{i=1}^{n} y_i\right)}{n\left(\sum_{i=1}^{n} x_i^2\right) - \left(\sum_{i=1}^{n} x_i\right)^2}$$

$$b = \frac{\left(\sum_{i=1}^{n} x_i^2\right)\left(\sum_{i=1}^{n} y_i\right) - \left(\sum_{i=1}^{n} x_i\right)\left(\sum_{i=1}^{n} x_i y_i\right)}{n\left(\sum_{i=1}^{n} x_i^2\right) - \left(\sum_{i=1}^{n} x_i\right)^2}$$

このようにして定まる直線 $y = ax + b$ を y の x への**回帰直線**とか，x 上の y の回帰直線という．x_i と y_i を交換したとき，x の y への回帰直線は，上のような y の x への回帰直線とは一致しない．

上の回帰直線 $y = ax + b$ は，
$$\overline{x} = \frac{1}{n}\sum_{i=1}^{n} x_i, \quad \overline{y} = \frac{1}{n}\sum_{i=1}^{n} y_i,$$
$$S_{xx} = \sum_{i=1}^{n}(x_i - \overline{x})^2, \quad S_{xy} = \sum_{i=1}^{n}(x_i - \overline{x})(y_i - \overline{y}), \quad S_{yy} = \sum_{i=1}^{n}(y_i - \overline{y})^2$$
とおけば，

---- 回帰直線 ----
$$y - \overline{y} = \frac{S_{xy}}{S_{xx}}(x - \overline{x})$$

と表すことができる．

x_i と y_i の単位とスケールが一致している場合には，点 (x_i, y_i) と直線 $y = ax + b$ の間の距離を d_i として，$\sum_{i=1}^{n} d_i^2$ が最小になるように，a, b を定めることも考えられる．$S_{xy} \neq 0$ のとき，このような直線 $y = ax + b$ は

---- 回帰直線 (2) ----
$$y - \overline{y} = \frac{S_{yy} - S_{xx} + \sqrt{(S_{xx} - S_{yy})^2 + 4S_{xy}^2}}{2S_{xy}}(x - \overline{x})$$

と表すことができる．（この式は，x と y のスケールを変えると直線が変わってしまうので，英語と数学の得点の回帰直線のように，本質的に同質なもので，同じ程度の大きさをもつ 2 つのデータの回帰以外に使用してはいけない．）

9.3 確率分布

19世紀初頭には，ド・モアブルとラプラスが，二項分布が正規分布に法則収束するという中心極限定理を発見し，正規分布の理論が誕生した．この後，確率分布の理論は，解析学を基礎として発展していった．日本人では，伊藤清 (1915-) が，確率微分方程式を研究し，ブラック-ショールズ方程式の基礎を作ったことで有名である．

9.3.1 二項分布

Ω を標本空間とするとき，変数 $X \in \Omega$ を**確率変数**ともいう．また，Ω 上の確率 P を Ω 上の関数と考えるとき，P を**確率分布**という．

n は自然数，$\Omega = \{0, 1, 2, \ldots, n\}$ とし，$0 < p < 1$ を満たす定数 p を固定する．整数 $0 \leqq k \leqq n$ に対し，

―― 二項分布 ――
$$P(X = k) = \binom{n}{k} p^k (1-p)^{n-k}$$

で定まる確率分布 P を $B(n, p)$ と書き，**二項分布**という．このとき，確率変数 X は二項分布 $B(n, p)$ に従うという．

第 9.1.3 項で述べたように，二項分布はいろいろな現象で登場する．

9.3.2 正規分布

$$f(x) = \frac{1}{\sqrt{2\pi}\sigma} \exp\left(-\frac{1}{2}\left(\frac{x-\mu}{\sigma}\right)^2\right)$$

を平均 μ, 分散 σ^2 の**正規確率 (密度) 関数**という．この関数は，$\int_{-\infty}^{\infty} f(x)\,dx = 1$ を満たす．この $f(x)$ から定まる確率分布

正規分布

$$P(a \leqq X \leqq b) = \frac{1}{\sqrt{2\pi}\sigma} \int_a^b \exp\left(-\frac{1}{2}\left(\frac{x-\mu}{\sigma}\right)^2\right) dx$$

を正規分布といい，$N(\mu, \sigma^2)$ で表す．

9.3.3 ラプラスの定理

$X_1, X_2, \ldots, X_n$ は二項分布 $B(n, p)$ に従うと仮定する．すなわち，

$$P(X_i = k) = \frac{n!}{k!(n-k)!}p^k(1-p)^{n-k}$$

であると仮定する．このとき，任意の実数 $a < b$ に対し，

ラプラスの定理

$$\lim_{n\to\infty} P\left(a \leqq \frac{X_1 + \cdots + X_n - np}{\sqrt{npq}} \leqq b\right) = \frac{1}{\sqrt{2\pi}} \int_a^b \exp\left(-\frac{1}{2}x^2\right) dx$$

が成り立つ．これを**ラプラスの定理**とか，二項分布の**中心極限定理**という．

上の定理を，「二項分布 $B(n, p)$ は $n \to \infty$ のとき，正規分布 $N(np, np(1-p))$ に法則収束する」などと言い表す．

なお，$P\left(\lim_{n\to\infty} X_n = X_\infty\right) = 1$ のとき，X_n は X_∞ に**概収束**するといい，任意の正の実数 ε に対し $\lim_{n\to\infty} P(|X_n - X_\infty| > \varepsilon) = 0$ が成り立つとき，X_n は X_∞ に**確率収束**するという．また，正の定数 p に対し，$\lim_{n\to\infty} \int_\Omega |X_n - X_\infty|^p \, dP = 0$ が成り立つとき，X_n は X_∞ に p 次**平均収束**するという．これらの収束概念の間には，(1)「概収束すれば確率収束する」，(2)「平均収束すれば確率収束する」，(3)「確率収束すれば法則収束する」という関係がある．二項分布 $B(n, p)$ は正規分布 $N(np, np(1-p))$ に，法則収束するが，概収束はしないし，平均収束もしないし，確率収束すらしないので，注意してほしい．

9.4 推定と検定

例えば，満 20 歳の日本人男子の平均身長を知りたいとき，全員の身長を実際に測るには，大変な手間をお金がかかる．このような場合，無作為に何人かを選んで身長を測り，その値から日本人全体の身長分布を推測することが考えられるが，このような統計的手法を**推定**という．

また，**検定**とは，あらかじめデータの分布が分かっている母集団があるとき，今着目している標本が，この母集団に属するか否かを確率・統計の手法を用いて決定したり，実験の結果が理論に適合するかどうか考察することをいう．例えば，粘土で作ったサイコロを 200 回投げて 50 回 1 の目が出た場合，このサイコロが正しくできているかどうか考察することは，1 つの検定である．また，ゲタを 200 回投げて 75 回表，125 回裏が出たという実験結果から，「ゲタを投げたとき裏の出る確率のほうが高い」という仮説は，正しいのか否かを考察することは，1 つの検定である．

推定も検定も，数学的には同一の理論である．

9.4.1 正規分布による推定と検定

例として，上で述べた「日本人 20 才男子の平均身長を推定する問題」を考える．大前提として，日本人 20 才男子の平均身長の分布は，平均 μ, 分散 σ^2 の正規分布で近似できると仮定して話を進める．ただし，μ, σ^2 は未知の値である．今，n 人の 20 才男子を無作為抽出し身長を測ったところ，平均が $\bar{x}$, 不偏分散が v^2 であったとする．問題は，平均値の誤差 $|\bar{x} - \mu|$ が n に応じてどの程度の値になるか，ということである．ここで，次の数学的定理が基本となる．

定理. 変量 $x_1, \ldots, x_n$ が平均 μ, 分散 σ^2 の正規分布に従うとすれば，

$$\bar{x} = \frac{x_1 + x_2 + \cdots + x_n}{n}$$

は，平均 μ, 分散 σ^2/n の正規分布に従う．

分かっている統計量は $\bar{x}$ と v^2 であるので，作業仮設として $\sigma^2 = v^2$ であると仮定して考える．

$$f(x) = \frac{1}{2} - \frac{1}{\sqrt{2\pi}} \int_0^x \exp\left(-\frac{t^2}{2}\right) dt$$ とし，その逆関数を $f^{-1}(x)$ とするとき，$f^{-1}(0.025) = 1.959964\cdots \doteqdot 1.96$, $f^{-1}(0.005) = 2.5758294\cdots \doteqdot 2.576$ であるので，

推定・検定の基本法則

$$\bar{x} - 1.96\frac{v}{\sqrt{n}} < \mu < \bar{x} + 1.96\frac{v}{\sqrt{n}} \text{ である確率は約 } 95\%$$

$$\bar{x} - 2.576\frac{v}{\sqrt{n}} < \mu < \bar{x} + 2.576\frac{v}{\sqrt{n}} \text{ である確率は約 } 99\%$$

という結論が得られる．このとき 5% とか 1% を**危険率**という．

ただし，上記の検定は標本数 n がある程度大きい場合にのみ有効で，n が小さい場合には，正規分布のかわりに t-分布 (本書では説明省略) を用いなければならない．

9.4.2 二項分布による検定

本節の最初に述べた「粘土で作ったサイコロの検定」，「ゲタの表裏の出る確率に関する仮説の検定」の問題は，昔の教科書では正規分布を使った検定の問題として扱われてきたが，計算機の速度が飛躍的に向上した現在では，二項分布を用いて直接確率を計算するほうが正確である．

「粘土で作ったサイコロの検定」の問題では，正しく作られたサイコロを 200 回投げて 50 回以上 1 の目が出る確率 p を計算することが基本になる．Mathematica や Maple 等のコンピュータ・ソフトによって，二項分布を用いて直接的に確率を計算すると，

$$p = 1 - \sum_{k=0}^{49} \frac{200!}{k!(200-k)!} \cdot \frac{5^{200-k}}{6^{200}} = 0.0017331\cdots$$

が得られる．これは正しくできたサイコロでは起こりにくいことなので，この粘土のサイコロは不正確である可能性が極めて高いことになる．以前は，p を正規分布で近似計算していたが，この手法は時代遅れだろう．

また，ゲタを 200 回投げて 75 回表，125 回裏が出たという実験結果を考察するとき，もし「表の出る確率も裏の出る確率も 1/2 である」(これを**対立仮説**という) と仮定すると，表が 75 回以下しかでない確率 p は，

$$p = \sum_{k=0}^{75} \frac{200!}{k!(200-k)!} \cdot \frac{1}{2^{200}} = 0.00024971\cdots$$

であるから，「ゲタを投げたとき裏の出る確率のほうが高い」という仮説は，非常に信頼性が高いことになる．

9.4.3 カイ 2 乗分布

自然数 n に対し，

$$f_n(x) = \frac{x^{(n/2)-1} e^{-x/2}}{2^{n/2} \Gamma(n/2)}$$

を自由度 n のカイ 2 乗分布の密度関数という．この関数は，$\int_{-\infty}^{\infty} f_n(x)\,dx = 1$ を満たす．この $f_n(x)$ から定まる確率分布 $P(a \leqq X \leqq b) = \int_a^b f_n(x)\,dx$ を**カイ 2 乗分布**という．

例えば，$X_1, X_2, \ldots, X_n$ が正規分布 $N(0,1)$ に従う独立な確率変数のとき，$X = X_1^2 + X_2^2 + \cdots + X_n^2$ はカイ 2 乗分布に従う．

9.4.4 適合度の検定

例えば，遺伝に関する研究で，ある理論を考えた．この理論が正しければ遺伝形質 e_i の個体は確率は p_i ($i=1,\ldots,r$; $p_1 + \cdots + p_r = 1$) で生まれるはずである．無作為に n 個の個体を調べたら，遺伝形質 e_i の個体は m_i 個 ($m_1 + \cdots + m_r = n$) であった．この実験結果は理論に適合しているかどうか，危険率 5% で検定したい．

各 e_i は正規分布に従うと考えられるから，カイ 2 乗分布の理論が使える．ただし，束縛条件 $p_1 + \cdots + p_r = 1$ があるから，自由度 (独立な確率変数の個数) は $r-1$ である．そこで，

$$F_k(x) = \int_x^\infty f_k(t)\,dt = \int_x^\infty \frac{t^{(k/2)-1} e^{-t/2}}{2^{k/2} \Gamma(k/2)} dt$$

$$X = \sum_{i=1}^{r} \frac{(m_i - np_i)^2}{np_i}$$

とおき，逆関数 $F_{r-1}^{-1}(X)$ の値を計算する．通常，$F_{r-1}^{-1}(X) > 0.05$ であれば，この実験結果は理論に適合していると判断される．

9.4.5 独立性の検定

例えば，好きな色と香りについて n にアンケートを行い，色と香りの好みに関連があるかどうか，危険率 5% で検定したい．色 $C_1,\ldots,C_a$ からもっとも好きな色を 1 つ，香り $F_1,\ldots,F_b$ からもっとも好きな香り 1 つ選んでもらう．色 C_i と香り F_j がもっとも好きと答えた人数を m_{ij} とする．

$$c_i = \sum_{j=1}^{b} m_{ij}, \quad f_j = \sum_{i=1}^{a} m_{ij}, \quad p_{ij} = \frac{c_i f_j}{n},$$

$$X = \sum_{i=1}^{a} \sum_{j=1}^{b} \frac{(m_{ij} - p_{ij})^2}{p_{ij}}$$

とおく．X は自由度 $(a-1)(b-1)$ のカイ 2 乗分布に従うと考えられるので，前項の $F_k(x)$ を用い，$F_{(a-1)(b-1)}^{-1}(X) > 0.05$ ならば，色と香りの好みに関係があるとは言えない．

9.4.6 分散の推定・検定

例えば，工場の生産ラインにおいて，ある製品は分散が σ^2 以下になるように生産管理されている．今，n 個の製品を無作為抽出して検査したところ，分散が v^2 であった．この v^2 は合格であるかどうか，危険率 5% で検定したい．

この n 個のサンプルの分散は自由度 $n-1$ のカイ 2 乗分布に従うと考えられるから，9.4.4 項の $F_k(x)$ を用い，

$$F_{n-1}^{-1}\left(\frac{(n-1)v^2}{\sigma^2}\right) > 0.05$$

であれば，このサンプルの分散 (ばらつき) は許容範囲内 (合格) ということになる．

9.5 線形計画法

　線形計画法は，確率・統計よりは線形代数学の応用に属する．線形計画法にもいろいろなタイプの問題があるが，本書では典型的な問題だけを扱う．なお，問題によっては以下に述べる一般的方法よりずっと少ない計算量で解ける問題もある (輸送問題など) が，コンピュータの性能が向上した現在では，計算量の多い一般的方法で解いても，それほど大変ではない場合が多い．

9.5.1　標準的 LP 問題

　実変数の組 $(x_1, x_2, \ldots, x_n)$ が連立不等式

$$\begin{cases} a_{11}x_1 + a_{12}x_2 + \cdots + a_{1n}x_n \leqq b_1 \\ a_{21}x_1 + a_{22}x_2 + \cdots + a_{2n}x_n \leqq b_2 \\ \cdots\cdots\cdots\cdots\cdots\cdots\cdots\cdots\cdots\cdots\cdots\cdots \\ a_{m1}x_1 + a_{m2}x_2 + \cdots + a_{mn}x_n \leqq b_m \end{cases} \quad ①$$

で定まる集合 D 上を動くとき，与えられた 1 次関数

$$f(\mathbf{x}) = f(x_1, x_2, \ldots, x_n) = c_1 x_1 + c_2 x_2 + \cdots + c_n x_n$$

の D 上での最大値・最小値を求めることが，標準的 LP 問題である．

　一般には，この LP 問題は「シンプレックス法」とよばれる方法で解くが，それは専門書で勉強してもらうことにし，本書では線形代数の知識だけで解ける素朴な原始的方法を説明する．

　集合 D が有界でない場合でも，この LP 問題に解が存在する場合もあるが，一般には D が有界でないときは，$f(\mathbf{x})$ は D 上でいくらでも大きくまたは小さくなることがあり，解がない可能性がある．まず，D が有界の場合の LP 問題の解の求め方を考える．

　D が有界であれば，D は $\mathbb{R}^n$ 内の n 次元多面体になり，この n 次元多面体には有限個の頂点が存在する．LP 問題を解く 1 つの方法は，まず多面体 D の頂点をすべて求めることから始まる．

D が多面体になる場合は必ず $m > n$ であることに注意する．m 個の方程式

$$\begin{cases} a_{11}x_1 + a_{12}x_2 + \cdots + a_{1n}x_n = b_1 \\ a_{21}x_1 + a_{22}x_2 + \cdots + a_{2n}x_n = b_2 \\ \cdots\cdots\cdots\cdots\cdots\cdots\cdots\cdots\cdots\cdots\cdots\cdots \\ a_{m1}x_1 + a_{m2}x_2 + \cdots + a_{mn}x_n = b_m \end{cases}$$

から n 個の方程式を選び，それを連立方程式として解く（コンピュータを使え）．その解 $\mathbf{x} = (x_1, x_2, \ldots, x_n)$ を ① に代入して $\mathbf{x}$ が D に属する点であるかどうか確かめる．もし，$\mathbf{x} \in D$ であれば $\mathbf{x}$ は D の 1 つの頂点である．もし，$\mathbf{x} \notin D$ であれば $\mathbf{x}$ は頂点でないので捨てる．場合によっては，連立方程式が「解なし」になることもあるが，その場合も頂点は現れないので，この場合も捨てる．n 個の方程式の選び方は $_mC_n$ 通りあるが，そのすべての組合せについて上の操作を行うと，D の頂点がすべて得られる．

次に，多面体 D の各頂点 $\mathbf{x}$ において $f(\mathbf{x})$ の値を計算する．その中の最大値が D 上での $f(\mathbf{x})$ の最大値であり，最小値が D 上での $f(\mathbf{x})$ の最小値である．

ただし，異なる何個かの頂点 $\mathbf{x}_1, \mathbf{x}_2, \ldots, \mathbf{x}_r$ において $f(\mathbf{x})$ が同じ最大値になる場合がある．この場合，$f(\mathbf{x})$ が最大になる場所は r 個の点 $\mathbf{x}_1, \mathbf{x}_2, \ldots, \mathbf{x}_r$ を頂点とする $(r-1)$ 次元の D の面である．最小値についても同様である．

9.5.2 無限方向

記号は前項と同じとする．本項では，① で定まる D が有界でない場合，つまり D が多面体でない場合を考える．D が有界でないとしても，前項に説明した手順で D の頂点をすべて求め，各頂点における $f(\mathbf{x})$ の値を計算しておくことは必要である．

D が多面体でない場合には，D は半直線を含み，その方向に無限の彼方まで D は伸びている．そういう方向はたくさんあり得るが，このような方向を D の**無限方向**という．適当な無限方向に進むとき $f(\mathbf{x})$ の値がどんどん大きくなるならば，$f(\mathbf{x})$ には最大値は存在しない（$+\infty$ に発散する）．最

小値についても同様である．一般には，D の無限方向は無数に存在するので，そのすべての方向に対し $f(\mathbf{x})$ の増減の様子を調べることはできない．そこで，調べるべき無限方向の個数を有限個に絞りこむ必要がある．

今，新たに m 個の変数 $w_1,\ldots, w_m$ を導入し，D を定める不等式の代わりに，

$$\begin{cases} a_{11}x_1 + a_{12}x_2 + \cdots + a_{1n}x_n + w_1 = b_1 \\ a_{21}x_1 + a_{22}x_2 + \cdots + a_{2n}x_n + w_2 = b_2 \\ \cdots\cdots\cdots\cdots\cdots\cdots\cdots\cdots\cdots\cdots\cdots\cdots\cdots\cdots\cdots \\ a_{m1}x_1 + a_{m2}x_2 + \cdots + a_{mn}x_n + w_m = b_m 0 \\ w_1 \geqq 0, \quad w_2 \geqq 0,\ldots, \quad w_m \geqq 0 \end{cases}$$

を考え，この方程式と不等式が定める $\mathbb{R}^{n+m}$ 内の集合を D' とする．D 内での $f(\mathbf{x})$ の最大・最小を考えることと，D' 内での $f(\mathbf{x})$ の最大・最小を考えることは同値な問題である．

さらに，$x_i = y_i - z_i$ $(i=1,\ldots, n)$ とおき，

$$\begin{cases} a_{11}(y_1-z_1) + a_{12}(y_2-z_2) + \cdots + a_{1n}(y_n-z_n) + w_1 = b_1 \\ a_{21}(y_1-z_1) + a_{22}(y_2-z_2) + \cdots + a_{2n}(y_n-z_n) + w_2 = b_2 \\ \cdots\cdots\cdots\cdots\cdots\cdots\cdots\cdots\cdots\cdots\cdots\cdots\cdots\cdots\cdots\cdots\cdots \\ a_{m1}(y_1-z_1) + a_{m2}(y_2-z_2) + \cdots + a_{mn}(y_n-z_n) + w_m = b_m \\ w_1 \geqq 0, \quad w_2 \geqq 0,\ldots, \quad w_m \geqq 0 \\ y_1 \geqq 0, \quad y_2 \geqq 0,\ldots, \quad y_n \geqq 0 \\ z_1 \geqq 0, \quad z_2 \geqq 0,\ldots, \quad z_n \geqq 0 \end{cases}$$

で定まる集合を E とする．D 上で $f(\mathbf{x})$ の最大最小を考察することは，E 上で，

$$g(\mathbf{y}, \mathbf{z}, \mathbf{w}) = c_1(y_1-z_1) + c_2(y_2-z_2) + \cdots + c_n(y_n-z_n)$$

の最大・最小を求める問題に帰着する．ただし，ここでは，無限方向だけを E 上で考察すればよい．

変数が増えて見づらくなったので，改めて $(y_1,\ldots, y_n, z_1,\ldots, z_n, w_1,\ldots,$

w_m) を $(t_1,\ldots, t_N)$ ($N = m + 2n$) と書けば，上の方程式・不等式は

$$\begin{cases} a'_{11}t_1 + a'_{12}t_2 + \cdots + a'_{1N}t_N = b_1 \\ a'_{21}t_1 + a'_{22}t_2 + \cdots + a'_{2N}t_N = b_2 \\ \cdots\cdots\cdots\cdots\cdots\cdots\cdots\cdots\cdots\cdots\cdots\cdots\cdots \\ a'_{m1}t_1 + a'_{m2}t_2 + \cdots + a'_{mN}t_N = b_m \\ t_1 \geqq 0, \quad t_2 \geqq 0,\ldots, \quad t_N \geqq 0 \end{cases}$$

とすっきり書き直すことができる．この方程式・不等式が定める領域の無限方向は，

$$\begin{cases} a'_{11}t_1 + a'_{12}t_2 + \cdots + a'_{1N}t_N = 0 \\ a'_{21}t_1 + a'_{22}t_2 + \cdots + a'_{2N}t_N = 0 \\ \cdots\cdots\cdots\cdots\cdots\cdots\cdots\cdots\cdots\cdots\cdots\cdots\cdots \\ a'_{m1}t_1 + a'_{m2}t_2 + \cdots + a'_{mN}t_N = 0 \\ t_1 \geqq 0, \quad t_2 \geqq 0,\ldots, \quad t_N \geqq 0 \end{cases}$$

によって与えられる．これで，無限方向を決定することは容易になった．まず，最初の m 個の方程式が1次従属であったら無駄なものは捨て，それが1次独立になるようにしておく．

この操作の結果，最初の m 個の方程式は1次独立になったとする．$t_1 = 0,\ldots, t_N = 0$ から $N - m$ 個の式を選び，これと最初の m 個の等式を連立させて，$(t_1,\ldots, t_N) \neq (0,\ldots, 0)$, $t_1 \geqq 0$, $\ldots$, $t_N \geqq 0$ を満たす解があるかどうか計算機で求める．あれば，それが1つの無限方向である．${}_NC_m$ 個のすべての組合せについて，この操作を実行すると，考察すべきすべての無限方向が得られるので，この方向に $\mathbf{t}$ を動かした時の f の増減を調べればよい．

記号索引

【数に関する記号】

$\|z\|$ (絶対値)	3
$\arg z$ (偏角)	3
$\bar{z}$ (共役複素数)	3
$\sum_{k=1}^{n} a_k$	6
$\prod_{k=1}^{n} a_k$	6
$\lfloor x \rfloor$ (切り捨て)	8
$\lceil x \rceil$ (切り上げ)	9
$n!$	9
$n!!$	9
$\binom{z}{r}$ (二項係数)	10
$\mathrm{ord}_p n$ (オーダー)	245
GCD (最大公約数)	246
LCM (最小公倍数)	246
$m \equiv n \pmod{p}$	248

【集合に関する記号】

$\mathbb{N}$ (自然数全体の集合)	14
$\mathbb{Z}$ (整数全体の集合)	14
$\mathbb{Q}$ (有理数全体の集合)	14
$\mathbb{R}$ (実数全体の集合)	14
$\mathbb{C}$ (複素全体の集合)	14
$\mathbb{R}^2$	15
$\mathbb{R}^3$	15
$\mathbb{R}^n$	103
$\mathbb{C}^n$	105
$\mathbb{Z}/n\mathbb{Z}$	249
$\mathbb{F}_p$	250
ϕ	17
$x \in A,\ A \ni x$	14
$x \notin A$	14
$A \subset B$	15
$A \subseteq B$	15
$A \subsetneq B$	15
$A \supset B$	15
$A \cap B$ (共通部分)	16, 258
$A \cup B$ (合併集合)	16, 258
$A - B$ (差集合)	16, 258
$A \times B$ (直積集合)	259
$\#A$ (濃度)	17
$\|A\|$ (元の個数)	17

【写像に関する記号】

$f: A \to B$	16
$g \circ f$	260
$\mathrm{id}_X, 1_X$	260
$\mathrm{Im}\, f$	17
$f(A)$	17

【関数に関する記号】

$\log_e x, \ln x$	34
$e^x, \exp x$	36
$\sinh x, \cosh x$ など	43
$\mathrm{Li}\, x, \mathrm{Ei}\, x, \mathrm{Si}\, x, \mathrm{Ci}\, x$	50
$\mathrm{ord}_a f(z)$	167
$\mathrm{Res}_a f(z)$	168
$\Gamma(x)$	171
$\mathfrak{P}_\tau(z)$	172
$\zeta_i(z)$	173
$\sigma_i(z)$	173
$\vartheta_0(z,\tau),\ldots,\vartheta_3(z,\tau)$	174
$\vartheta_0(z),\ldots,\vartheta_3(z)$	174
$\mathrm{sn}\, z, \mathrm{cn}\, z, \mathrm{dn}\, z$	175
$B_r(x)$	183
$F * G$ (たたみ込み)	190
$J_\nu(x)$	192
$N_\nu(x)$	195
$H_\nu^{(i)}(z)$	195
$j_n(x), n_n(x)$	196
$P_n(x)$	196
$P_n^{(m)}(x)$	197
$L_n(x)$	198
$L_n^{(\alpha)}(x)$	199
$H_n(x)$	200
Δ (ラプラシアン)	203
${}_pF_q(a_1,\ldots,b_q;z)$	211
$\varphi(n)$	246
$\zeta(x)$	250

【行列に関する記号】

${}^tA$ (転置行列)	96
$\mathrm{tr}\, A$ (トレース)	102
$\det A, |A|$ (行列式)	97

【多項式に関する記号】

$\deg f(x)$ (次数)	214

【グラフに関する記号】

$\deg P$ (頂点の次数)	262

用語索引

【英数記号】

1 次従属	112
1 次独立	112
1 価関数	19
1 対 1	17
2 階導関数	124
2 回 (階) 微分可能	124
2 項式	214
2 次曲線	84
2 次導関数	124
2 重直線	84
2 の補数	253
3 階導関数	124
3 回 (階) 微分可能	124
3 項式	214
90 分度法	24
C^1 級	124
C^2 級	124
C^∞ 級	125
cn 関数	175
dn 関数	175
ε-近傍	136
n 次式	214
n 次多項式	214
n 次導関数	124
p 進整数	253
p 進法表示	252
sn 関数	175
(x, y)-平面	72

【あ行】

アインシュタイン・ルール	119
余り	244
1 次従属	112
1 次独立	112
1 価関数	19
1 対 1	17
一致の原理	169
一般超幾何級数	211
入次数	263
陰関数	19
因数分解	231
上への写像	17
裏	255
エルミート行列	106
エルミート空間	106
エルミート多項式	200
エルミート内積	106
円柱関数	195

288

円筒関数	195
オイラー数	262
オイラーの定理	248, 263
オイラーのファイ関数	246
オーダー	245

【か行】

解	214
開核	136
回帰直線	275
解空間	111
開区間	123
開集合	136
階乗	9
階数	112
外積	109
解析接続	170
回転 (行列による)	105
回転 (ベクトル場の)	157
解 (根) と係数の関係	223
カイ2乗分布	280
外微分	162
外部	136
角	104, 106
拡散方程式	203
確率	269
確率空間	268
確率分布	276
確率変数	276
可算無限	18

可測 (リーマン—)	143
加速度ベクトル	141
合併集合	16, 258
仮定	255
カーネル	111
下半三角行列	100
カルダノの公式	216
ガンマ関数	171
木	262
偽	255
奇関数	20
奇素数	244
基礎体	111
基底	112
基本周期	20
基本対称式	223
既約 (分数)	2
逆	255
逆関数	19
逆行列	101
逆写像	17
逆正弦関数の主値	40
逆正接関数	42
逆双曲線関数	44
既約多項式	232
既約2次曲線	84
逆余弦関数	41
球ベッセル関数	196
球面極座標	66
球面三角形	67

境界	136
狭義極小	129, 139
狭義極大	128, 139
狭義単調減少	20
狭義単調増加	20
共通部分	16, 258
共役行列	105
共役ベクトル	105
行列	94
極 (有理型関数の)	165
極限 (値)	5, 122
極座標表示	4
極線	89
極値	129
極と極線の相反性	90
曲率	140
曲率円	141
曲率半径	141
虚数	3
近傍	136
空間極座標	153
偶関数	20
空間反転	108
空集合	17
区間	123
区分求積法	131
組合せ	12
グラフ	261
係数	214
計量	104

月形	66
結論	255
ケーリー・ハミルトンの公式	116
元	14
原始関数	131
減衰振動	47
検定	278
項 (数列の)	4
項 (多項式の)	214
広義極小	129, 139
広義極大	128, 139
広義単調減少	20
広義単調増加	20
合成写像	260
合成数	244
交代積	109
交代テンソル	118
合同	144
恒等写像	260
勾配	157
公倍数	246
公約数	246
コーシーの積分定理	164
弧状連結	136
弧度法	24
固有空間	115
固有多項式	114
固有値	114
固有ベクトル	115

固有方程式	114
孤立点	262
孤立特異点	165
根 (多項式の)	214
根元事象	268
根軸	78
根心	79
コンパクト	136
ゴンペルツ曲線	49

【さ行】

サイクル	262
最高次項	214
最小公倍数	246
最小多項式	117
サイズ	94
最大公約数	246
細分	145
差集合	16, 258
3 階導関数	124
3 回 (階) 微分可能	124
3 項式	214
始域	19
時間反転	108
軸	83
次元	112
事象	268
辞書式順序	224
次数	262
次数付き逆辞書式順序	225
次数付き辞書式順序	225
自然数	2
下に狭義凸	239
下に広義凸	239
実関数	19
実係数多項式	214
実数	2
実数係数多項式	214
実多項式	214
始点	263
シムソン線	58
写像	16
終域	16
周期関数	20
終結式	220
重積分	146
収束	5
収束半径	168
従属 (試行が)	269
終点	263
十分条件	255
主軸	80, 82
主成分	274
シュレジンガー方程式	208
準円	81
純虚数	3
準線	81, 83
順列	11
商	244
条件付き確率	270

用語索引

焦点	81, 82, 83	斉次多項式	226
上半三角行列	100	整除	12
常用対数	35	整数	2
剰余系	250	正則 (関数)	163
除去可能特異点	165	正多面体	61
ジョルダンの収束条件	189	成長曲線	49
真 (命題が)	255	正の合同	144
心差率	81	正の整数	2
真性特異点	165	正の相関	273
振動	5	正の直交変換	143
シンプソンの公式	131	成分	94
真部分集合	15	正方行列	94
推移行列	271	積 (行列の)	95
推定	278	積分	146
随伴行列	105	積分定数	131
数列	4	積率	273
スカラー場	157	接触平面	141
スカラー倍	95	絶対値	103, 106
ステラジアン	69	ゼロ行列	95
整関数	166	漸化式	178
正規	113	漸近線	83
正規化	113	線形従属	112
正規確率 (密度) 関数	276	線形独立	112
正規直交基底	113	線積分	147
正規直交系	113	全次数	224
正規分布	277	全射	17
制限付極値問題	139	全体集合	15
整式	214	全単射	17
正射影	73	尖度	273
斉次化	226	素因数	245

素因数分解	245		単位ベクトル	113
像	16, 111		単位法線ベクトル	159
相関行列	274		単項式	214
相関係数	273		単射	17
双曲線関数	43		単純閉曲線	164
速度ベクトル	141		単振動	47
素数	244		単調関数	20
素体	250		単調減少	20
			単調増加	20
【た行】			短半径	80
第1種円柱関数	192		単連結	164
第1種円筒関数	192		値域	17
大円	66		置換	260
対角化	115		中心極限定理	277
対角(線)成分	94		超幾何級数	211
対偶	255		超直方体	142
台形公式	131		頂点(グラフの)	261
対称テンソル	118		頂点(2次曲線の)	80, 82, 83
対称テンソル積	110		長半径	80
対数	35		重複度	114
対立仮説	280		調和関数	204
楕円関数	173		直積集合	259
互いに素	246		直和	258
多価関数	19		直角双曲線	83
多項式	214		直交基底	113
多重指数表示	135		直交行列	104
畳み込み	190		直交系	113
多変数関数	135		底(対数の)	35
多様体	160		定義域	16, 19
単位行列	95		定数項	214

定数多項式	214
定積分	130
出次数	263
データ	272
データ関数	174
テーラー展開	127, 164
展開公式	97
テンソル	94
テンソル積	110
転置行列	96
導関数	124
同次化	226
同次多項式	226
同値	256
特性多項式	114
特性方程式	114
独立 (試行が)	269
閉じた折れ線	262
トーラス	154
トレース	102
トレミーの定理	58

【な行】

内積	103
内部	136
長さ (ベクトルの)	103, 106
ナブラ	157
2 階導関数	124
2 回 (階) 微分可能	124
二項係数	10

2 項式	214
二項定理	10, 270
二項分布	276
2 次曲線	84
2 次導関数	124
2 重直線	84
2 の補数	244
ニュートン法	219
任意の	256
ねじれ率	141
ねじれ率半径	141
熱 (伝導) 方程式	203
ノイマン関数	195
濃度	18
ノルム	103, 106

【は行】

倍数	244
排他的なまたは	256
排反	269
配列	94
発散 (数列の)	5
発散 (ベクトル場の)	157
ハンケル関数	195
反例	256
非可算無限集合	18
必要十分条件	256
必要条件	255
否定	255
一筆書き	263

索引　295

非負整数	2	プリズム体	63
微分可能	124	不連結	136
微分形式	160	分割	145
微分係数	124	分岐点	165
微積分学の基本定理	132	分枝	170
標準基底	112	閉回路	262
標数	250	平均	272
標本	272	閉区間	123
標本空間	268	平行移動	143
標本点	268	閉集合	136
標本標準偏差	272	閉包	136
標本分散	272	閉領域	136
フィボナッチ数列	182	巾級数展開	127, 164
フェルマーの小定理	248	ベクトル	94
複素関数	19	ベクトル積	109
複素数	3	ベクトル場	157
複素積分	155	ヘッセの標準型	73
含まれる	15	ベッセル関数	192
不定元	214	ベッセル方程式	192
不定積分	131	ベルヌーイ数	184
負の合同	144	ベルヌーイ多項式	183
負の相関	273	ヘルムホルツ方程式	207
負の直交変換	144	辺	261
部分集合	15	偏角 (複素数の)	3
部分線形空間	111	偏角 (座標の)	24
部分 (ベクトル) 空間	111	偏差値	273
不偏標準偏差	272	変数	214
不偏分散	272	偏導関数	137
フーリエ級数	188	偏微分	137
フーリエ展開	188	偏微分係数	137

変量	272
方向ベクトル	73
法線ベクトル	73
方程式 (n 次—)	214
方巾	78
補集合	258
母集団	272

【ま行】

マクローリン展開	127
交わり	258
マルコフ過程	270
ミンコフスキー空間	107
無限回微分可能	125
無限集合	17
無限数列	4
無理数	2
命題	255
面積分	147
モニック	214

【や行】

約数	244
ヤコビアン	151
ヤコビ行列	151
有界	136
有界	186
有界変動	186
有限集合	17
有限数列	4

有向グラフ	263
有理型関数	166
有理数	2
ユークリッド空間	104
ユークリッドの互除法	247
ユニタリー行列	106
余因子行列	101
要素	14

【ら行】

ラグランジュの公式	74
ラグランジュの乗数法	140
ラゲール多項式	198
ラゲール陪多項式	199
ラジアン	24
ラプラシアン	203
ラプラスの定理	277
ランク	112
離散	136
離心率	81, 83
リーマン・ゼータ関数	250
リーマン測度	142
留数	169
留数定理	169
領域	136, 164
輪環体	154
ルジャンドル多項式	196
ルジャンドル陪関数	197
ループ	262
零行列	95

零点	165
連結 (グラフが)	262
連結 (集合が)	136
連結成分 (グラフの)	262
連続	123, 135
連続体濃度	18
ロジスティック関数	48
ロジスティック曲線	48
ロジスティック方程式	48
ローラン展開	167
ローレンツ内積	107
ローレンツ変換	107

【わ行】

ワイエルシュトラス $\wp$-関数	172
歪度	273
和集合	16, 258
割り切れる	244

著者紹介

安藤 哲哉 (あんどう・てつや)

略歴

- 1959年　愛知県瀬戸市生まれ．岐阜県(旧)明智町出身．
- 1982年　東京大学理学部数学科卒業．
  　　　　同大学院を経て，
- 1986年　千葉大学講師．
- 現在　　千葉大学理学部情報・数理学科准教授．
  　　　　理学博士(東京大学)，
  　　　　専門は代数幾何学．

主な著書に

『数学オリンピック事典』(共著，朝倉書店)
『世界の数学オリンピック』(日本評論社)
『コホモロジー』(編著者，日本評論社)
『ジュニア数学オリンピックへの挑戦』(日本評論社)
『三角形と円の幾何学』(海鳴社)
『ホモロジー代数学』(数学書房)
『不等式』(数学書房)
『代数曲線・代数曲面入門　第2版—複素代数幾何の源流』(数学書房)

理系数学サマリー——高校・大学数学復習帳

2008年7月15日　第1版第1刷発行
2014年2月28日　第1版第3刷発行

著　者	安　藤　哲　哉
発行者	横　山　　伸
発　行	有限会社　数　学　書　房

〒101-0051　東京都千代田区神田神保町 1-32-2
TEL　03-5281-1777
FAX　03-5281-1778
e-mail　mathmath@sugakushobo.co.jp
振替口座　00100-0-372475

印　刷　　モリモト印刷
製　本
装　幀　　岩崎寿文

Ⓒ Tetsuya ANDO 2008　　Printed in Japan
ISBN 978-4-903342-07-8

数学書房

不等式 21世紀の代数的不等式論
安藤哲哉 著
不等式の証明に代数・幾何・解析学の諸理論が役に立つことを示した解説書。
3,500円+税／A5判／978-4-903342-70-2

ホモロジー代数学
安藤哲哉 著
可換環論、代数幾何学、整数論、位相幾何学、代数解析学などで不可欠なホモロジー代数学の待望の本格的解説書。
4,800円+税／A5判／978-4-903342-16-0

代数曲線・代数曲面入門 第2版
複素代数幾何の源流
安藤哲哉 著
日本人初のフィールズ賞受賞者小平邦彦先生をはじめ多くの日本人数学者が貢献した複素代数幾何学への入門書。分かりやすさを目指して大幅な書き換えや加筆を行った第2版。
7,200円+税／A5判／978-4-903342-75-7

数学書房選書 1
力学と微分方程式
山本義隆 著
解析学と微分方程式を力学にそくして語り、同時に、力学を、必要とされる解析学と微分方程式の説明をまじえて展開した。これから学ぼう、また学び直そうというかたに。
2,300円+税／A5判／978-4-903342-21-4

数学書房選書 2
背理法
桂 利行・栗原将人・堤 誉志雄・深谷賢治 著
背理法ってなに?背理法でどんなことができるの?というかたのために。その魅力と威力をお届けします。
1,900円+税／A5判／978-4-903342-22-1

数学書房選書 3
実験・発見・数学体験
小池正夫 著
手を動かして整数と式の計算。数学の研究を体験しよう。データを集めて、観察をして、規則性を探す、という実験数学に挑戦しよう。
2,400円+税／A5判／978-4-903342-23-8